JN016065

Re-learning business matters

# 社会人10年目のビジネス学び直し

仕事効率化&自動化のための

# Excel マクロ&VBA

Office 2021/2019/2016 & Microsoft 365対応

## 虎の巻

国本温子

インプレス

# はじめに

本書は、ExcelVBAの使い方を一通り学んだことがあるけど、ほぼ使うことなく10年ほど経過してしまった人を対象にしています。例えば、「業務でマクロを組まないといけなくなったんだけど、入社時に講習を受けたし、なんとなくできるような気がするけど、忘れている部分もあると思うから、コンパクトな学び直しの本を手元に置きたい」とか、「また一から勉強し直す時間もないし、手っ取り早くおさらいして、使えそうなマクロを書き換えて対応したい」という方を思い描きながらこの本を執筆しました。

Excel VBAは、ありがたいことに、基本的な部分はほとんど変更がないため、新しい項目が多すぎてついていけないということは、まったくありません。一通りおさらいすれば、記憶を呼び戻すことができるでしょう。それでも、Excelの進化に合わせて、本書でもいくつかの新しい機能に対応した項目を入れています。できるだけわかりやすい使用例にしていますので、無理なく使い方を覚えられるでしょう。

本書では、必ず覚えておきたい機能に加えて、実務でよく使われている機能を中心に説明しています。できるだけ実務に即した内容の使用例を紹介していますので、自分用にアレンジしてお使いいただけると思います。

以前、ちょっと学んだことあるから、まったくの白紙ではないけれど、書き方とかコツとか、ヒントが欲しいのです。

Excelマクロ&VBAを学習したことがあるのなら、すらすら読めると思いますよ。あとは、実際にコードを書いて、動作確認をする。その繰り返しが上達のコツかな。

第1章は、マクロとVBAの基本ということで、マクロを作成するための一連の手順とVBAの基本文法とまとめています。マクロを作成する上で土台となる知識なので、読み飛ばさずに一通り読んでいただき、記憶を呼び戻してください。

第2章では、セルの参照方法と書式設定・編集する方法を説明しています。基本的なセル参照の方法に加えて、表全体のセル範囲とか、表の一番下のセルのように、より汎用的なセル参照の方法を説明しています。加えて、セルへの値や数式の入力方法、書式を設定して、罫線を引くなど、表作成をマクロで行う場合に必要なコードを確認することができます。

第3章では、ワークシートとブックの参照方法とワークシートとブックを扱う処理を説明しています。また、[ファイルを開く] 画面や [名前を付けて保存] 画面を使ってユーザーに開くファイルを選択させたり、ファイル名や保存場所を指定させたりする方法も紹介します。加えて、フォルダーに保存されているブックを検索するとか、フォルダーの選択や作成、カレントフォルダーの確認や変更など、ブック操作全般についても説明しています。

Excelでは、セル、ワークシート、ブックを主に操作するから、第1章の基本文法と第2～3章で、基本的な操作はできるようになれそうですね。

はい。1～3章は、基本的ですがとても重要です。できるだけよく使用される内容をコンパクトに紹介していますよ。

第4章では、データ操作を中心としたマクロを紹介しています。テキストファイルの取り込み方法や、関数やメソッドを使った表の整形方法、並べ替えや抽出、検索、置換といった機能の説明から、データの転記やデータの結合・分割など、実務でありがちな使用例を紹介しています。

第5章では、グラフとピボットテーブルの操作を中心に紹介しています。グラフとピボットテーブルの基本的な作り方から編集方法までを説明しています。

第6章では、メッセージの表示方法や、エラー処理、マクロの検証など、実務で覚えておきたい機能を紹介しています。とくに、エラー処理コードや、VBEのデバッグ機能の使い方など、動作確認やエラー対策に必要な内容を盛り込んでいます。

本書を手に取っていただき、Excelマクロ&VBAの学び直しや実務に役立てていただければ幸いです。

第4章以降は随分実務的な内容になっていますね。
ちょっと学び直しが楽しみになってきました。

サンプルファイルを用意していますから、動作確認もすぐにできますよ。サンプルファイルを有効に活用していただき、実務で使えるマクロを作成してください！

2023年9月　国本温子

# 本書の読み方

**P.12で紹介するサポートページからサンプルをダウンロードして、動作を確認しながら読んでいきましょう！**

本書で取り上げるマクロのソースコードは、サンプルファイルで実際に確認し、実行することができます。サンプルを参照し、実行しながら、より効果的にマクロ＆VBAの「学び直し」ができることと思います。

このレッスンで扱うサンプルデータの名称

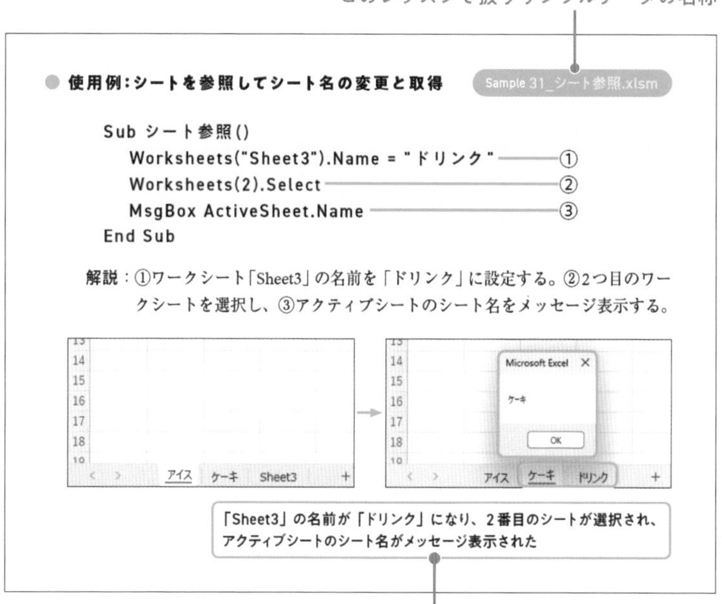

● **使用例：シートを参照してシート名の変更と取得**　Sample 31_シート参照.xlsm

```
Sub シート参照()
    Worksheets("Sheet3").Name = "ドリンク" ———①
    Worksheets(2).Select ———②
    MsgBox ActiveSheet.Name ———③
End Sub
```

**解説**：①ワークシート「Sheet3」の名前を「ドリンク」に設定する。②2つ目のワークシートを選択し、③アクティブシートのシート名をメッセージ表示する。



「Sheet3」の名前が「ドリンク」になり、2番目のシートが選択され、アクティブシートのシート名がメッセージ表示された

サンプルデータの仕組みや動作について図解で解説

**実際の業務で使う際にも、流用やアレンジして使えそうなので、助かります！**

# Contents

## 第2章 セルに書式設定・編集する実用マクロ 77

## 第3章 ワークシートやブックを上手に扱うための実用マクロ 117

## 表などデータ操作のための実用マクロ 169

## データ分析のための実用マクロ 237

## 第6章 マクロをより実務的に使うための知識を蓄えよう 271



## 付録 VBA関数とマクロの有効化について 313

## サンプルファイルのダウンロードについて

- 本書で紹介しているサンプルファイルは、以下の本書サポートページからダウンロードできます。サンプルファイルは「501782_sample.zip」というファイル名でZIP形式で圧縮されています。展開すると、「VBA」というフォルダが解凍されますので、Cドライブの直下にコピーしてください。
- 本書では、「C:¥VBA¥1章」というように、Cドライブの直下にコピーしたサンプルファイルをもとに解説します。

https://book.impress.co.jp/books/1122101188

## 本書の前提

- 本書掲載の画面などは、Microsoft 365をもとにしています。
- 本書のサンプルデータが動作するExcelのバージョンは、Excel 2021/2019/2016です。
- 本書に記載されている情報は、2023年8月時点のものです。
- 本書に掲載されているサンプル、および実行結果を記した画面イメージなどは、上記環境にて再現された一例です。
- 本書の内容に関して適用した結果生じたこと、また、適用できなかった結果について、著者および出版社ともに一切の責任を負えませんので、あらかじめご了承ください。
- 本書に記載されているウェブサイトなどは、予告なく変更されていることがあります。
- 本書に記載されている会社名、製品名、サービス名などは、一般に各社の商標または登録商標です。なお、本書では™、®、©マークを省略しています。

第 1 章

# マクロ＆VBAの概要をおさらいしよう

Excelでマクロ＆VBAを使ってプログラムを組まないといけなくなったんです。入社時に研修を受けたきりで、ほとんど忘れてしまっているから困ったな……。

なるほど。あるある話ですね。第1章では、Excelマクロ・VBAの概要と基本的な文法をまとめています。ここで、基本的な内容をおさらいして、ぜひ思い出してみてください。

# マクロ&VBAの概要をおさらいしよう

365・2021・2019・2016対応

Excelのマクロ、VBAって処理の自動化で使うものだとは知ってるけど、作り方や文法を忘れてしまいました。

今まで必要とされなかったから仕方ないですね。それでは、ここでおさらいして記憶を呼び戻しましょう。

## Excelのマクロとはどのような機能？

Excelのマクロ&VBAは、Excelの処理を自動化するための機能です。本格的にマクロ&VBAを学習する前に、それぞれどのようなものかを再確認しておきましょう。

### マクロとは、操作の指示書

**マクロとは、Excelで処理を自動化するための機能**です。マクロを作成すると、Excelに指定した処理を自動で実行させることができます。マクロには、Excelに実行させる内容が書かれています。そのため、**マクロは、操作を自動実行させるための指示書**といえます。

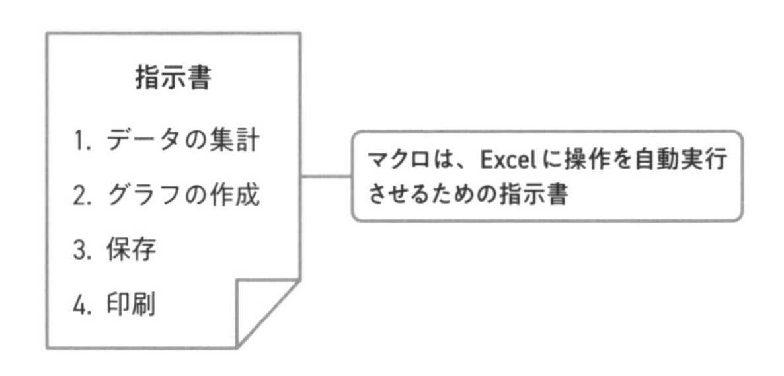


### マクロを作成する方法

マクロを作成する方法は2つあります。1つは、Excel上で操作した手順を記録してマクロを作成する「**マクロの記録**」を使う方法です（レッスン96参照）。もう1つは、次ページで紹介する**VBA**というプログラミング言語を使ってプログラムを作成する方法です。

● [マクロの記録]画面

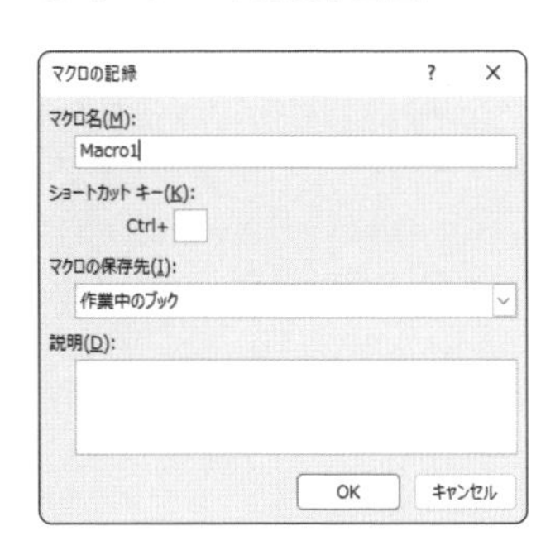


● VBAのプログラミング画面

```
(General)                    表内行削除
Sub 表内行削除()
    Dim myRange As Range
    Dim i As Long
    Dim myRow As Long

    Set myRange = Range("A3").CurrentRegion
    myRow = myRange.Rows.Count - 1
    Set myRange = myRange.Resize(myRow).Offset(1)
    myRange.Select

    For i = myRow To 1 Step -1
        myRange.Rows(i).Cells(5).Select
        If myRange.Rows(i).Cells(5).Value = "終了" Then
            myRange.Rows(i).Delete
        End If
    Next

End Sub
```

## ● VBAとは、マクロの中身

**VBAとは、「Visual Basic for Applications」の略で、マイクロソフト社のWordやExcelなどのOfficeアプリケーション用のプログラミング言語です。** VBAを使ってプログラミングをし、作成したプログラムが「マクロ」です。マクロの記録で作成されるマクロは、ユーザーが行った操作を、バックグラウンドでVBAにより自動作成されるものです。マクロの記録は、ユーザーによる操作だけでマクロを作成できるため、単純な処理に向いており、プログラミングの知識は必要ありません。**条件分岐や繰り返し処理など、より実用的な処理を行うには、VBAを使ったプログラミングをしてマクロを作成する**必要があります。

**そうか、マクロはExcelへの処理の指示書で、マクロの中身はVBAで記述されたプログラムだということなんですね。**

**マクロを作成するには、マクロの記録を使えば簡単だけど、条件分岐など、実用的な処理がしたいときは、VBAを使ったプログラミングが必要になります。**

# マクロ作成の準備をしよう

365・2021・2019・2016対応

では、さっそくマクロを作成していきたいんですが、事前に準備しておくことはありますか？

まずは、マクロ用の機能がまとめられている［開発］タブを表示しましょう。

## ［開発］タブの表示

マクロを作成するには、［開発］タブを使います。初期設定では表示されていないため、まずは［開発］タブを表示することから始めましょう。

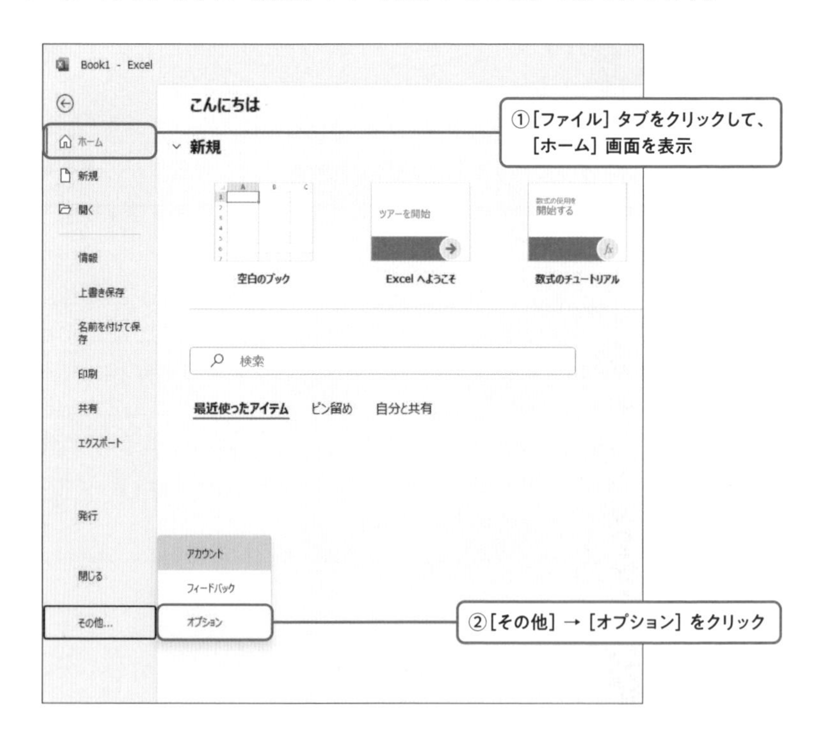

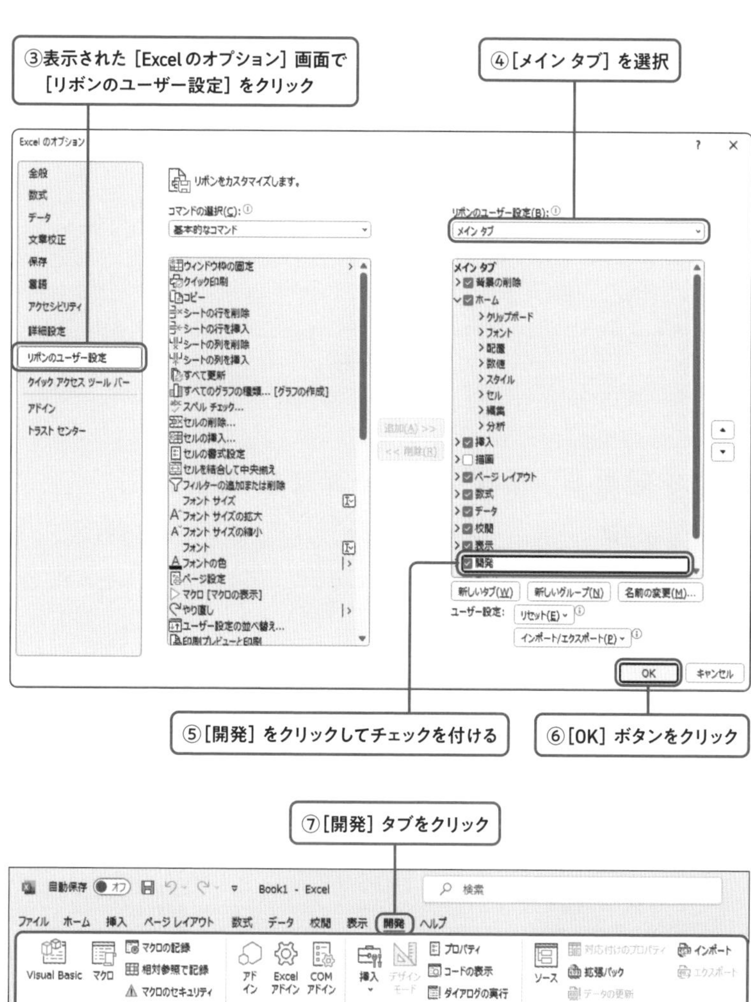


**✓ここがポイント！**

［開発］タブの中でも、マクロを作成するのによく使うのは、［コード］グループの［Visual Basic］と［マクロ］、［コントロール］グループの［挿入］です。位置を確認しておきましょう。

Lesson 03

365・2021・2019・2016対応

# VBEを起動しモジュールを追加するには

準備が整ったら、VBAを使ってマクロを作成するわけですが、どのように使えばいいんでしたっけ？

一般的なマクロは、VBEというエディターを使い、標準モジュールに記述していきます。その手順を確認しましょう。

## VBEを起動し、標準モジュールを追加する

VBEとは「Visual Basic Editor」の略で、VBAを使ってプログラミングをする際に使用するツールです。Excelに付属しているので、VBEを単独で起動することはできません。また、コードは「標準モジュール」という入力用のシートに記述します。ここでは、VBEを起動し、標準モジュールを追加する手順を確認しましょう。

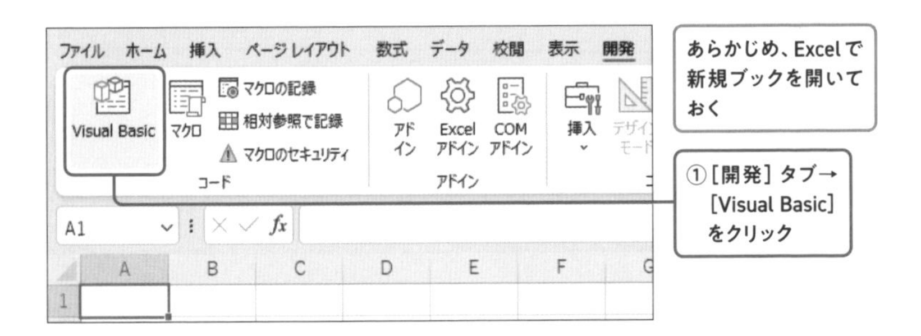


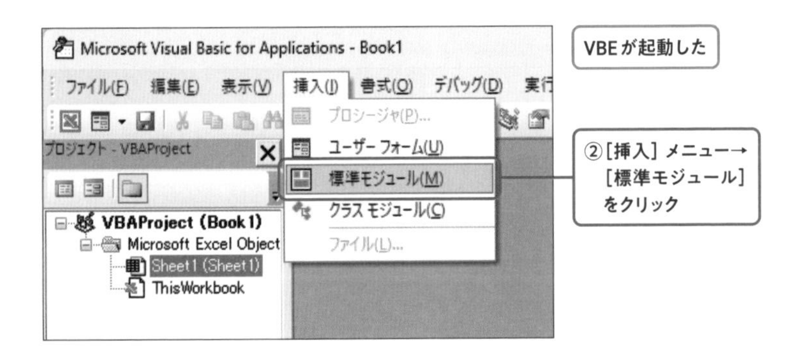

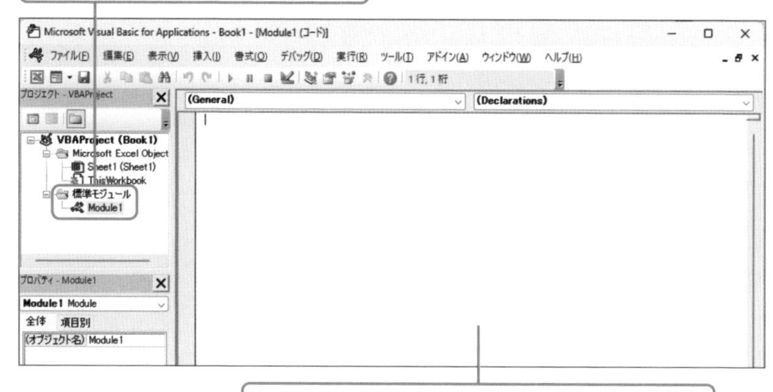


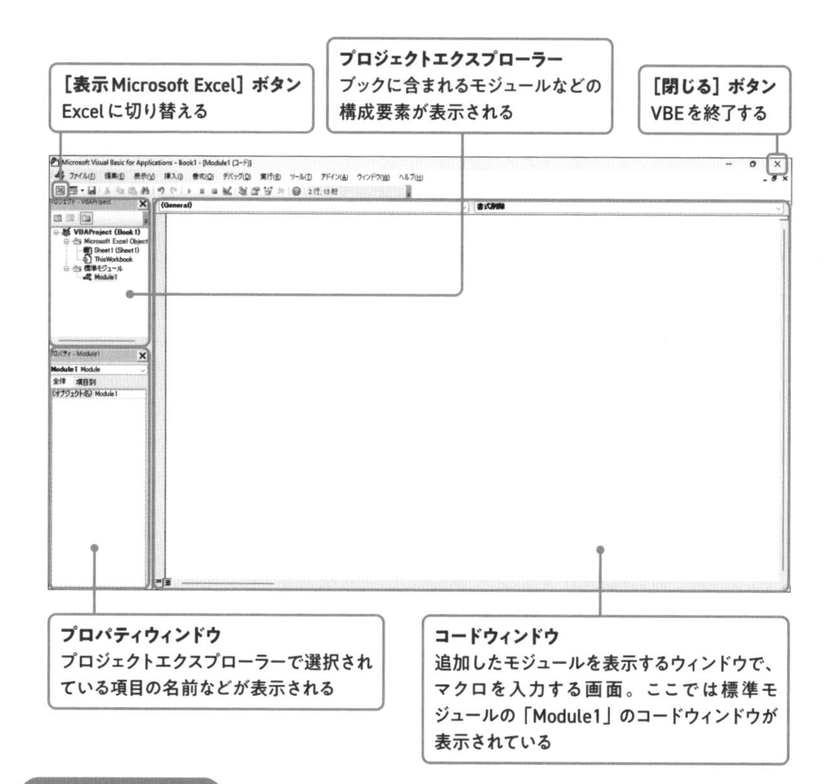


**✓ ここがポイント!**

Alt + F11 キーを押すと、ExcelとVBEを切り替えることができます。VBEはExcelに付属しているので、Excelを終了するとVBEも終了します。

Lesson 04

# 手順を確認しながらマクロを作成する

365・2021・2019・2016対応

VBEを起動して、標準モジュールも追加したから、これでやっとマクロを作成する準備ができたわけですね。

そうですね。まずは簡単な基本構文をおさらいし、実際に入力しながらマクロを作成してみましょう。

## マクロの構文とマクロ名の付け方を確認する

VBAでは、マクロのことを「プロシージャ」と呼びます。Excelに処理を実行させるマクロは「Subプロシージャ」といい、書式は「Sub マクロ名()」で始まり「End Sub」で終了します。構文は以下のようになります。

また、マクロ名は以下の命名規則に従います。命名規則に反する名前を付けようとするとメッセージが表示されます。

### ● Subプロシージャの構文

```
Sub マクロ名()
  実行する処理
End Sub
```

### ● VBAの命名規則

- 漢字、ひらがな、カタカナ、アルファベット、数字、アンダースコア(_)が使える
- 先頭文字に数字やアンダースコア(_)は使えない
- 用途が決められている予約語は使えない

※命名規則は、マクロ名だけでなく、変数名にも適用されます

## Subプロシージャを作成する

Sample 04_マクロ作成.xlsx

実際に入力しながらSubプロシージャの作成手順をおさらいしていきましょう。ここでは、選択した範囲に設定されている書式を削除する［書式削除］マクロを作成します。入力時、**マクロ名以外はすべて半角で入力してください。**

サンプルファイルを開き、レッスン03を参照してVBEを起動し、標準モジュールを追加しておく

```
sub 書式削除
```

①「sub 書式削除」と入力し、Enter キーを押す

```
Sub 書式削除()

End Sub
```

「sub」が「Sub」に変換され、マクロ名の後ろに「()」が入力された

カーソルが2行目に移動した

1行空けて「End Sub」と入力された

② Tab キーを押して字下げをする

```
Sub 書式削除()
    selection.clearformats
End Sub
```

③「selection.clearformats」と入力したら ↓ キーを押してカーソルを移動する

```
Sub 書式削除()
    Selection.ClearFormats
End Sub
```

頭文字が大文字に変換された。これで正しく入力されたことがわかる

**Tips** 「Selection.ClearFormats」の意味

「Selection」は「選択範囲」、「ClearFormats」は「書式を削除する」で、「選択範囲の書式を削除する」という意味になります。

確かに昔、こういうふうにマクロを作成していたことを思い出したよ。

アルファベットはすべて半角小文字で入力すればいいのはわかりやすいね。

正しい綴りで入力すれば、自動的に大文字に変換してくれるから入力が楽だし、正しく入力できているかどうかの目安になるね！

### ●コード入力の基本

プログラムとして入力する文字列を「**コード**」といいます。ここでは、VBAでコードを入力する際の基本事項をまとめます。

- **コードは、マクロ名や「"」（ダブルクォーテーション）で囲まれた文字列以外はすべて半角で入力する**
- **構文的に完成している単位を「ステートメント」という。ステートメントは、1つの処理を指定する命令文で、通常1行で記述する**
- **ステートメントは1行で1ステートメントだが、「：」（コロン）を記述すると、続けて別のステートメントを記述できる**
- **1行の命令文が長くなる場合は、「 _」（半角スペースとアンダースコア）を改行したい位置で入力した後、Enterキーを押すと改行され、複数行に分割して表示できる**
- **VBAには入力補助機能が用意されている（1章末のコラムページ参照）。入力補助機能を使って効率的にコード入力ができる**

## Subプロシージャを実行する

［書式削除］マクロが作成できたので、VBEから実行して動作確認してみましょう。先にExcelとVBEのウィンドウを横に並べて、動作確認しやすい状態にしておきます。

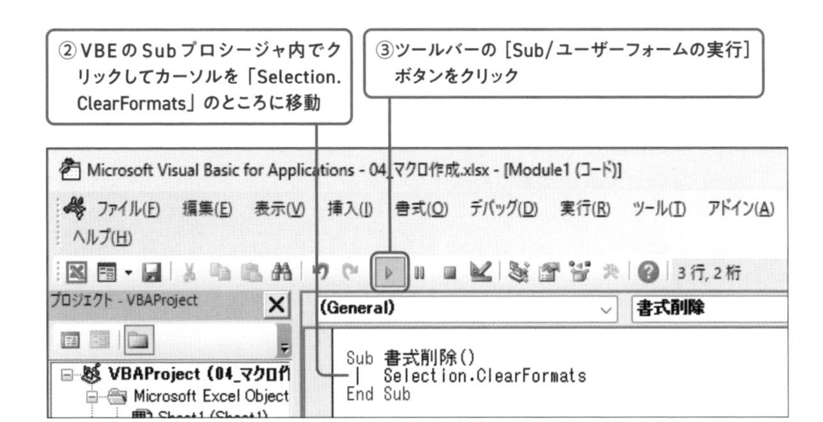


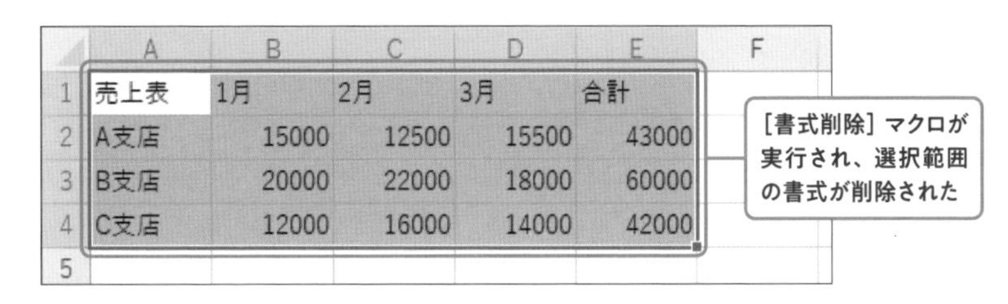

| | A | B | C | D | E | F |
|---|---|---|---|---|---|---|
| 1 | 売上表 | 1月 | 2月 | 3月 | 合計 | |
| 2 | A支店 | 15000 | 12500 | 15500 | 43000 | |
| 3 | B支店 | 20000 | 22000 | 18000 | 60000 | |
| 4 | C支店 | 12000 | 16000 | 14000 | 42000 | |
| 5 | | | | | | |



**✓ここがポイント!**

実行したいマクロ（Subプロシージャ）内でクリックしてカーソルを移動し、F5キーを押してもマクロを実行できます。なお、マクロで実行した処理は元に戻すことはできません。あらかじめバックアップを取っておきましょう。

［書式削除］マクロで、どこが変わったのか、確かめたくてCtrl＋Zキーで元に戻そうとしたけど、戻らなかった。マクロで実行した処理は戻せないんだね。

やり直しがきかなくなるから、大事なデータはバックアップしてから実行するように、習慣づけておいたほうがいいね。

けっこう重要なことだと思うので、マクロ実行前には心がけたいね。

# マクロを含むブックを保存して開く方法を確認しよう

365・2021・2019・2016対応

作成したマクロはブックに保存されるんですよね。マクロを含むブックはどのように扱われますか？

マクロを含むブックは、通常のブックとは別の形式で保存し、開くときは通常マクロが無効の状態で開きます。

## マクロ有効ブックの保存

マクロを含むブックを保存するときは「マクロ有効ブック」というファイル形式で保存します。拡張子は「.xlsm」で、通常のブック「.xlsx」とは異なることに注意してください。ここではレッスン04で使用したサンプル（04_マクロ作成.xlsx）を保存します。

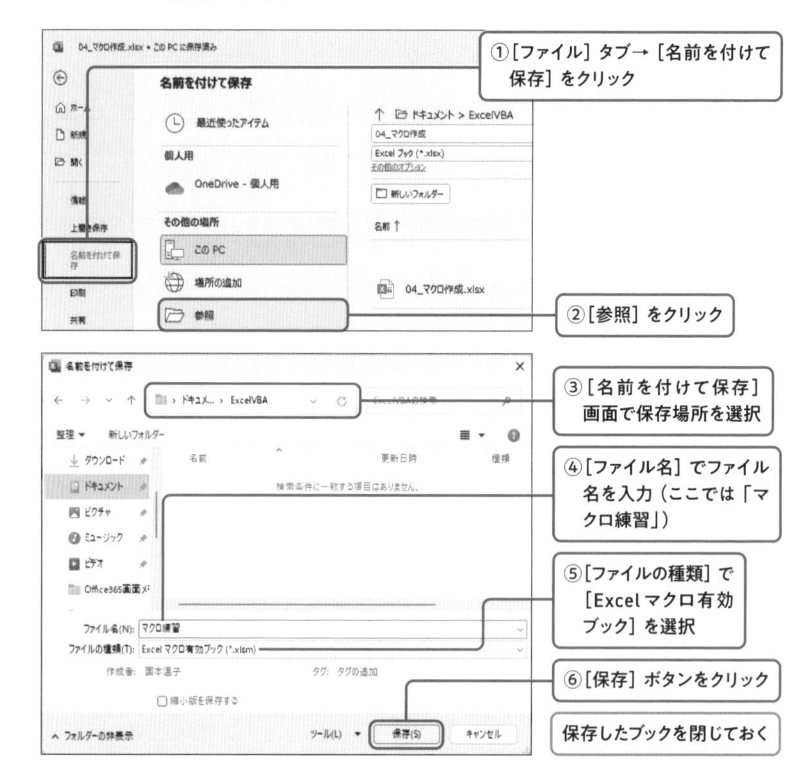

## Tips 通常のブックとして保存しようとした場合

マクロを含むブックは、通常のブックとして保存しようとすると、以下のメッセージが表示されます。[はい] をクリックすると通常のブックとして保存されますが、マクロは削除されます。マクロを保存したい場合は、[いいえ] をクリックし、ファイルの種類を [マクロ有効ブック] に変更して保存します。

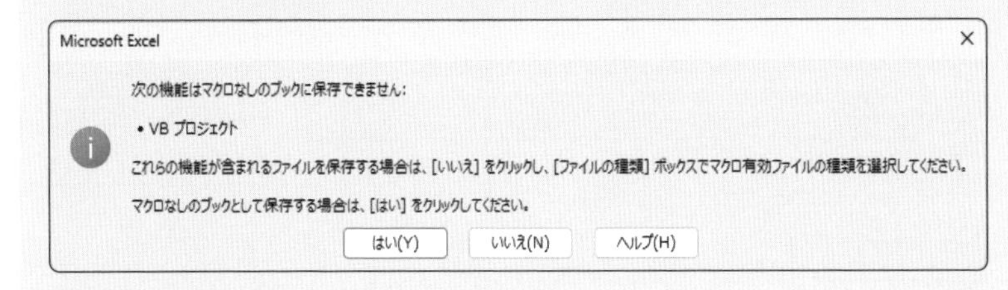


**ここがポイント!**

**通常のブックとマクロ有効ブックは、エクスプローラーなどで表示されるファイルのアイコンとファイルの拡張子が異なります。通常のブックの拡張子は「.xlsx」、マクロ有効ブックの拡張子は「.xlsm」です。**

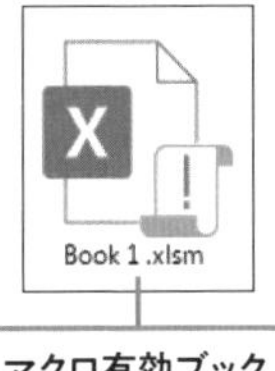

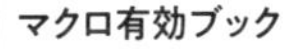

なるほど。業務で拡張子が「.xlsm」のExcelファイルを受け取ることがあったけど、あれはマクロ有効ブックの意味だったんだ。

アイコンが同じように見えるから区別が付かなかったけど、よく見るとアイコンも違うんだね。

もうこれで、マクロあり・なしの区別が一発で付くようになるね!

## マクロを含むブックを開く

マクロを含むブックは、既定でマクロ無効の状態で開きますが、[セキュリティの警告] メッセージバーで [コンテンツの有効化] をクリックするとマクロが有効になります。以降は、マクロが有効な状態で開くようになります。

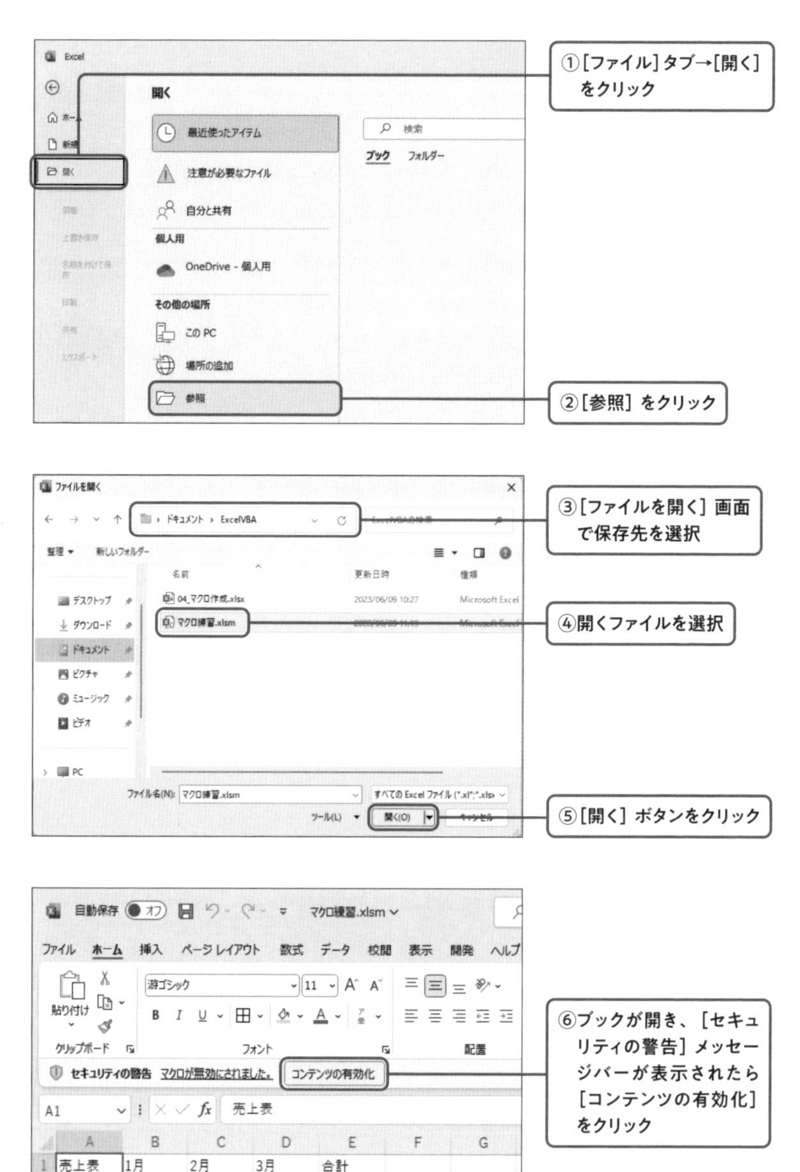

## Tips ブックを開くときにVBEが起動している場合

マクロを含むブックを開くときに、VBEが起動している場合は、以下の画面が表示されます。マクロを有効にするには、［マクロを有効にする］をクリックしてください。

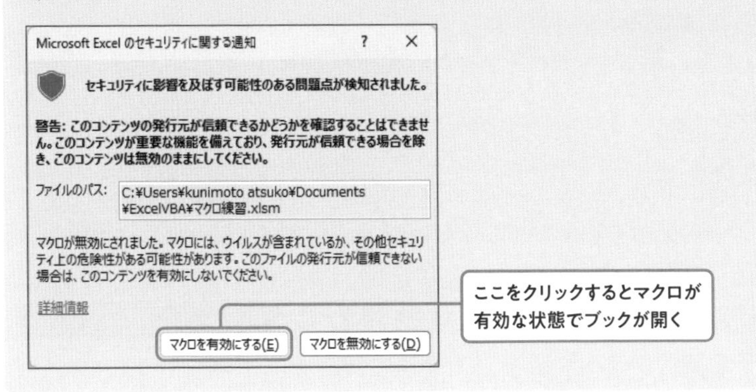

## Tips ［セキュリティリスク］メッセージバーが表示された場合

マクロを含むブックを開いたときに［セキュリティリスク］メッセージバーが表示された場合、マクロがブロックされています。マクロを有効にするには、いったんブックを閉じ、エクスプローラーでブックを右クリックし［プロパティ］をクリックして［(ブック名) のプロパティ］画面を開き、**［全般］タブの［セキュリティ］で［許可する］にチェックを付けると、マクロのブロックが解除**されます。また、P320の付録も参照してください。

**業務で受け取ったExcelファイルを開いたとき、セキュリティの警告が出ることがあって、何のことやらわからず、［コンテンツの有効化］や［マクロを有効にする］をクリックしていたけど、これで意味がわかった！**

**私も。とりあえず有効にしておけばいい、って思ってやってたけど、そのExcelファイルがマクロ有効ブックだってことだったんだね。**

**めちゃくちゃ基本的なことだったけど、改めて「このExcelファイルにはマクロが使われているぞ」という意識で開くようになるな！**

Lesson 06

# マクロを実行するいろいろな方法

365・2021・2019・2016対応

作成したマクロを、Excel内に配置したボタンから実行できるようにしたいのですが、どうすればいいの？

では、ボタンに割り当てる方法を紹介しましょう。ボタン以外にマクロを実行する方法もあるので、あわせて紹介しますね。

## ワークシート上にボタンを配置して実行する

Sample 06_マクロ実行.xlsm

ワークシート上にボタンを配置して、そのボタンにマクロを登録し、クリックして実行する方法があります。ボタンを配置したワークシートにあるデータに対して、マクロを実行したい場合に便利です。

あらかじめ、ボタンを配置したいシートを表示しておく

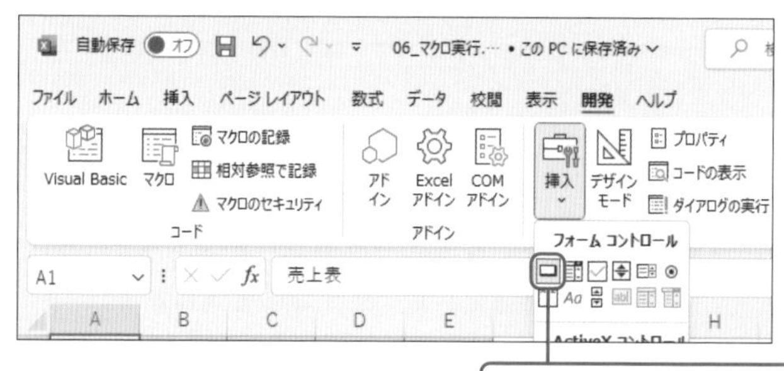


①[開発] タブ→ [挿入] → [ボタン(フォームコントロール)] をクリック

②ワークシート上でドラッグ

| | A | B | C | D | E |
|---|---|---|---|---|---|
| 1 | 売上表 | 1月 | 2月 | 3月 | 合計 |
| 2 | A支店 | 15,000 | 12,500 | 15,500 | 43,000 |
| 3 | B支店 | 20,000 | 22,000 | 18,000 | 60,000 |
| 4 | C支店 | 12,000 | 16,000 | 14,000 | 42,000 |
| 5 | | | | | |

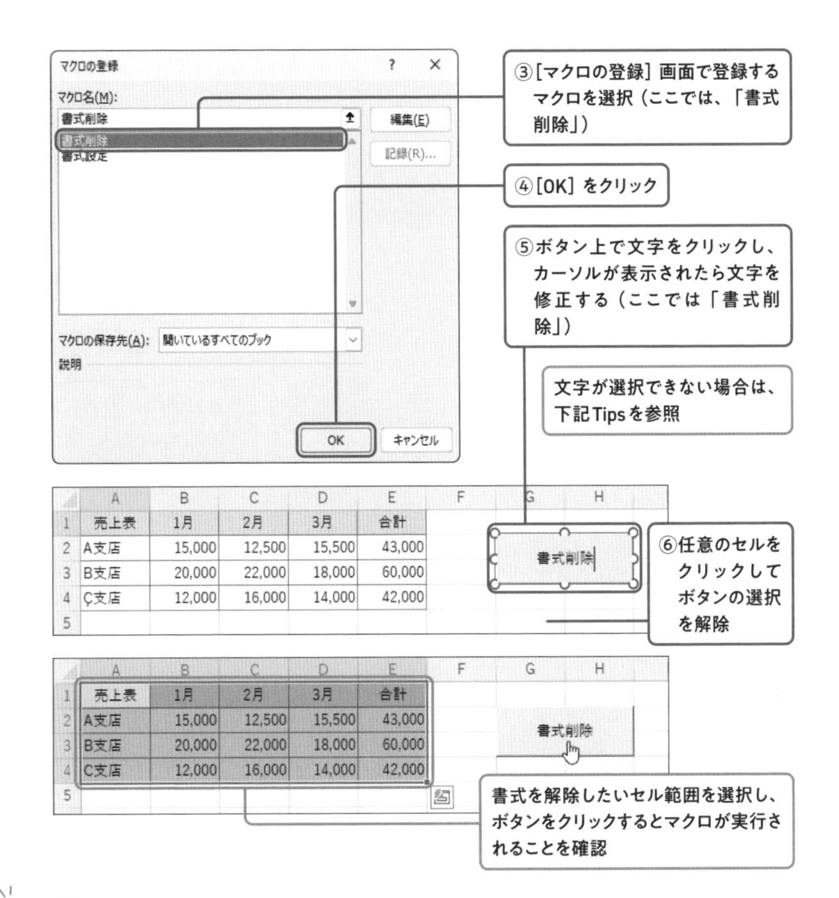


| | A | B | C | D | E | F | G | H |
|---|---|---|---|---|---|---|---|---|
| 1 | 売上表 | 1月 | 2月 | 3月 | 合計 | | | |
| 2 | A支店 | 15,000 | 12,500 | 15,500 | 43,000 | | 書式削除 | |
| 3 | B支店 | 20,000 | 22,000 | 18,000 | 60,000 | | | |
| 4 | C支店 | 12,000 | 16,000 | 14,000 | 42,000 | | | |
| 5 | | | | | | | | |

| | A | B | C | D | E | F | G | H |
|---|---|---|---|---|---|---|---|---|
| 1 | 売上表 | 1月 | 2月 | 3月 | 合計 | | | |
| 2 | A支店 | 15,000 | 12,500 | 15,500 | 43,000 | | 書式削除 | |
| 3 | B支店 | 20,000 | 22,000 | 18,000 | 60,000 | | | |
| 4 | C支店 | 12,000 | 16,000 | 14,000 | 42,000 | | | |
| 5 | | | | | | | | |

## Tips ボタンを編集する

Ctrl キーを押しながらボタンをクリックすると、ボタンが選択され周りに白いハンドルが表示されます。この状態で、文字上をクリックするとカーソルが表示されるので、文字の編集ができます。また、白いハンドルにマウスポインターを合わせ、ドラッグするとサイズ変更できます。ボタンの境界線上にマウスポインターを合わせドラッグすると移動できます。

### ためしてみよう

［書式削除］ボタンの下に、［書式設定］マクロを実行する［書式設定］ボタンを配置してみましょう。

**書式設定のマクロって、どうやって書けばいいんだろ？**

**第2章で説明するので、それを読んだら試してみましょう。**

## クイックアクセスツールバーに配置して実行する

タイトルバーの左側に表示される「**クイックアクセスツールバー**」の**ボタンにマクロを登録**することもできます。常に表示されるボタンなので、表示されているシートに関係なくいろいろなシートで使える汎用的なマクロを実行する場合に便利です。

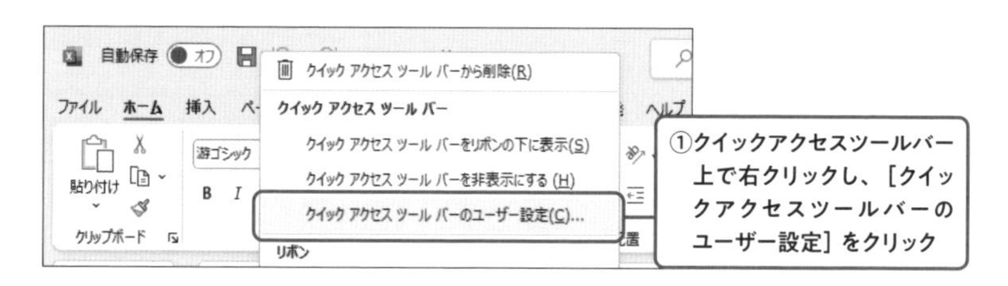




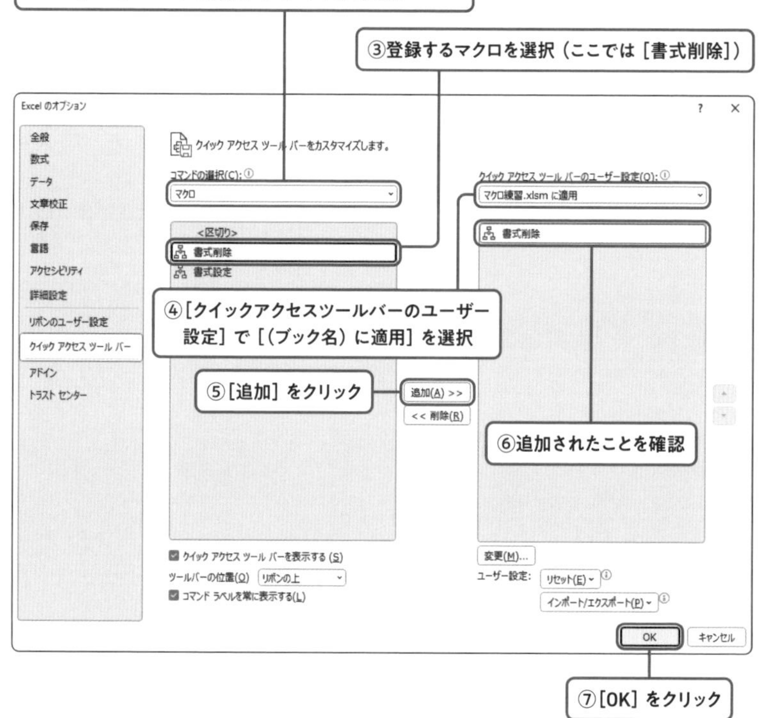

**✓ここがポイント！**

手順④で［(ブック名) に適用］を選択することで、マクロを含むブックを開いているときだけボタンが表示されます。そのため、別のブックで誤って実行することを防げます。

## ショートカットキーを割り当てて実行する

マクロにショートカットキーを割り当てることができます。キーボード操作だけで実行できるので、頻繁に実行するマクロの場合は便利です。

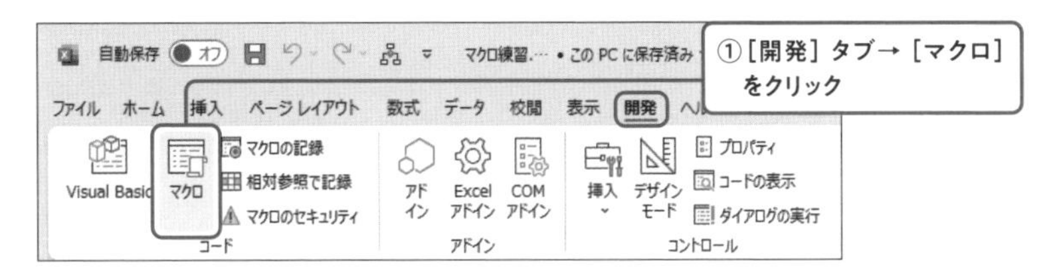


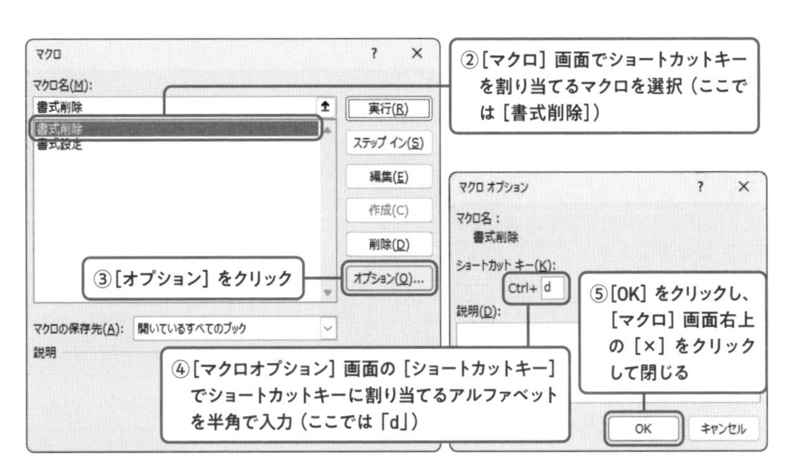


**✓ここがポイント！**

小文字で「d」と入力すると Ctrl ＋ D キーがショートカットキーになり、大文字で「D」と入力すると Ctrl ＋ Shift ＋ D キーがショートカットキーになります。なお、ショートカットキーに割り当てたマクロは、Excelにあらかじめ割り当てられているショートカットキーより優先されます。

ショートカットキーはシートのボタンやクイックアクセスツールバーのボタンをクリックする代わりにキーボード操作で実行できるから便利！

# VBAの基本構文をおさらい

365•2021•
2019•2016
対応

**マクロの基本操作はわかりました。では、VBAでExcelを操作するのに、最初に学習することは何ですか？**

まず、オブジェクトとコレクション、プロパティ、メソッドの概要を覚えることが大切です。ここでおさらいしましょう。

## オブジェクトとコレクション

ここでは、オブジェクトとコレクションの概要について復習します。オブジェクトとコレクションは何か、どのような関係があるかを確認してください。

### オブジェクトとは

**「オブジェクト」とは、「操作の対象」となるもの**です。Excelでは、ブックやワークシート、セルが主なオブジェクトになります。そのほかに、グラフや図形、罫線、フォントやセルの内部などもオブジェクトとして扱います。

**主なオブジェクト**

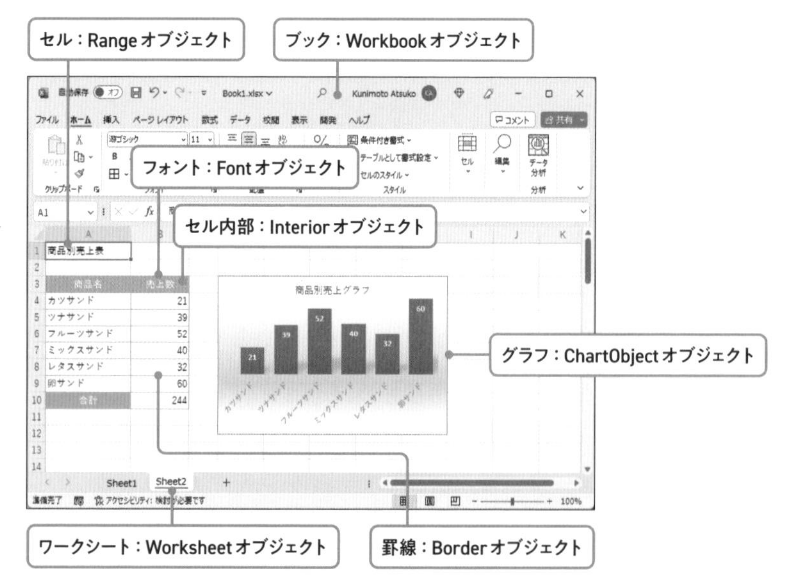

● ブックの指定例（詳細はレッスン31参照）

| Workbooks ("Book1.xlsx") | [Book1.xlsx] ブック |
|---|---|
| Workbooks (1) | 1番目に開いたブック |

● ワークシートの指定例（詳細はレッスン31参照）

| Worksheets ("Sheet1") | [Sheet1] シート |
|---|---|
| Worksheets (2) | 左から2番目のシート |

● セルの指定例（詳細はレッスン17参照）

| Range ("A1") | セルA1 |
|---|---|
| Range ("A1:C3") | セル範囲A1～C3 |

## コレクションとは

**同じ種類のオブジェクトの集まりを「コレクション」といいます。**例えば、開いているすべてのブックの集まりをWorkbooksコレクション、ブック内のすべてのワークシートの集まりをWorksheetsコレクションといいます。また、**コレクション内の一つひとつのオブジェクトを「メンバー」**といいます。例えば、[Sheet1] シートは、Worksheetsコレクションのメンバーです。

● 主なコレクション

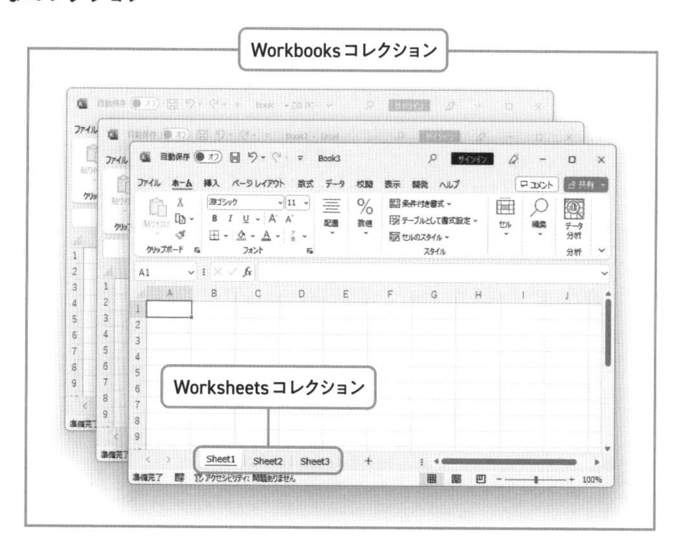

## オブジェクトの階層構造

Excelのオブジェクトは「階層構造」で管理されています。VBAで操作対象となるオブジェクトを正しく指定するために、階層構造を理解しましょう。

### 主な階層構造

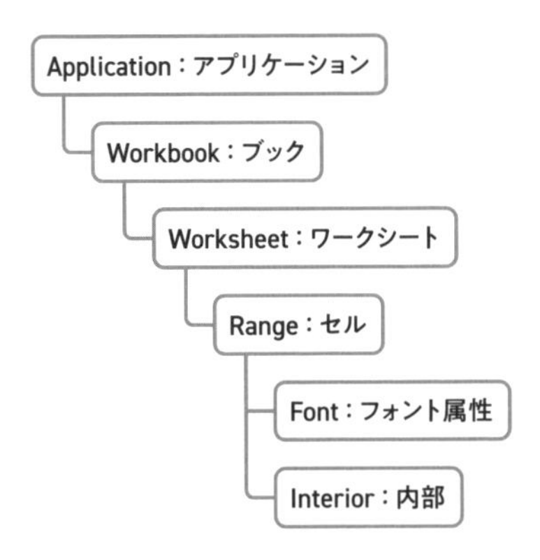


セルなどのオブジェクトを指定する場合は、階層構造をたどって指定します。ブックを省略した場合はアクティブブック、ワークシートを省略した場合はアクティブシートとみなされます。なお、通常Applicationは省略します。以下の例で赤字の部分がオブジェクトになります。

### 記述例1

```
Workbooks("売上.xlsx").Worksheets("新宿").Range("A1").Select
```

**意味**：［売上.xlsx］ブックの［新宿］シートのセルA1を選択する。

### 記述例2

```
Worksheets(1).Range("A1").Font.Size=12
```

**意味**：アクティブブックの左から1つ目のシートのセルA1の文字のサイズに12を代入する。

### 記述例3

```
Range("A1").Interior.Color=rgbYellow
```

**意味**：アクティブブックのアクティブシートのセルA1の内部の色を黄色に設定する。

**オブジェクトは操作の対象で、同じオブジェクトの集まりをコレクションといい、オブジェクトは、階層構造になっているということですね。**

**そうですね。コレクション自体が操作対象となる場合はオブジェクトとして扱います。階層構造はオブジェクトを正確に指定するために重要になります。**

## プロパティとは

「プロパティ」とは、「オブジェクトの属性」です。属性はオブジェクトがどのようなものかを説明するものと考えるとわかりやすいでしょう。以下の構文でオブジェクトのプロパティを取得・設定します。なお、プロパティの中には取得のみで設定できないものがあることも覚えておいてください。

### 構文:プロパティの値を取得

```
オブジェクト.プロパティ
```

※取得だけでは、1つの命令文にはなりません。取得した値を変数や他のプロパティに代入したり、関数の引数にしたりして利用します

### 構文:プロパティに値を設定

```
オブジェクト.プロパティ=値
```

※「=」は代入演算子で、「左辺に右辺を代入する」という意味になり、プロパティに値を設定します

### 記述例1

```
Range("A1").Value="VBA"
```

意味：セルA1の値に「VBA」を設定する。

### 記述例2

```
Range("A1").Font.Size=12
```

意味：セルA1の文字のサイズに12を設定する。

### 記述例3

```
Worksheets(1).Name=Range("A1").Value
```

意味：セルA1の値を取得し、取得した値を1つ目のワークシートのシート名に設定する。このようにプロパティの値を取得して、別のプロパティの値に設定することができる。

### 記述例4

```
Worksheets(1).Visible=False
```

意味：1つ目のワークシートの表示・非表示の設定を非表示にする。このように、オブジェクトの表示・非表示または、有効・無効の設定を切り替えることもできる。

## メソッドとは

「メソッド」とは、「オブジェクトの動作」です。例えば、「セルを選択する」とか「セルを削除する」の、「選択する」や「削除する」の部分をメソッドで指定します。以下のような構文になります。

● **構文**

```
オブジェクト.メソッド
```

● **記述例1**

```
Range("A1").Select
```

**意味**：セルA1を選択する。

● **記述例2**

```
Range("A1").Clear
```

**意味**：セルA1の文字や書式を削除する。

● **記述例3**

```
Worksbooks("売上.xlsx").Worksheets("Sheet1").Delete
```

**意味**：[売上.xlsx]ブックの[Sheet1]シートを削除する。

● **記述例4**

```
Worksoobs("売上.xlsx").Close
```

**意味**：[売上.xlsx]ブックを閉じる。

**プロパティは、オブジェクトを説明するもので、名前や色などはプロパティで取得・設定するんですね。そしてメソッドは、オブジェクトの動作で、選択するとか閉じるといったことはメソッドで指定するということですね。**

**そうです。それがプロパティとメソッドの基本になります。まず、基本を押さえておいてくださいね。**

## 引数を持つメソッドの設定方法

メソッドには、「引数（ひきすう）」を持つものがあります。引数は、オブジェクトをどのように動作させるか詳細を指定するもので、以下のような構文になります。[] で囲まれている引数は省略することができ、省略した場合は既定値が設定されます。

● **構文（基本）**

```
オブジェクト.メソッド ([引数1], [引数2],…)
```

例えば、セルを挿入するRangeオブジェクトのInsertメソッドの構文は以下のようになり、引数Shiftでセルを挿入する際、元のセルの移動方向を指定し、引数CopyOriginで挿入するセルにどのセルの書式を適用するかを指定します（レッスン52参照）。

● **構文：RangeオブジェクトのInsertメソッド**

```
Rangeオブジェクト.Insert([Shift], [CopyOrigin],…)
```

● **記述例1：引数名を指定して設定する場合（名前付き引数）**

```
Range("A1:B1").Insert CopyOrigin:=xlFormatFromLeftOrAbove
```

● **記述例2：引数名を省略する場合**

```
Range("A1:B1").Insert , xlFormatFromLeftOrAbove
```

**意味：** セル範囲A1～B1に、隣接する左また上のセルの書式を適用して、セルを挿入する（引数Shiftを省略しているので、セルの移動方向は既定値のExcelにより自動的に移動となる）。

**✓ここがポイント！**

**記述例1は引数名を指定した場合で、記述例2は引数名を省略した場合の記述方法でどちらも意味は同じです。どちらも第1引数Shiftを省略していますが、記述例2の場合は、引数名を指定していないため、省略を示すための「,」が記述されていることに注意してください。**

### 引数を指定する場合の規則

- **引数名を付ける場合は、「引数名:=設定値」の形式で指定する。この場合、引数は構文の順番どおりでなくても指定できる**
- **引数名を省略した場合は、構文の順番で指定しなければならず、前の引数を省略する場合は、省略を示すための「,」(カンマ) の入力が必要になる**
- **引数の前後は()で囲む必要はない※**

※メソッドでも引数を()で囲む場合がある。また、プロパティにも引数を持つものがある。詳細は次項を参照

## オブジェクトはプロパティやメソッドによって作られる

プロパティには、Valueプロパティのようなオブジェクトに値を取得・設定するもののほかに、オブジェクトを取得するものがあります。また、メソッドの中にもオブジェクトを取得するものがあります。実は、**オブジェクトは、プロパティやメソッドを使って作成します。「オブジェクトを取得する」というのは、「オブジェクトを作成する」という意味になります。**

例えば、セルA1を表すRangeオブジェクトを取得するには、Rangeプロパティを使って「Range("A1")」のように記述します。また、セルA1内の文字属性を表すFontオブジェクトを取得するには、Fontプロパティを使って「Range("A1").Font」のように記述します。「セルA1の文字の色を青に設定する」という命令文 (ステートメント) は、以下のように記述します。

```
Range("A1").Font.Color=rgbBlue
```

オブジェクトを取得するメソッドの例として、RangeオブジェクトのSpecialCellsメソッドがあります。SpecialCellsメソッドは、引数で指定した種類のセルを表すRangeオブジェクトを取得します (レッスン25参照)。例えば、セル範囲A1～C3の中で空白セルを取得するには、「Range("A1:C3").SpecialsCells(xlCellTypeBlanks)」と記述します。「セル範囲A1～C3内にある空白セルを選択する」という命令文は、以下のように記述します。

```
Range("A1:C3").SpecialsCells(xlCellTypeBlanks).Select
```

オブジェクトを取得するメソッドやプロパティの引数は、上記のように () で囲んで記述します。

**オブジェクトというものがもともと用意されてなくて、プロパティやメソッドを使ってオブジェクトを作るっていうことが驚きでした。**

**そうなんです。プロパティやメソッドの中には、オブジェクトを作成するものがあるということを覚えておいてください。**

### Tips ブックやワークシートの場合

Workbookオブジェクトは、Workbooksコレクションと同名のWorkbooksプロパティを使って、「Workbooks("売上.xlsx")」のように記述して取得します。Worksheetsオブジェクトは、同様にWorksheetsコレクションと同名のWorksheetsプロパティを使って「Worksheets(1)」のように記述して取得します。また、Addメソッドのように、WorkbookオブジェクトやWorksheetオブジェクトを取得するメソッドもあります（第3章参照）。

### Tips オブジェクトのイベントについて

オブジェクトには、プロパティ、メソッドの他に、イベントがあります。イベントとは、オブジェクトによって認識される動作のことで、「ブックを開いたとき」とか、「ワークシートを印刷するとき」といった動作がイベントになります。例えば、ブックを開いたときに発生するのは、WorkbookオブジェクトのOpenイベントになります。VBAでは、イベントをきっかけに自動実行する「イベントプロシージャ」を作成することができます。なお、本書では解説をしていません。

# 変数で実用的な処理をする

365・2021・2019・2016対応

変数か。いよいよ本格的になってきましたね。

はい。変数はプログラムの中でとても重要です。変数を使えば、処理する値を臨機応変に変更できるようになりますよ。

## 変数を宣言する

変数とは、マクロの中で使用する値を一時的に格納するための入れ物です。変数に値を代入すると、その変数は値と同じものとして扱うことができます。また、変数の値は、自由に出し入れすることができます。

### ● 変数の仕組み

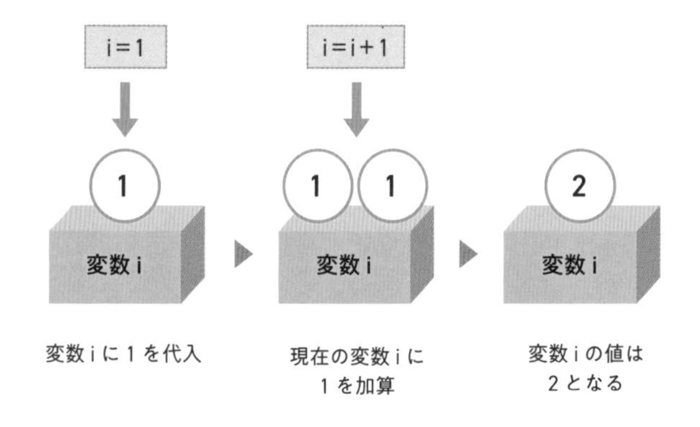


次ページの使用例を見ると、変数は、Dimに続けて変数名を指定し、Asに続けてデータ型を指定して宣言しているのがわかります。データ型には変数に代入するデータの種類を指定します（次ページ表参照）。データ型を省略すると、バリアント型とみなされます。

### ● 構文

```
Dim 変数名 As データ型
```

## 使用例

Sample 08_変数.xlsm

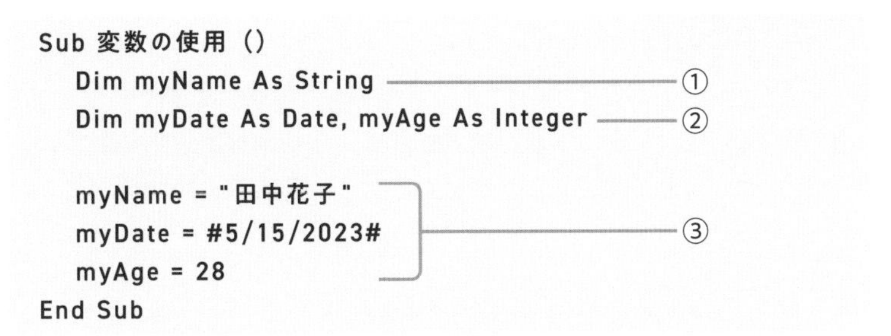

```
Sub 変数の使用()
    Dim myName As String ―――――――――――――― ①
    Dim myDate As Date, myAge As Integer ―――― ②

    myName = "田中花子"  ┐
    myDate = #5/15/2023# ├――――――――――――――― ③
    myAge = 28           ┘
End Sub
```

**解説**：①文字列型の変数「myName」を宣言する。②日付型の変数「myDate」と整数型の変数「myAge」を宣言する。1行で複数の変数を宣言する場合は、「,」（カンマ）に続けて、変数名とデータ型を指定する。③変数に値を代入する。文字列は「"」（ダブルクォーテーション）で囲み、日付は「#」（ハッシュ）で囲んで指定する。

## 主なデータ型

| データ型 | 範　囲 |
| --- | --- |
| ブール型（Boolean） | TrueまたはFalse |
| バイト型（Byte） | 0～255の整数 |
| 整数型（Integer） | -32,768～32,767の整数 |
| 長整数型（Long） | -2,147,483,648～2,147,483,647の整数 |
| 単精度浮動小数点数型（Single） | 小数点を含む数値<br>（負の値）-3.402823E38～-1.401298E-45<br>（正の値）1.401298E-45～3.402823E38 |
| 倍精度浮動小数点数型（Double） | Singleより大きな小数点を含む数値<br>（負の値）-1.79769313486231E308～-4.94065645841247E-324<br>（正の値）4.94065645841247E-324～1.79769313486232E308 |
| 通貨型（Currency） | 15桁の整数部分と4桁の小数部分の数値<br>-922,337,203,685,477.5808～922,337,203,685,477.5807 |
| 日付型（Date） | 日付と時刻<br>西暦100年1月1日～西暦9999年12月31日の日付と0:00:00～23:59:59の時刻 |
| 文字列型（String） | 文字列0～約20億 |
| バリアント型（Variant） | あらゆる種類の値 |
| オブジェクト型（Object） | 任意のオブジェクトへの参照を格納 |

※E38のEは累乗を意味し、E38は10の38乗のこと

## 変数の宣言を強制する

モジュールの先頭に「Option Explicit」と入力すると、マクロを実行した際に、宣言されていない変数がチェックされ、「変数が定義されていません」というメッセージが表示され、宣言されていない変数が選択されて、処理が中断します。**入力ミスのチェックになる**ので、できるだけ使用するようにしてください。

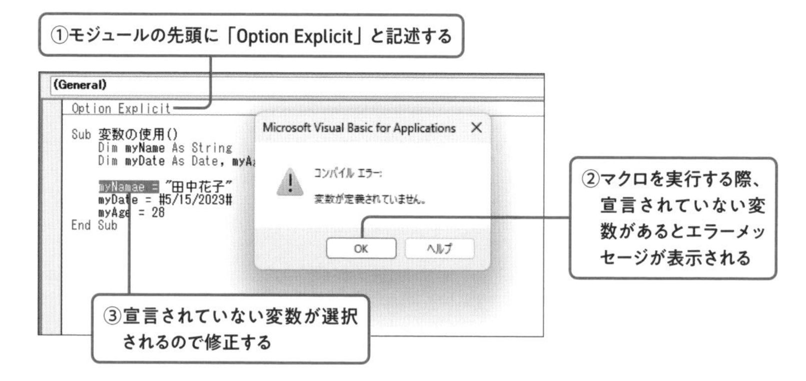


**Tips　モジュール追加時に「Option Explicit」を自動入力させる**

VBEの［ツール］メニューの［オプション］をクリックして表示される［オプション］画面の［編集］タブで［変数の宣言を強制する］にチェックを付けると、モジュールが新規追加されると自動的に「Option Explicit」が挿入されます。入力の手間が省けるので、設定しておくことをおすすめします。

## オブジェクト変数を使う

オブジェクト型の変数のことを「**オブジェクト変数**」と呼びます。オブジェクト変数には、セルやワークシートそのものを代入するのではなく、**オブジェクトへの参照**（オブジェクトのメモリ上の位置）**を代入**します。データ型には、RangeやWorksheetなどオブジェクトの種類を指定しますが、オブジェクトの種類を指定しない場合は、「Object」と指定します。また、オブジェクトへの参照は「Set」ステートメントを使って代入します。

● **構文：オブジェクト変数の宣言**

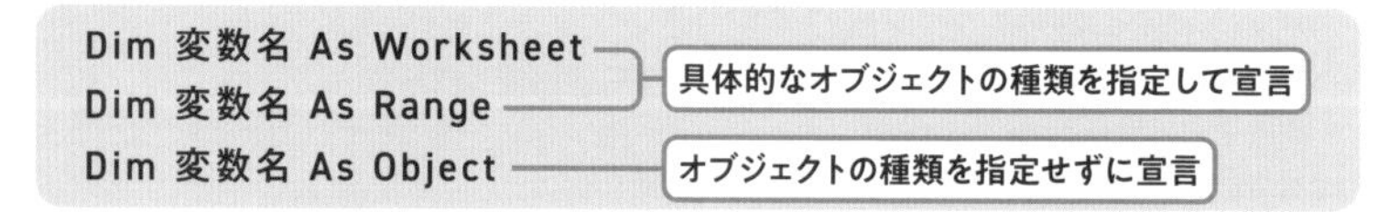

● **構文：オブジェクト変数にオブジェクトへの参照を代入**

```
Set 変数名 = オブジェクト
```

● **使用例**

Sample 08_オブジェクト変数.xlsm

```
Sub オブジェクト変数の使用 ()
    Dim rng As Range ——————————————①
    Set rng = Range("A2:B6") ——————————②
    rng.Borders.LineStyle = xlContinuous ———③
    rng.Rows(1).Interior.Color = rgbLightBlue —④
    Set rng = Nothing ——————————————⑤
End Sub
```

**解説**：①Range型のオブジェクト変数rngを宣言し、②セル範囲A2～B6への参照を変数rngに代入する。③変数rngに格子の罫線を設定し、④変数rngの1行目のセルの色を薄い青に設定。⑥変数rngへの参照を解除する。

**✓ここがポイント！**

**使用例の⑤の「Set rng = Nothing」は、変数rngに代入されているオブジェクトへの参照を解除し、オブジェクト変数に何も代入されていない状態に戻しています。マクロが終了すれば自動的に解除されるため、必ずしも記述する必要はありませんが、ここでは明示的に解除しています。**

**Tips　定数とは**

変数と同じく値を保管する入れ物ですが、中身を入れ替えることができない入れ物です。使用する場合は「Const 定数名 As データ型 = 値」の形式で使用を宣言します。また、VBAにはあらかじめ用意されている「組み込み定数」があり、プロパティの設定値や関数の引数などでよく使用します。例えば、使用例にある「xlContinuous」や「rgbLightBlue」は組み込み定数です。

Lesson 09

# 配列の基本も覚えておく

365・2021・2019・2016対応

次は配列？　なんだか、どんどん難しくなってきましたね……。

うーん、難しいといえば、そうかもしれないけど、複数の値をまとめて処理するには、とても便利なんですよ。

## 配列を宣言する

「配列」は、同じデータ型の要素の集まりです。通常、変数には1つの値しか入れませんが、配列には複数の値を代入できるため、複数の値に同じ処理を実行するのに便利です。配列の各要素には0から始まるインデックス番号が振られます。例えば要素数が3の配列Shohinの場合、各要素を表すのに「配列(インデックス番号)」の形式で「Shohin(0)」のように記述します。インデックス番号の最小値を「下限値」、最大値を「上限値」といいます。下限値は0から始まるため、上限値は、「要素数-1」で求められます。

● 配列の仕組み

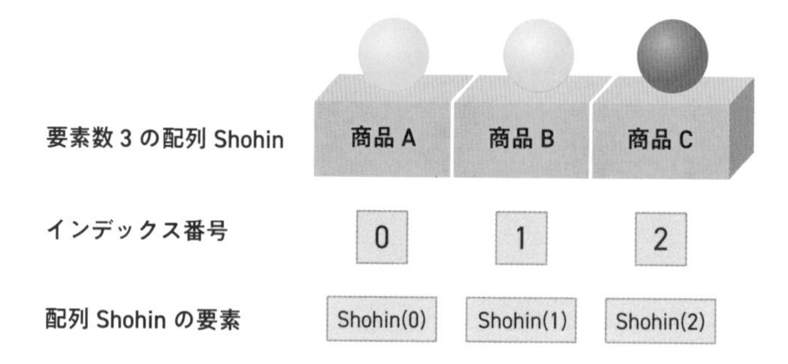


● 構文：配列を宣言する

```
Dim 配列名(上限値) As データ型
```

● 構文：配列にデータを代入する

```
配列名(インデックス番号) = 格納する値
```

## ● 使用例

Sample 09_1配列.xlsm

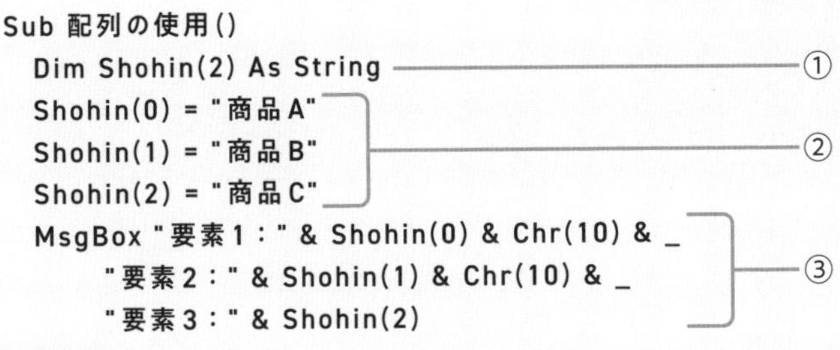

```
Sub 配列の使用()
    Dim Shohin(2) As String                              ─①
    Shohin(0) = "商品A"
    Shohin(1) = "商品B"                                  ─②
    Shohin(2) = "商品C"
    MsgBox "要素1：" & Shohin(0) & Chr(10) & _
        "要素2：" & Shohin(1) & Chr(10) & _               ─③
        "要素3：" & Shohin(2)
End Sub
```

**解説**：①文字列型で要素数が3つの配列Shohinを宣言する。②配列の各要素に「商品A」「商品B」「商品C」を代入する。③文字列、配列の各要素、改行を「&」で連結した文字列をメッセージ表示する。

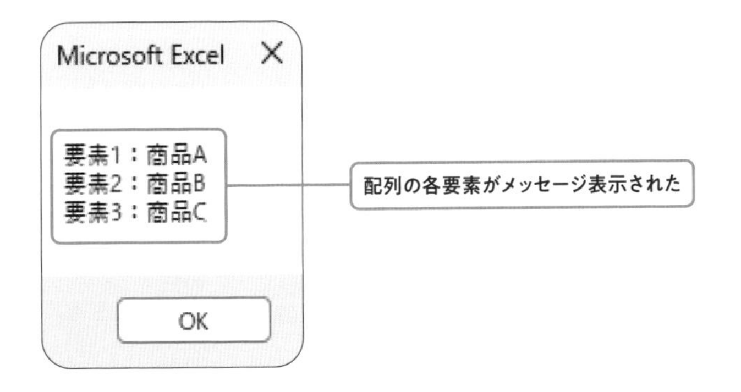


### ✓ここがポイント！

**MsgBox関数はメッセージを表示するVBA関数です。引数に指定した文字列をメッセージにして表示します（レッスン86）。ここでは、文字列や変数、配列の値をつなぎ合わせてひと続きの文字列にするには「&」でつなげます（レッスン55）。また、メッセージを改行するには、Chr関数（P318）を使います。Chr(10)で文字列を改行します。行末に「 _」を入力して Enter キーを押し、ステートメントを複数行に分けて記述しています。**

### Tips　Option Baseステートメントで配列の下限値を1に変更する

モジュールの先頭に「Option Base 1」と入力すると、配列のインデックス番号の下限値を1に変更できます。Option Baseステートメントを記述しない場合の下限値は0です。

**Tips　配列の下限値と上限値を変更する**

配列を「Dim 配列名(下限値 To 上限値) As データ型」の形式で宣言すると、任意の下限値と上限値を指定できます。例えば「Dim Hairetu(1 To 3) As String」は、下限値が1、上限値が3、要素数が3の文字列型の配列Hairetuを宣言しています。

## Array関数を使って配列を作成する

Array関数は、引数に配列の要素を「,」(カンマ)で区切って指定して配列を作成します。Array関数で作成した配列は、バリアント型にします。前ページの使用例をArray関数を使って書き換えると、以下のようになります。

● **構文:Array関数**

```
Dim 配列名 As Variant
配列名 = Array(値1, 値2, 値3,…)
```

● **使用例**

Sample 09_2Array関数の使用.xlsm

```
Sub Array関数の使用()
    Dim Shohin As Variant ―――――――――― ①
    Shohin = Array("商品A", "商品B", "商品C") ―― ②
    MsgBox "要素1:" & Shohin(0) & Chr(10) & _
        "要素2:" & Shohin(1) & Chr(10) & _
        "要素3:" & Shohin(2)
End Sub
```

**解説**:①配列Shohinをバリアント型で宣言する。②「商品A」「商品B」「商品C」の3つの要素を持つ配列を作成し、配列Shohinに代入する。

**Array関数は配列を使うときに便利そうですね。**

**はい、Array関数はマクロの中で複数の値をまとめて扱う場合によく使いますので、覚えておきましょう。**

## 動的配列を使用する

**「動的配列」とは、宣言時に要素数を指定せず、マクロの中で要素数を設定できる配列**です。動的配列を宣言するには、宣言時に変数名の後ろに「()」だけを記述します。要素数がわかった時点でReDimステートメントを使って配列に上限値を設定します。

● 構文:動的配列

```
Dim 配列名() As データ型
ReDim 配列名(上限値)
```

また、動的配列の要素数が変更になった場合、ReDimステートメントで上限値を設定し直すことができます。このとき、すでに配列に要素が代入されているとその要素が削除されます。配列に代入されている要素を削除することなく上限値を変更したい場合は、Preserveキーワードを使います。

● 構文:Preserveキーワード

```
ReDim Preserve 配列名(上限値)
```

● 使用例

Sample 09_3動的配列.xlsm

```
Sub 動的配列()
    Dim Hairetu() As String, i As Integer ──①
    ReDim Hairetu(1) ──②
    Hairetu(0) = "Aランチ" ┐
    Hairetu(1) = "Bランチ" ┘──③
    ReDim Preserve Hairetu(2) ──④
    Hairetu(2) = "Cランチ" ──⑤
    For i = LBound(Hairetu) To UBound(Hairetu) ┐
        Debug.Print Hairetu(i)                 ├──⑥
    Next                                       ┘
End Sub
```

解説:①文字列型の配列Hairetuを要素数を指定しないで宣言し、整数型の変数iを宣言する。②配列の要素数を2(上限値1)に設定する。③Hairetuの1つ目の要素に「Aランチ」、2つ目の要素に「Bランチ」を代入する。④配列の値を保持したまま要素数を3(上限値2)に変更する。⑤3つ目の要素に「Cランチ」を代入する。⑥変数iをHairetuの下限値から上限値まで1ずつ加算しながら、イミディエイトウィンドウに配列の要素を書き出す。

イミディエイト

```
Aランチ
Bランチ
Cランチ
```

**Tips** 配列の下限値と上限値を関数で調べる

LBound関数は、「LBound(配列名)」と記述して配列の下限値、UBound関数は「UBound(配列名)」と記述して配列の上限値を求めます。

**✓ここがポイント!**

「Debug.Print 変数」で変数の値をイミディエイトウィンドウに書き出しま(レッスン94)す。変数の内容を確認するのに便利です。変数以外にプロパティの値や数式を指定することもできます。イミディエイトウィンドウは、[表示]メニュー→[イミディエイトウィンドウ]で表示します。

配列の使い方がいまひとつよくわからないけど、Array関数は便利そうだな。

配列の基本的な概念を覚えておけばとりあえず大丈夫です。Array関数はマクロの中で複数の値をまとめて扱う場合によく使いますので、これだけは覚えておいてください。

## Split関数を使って文字列を分割して配列にする

Split関数を使うと、「"A,B,C"」のようなカンマなどで区切られた文字列を、区切り文字で分割して配列にすることができます。Split関数の戻り値は、動的配列で宣言した変数に代入します。

### ● 構文:Split関数

```
Dim 配列名() As データ型
配列名=Split(分割する文字列,[区切り文字])
```

解説:「分割する文字列」では、区切り文字を含む分割したい文字列を指定し、引数「区切り文字」では、分割位置を表す区切り文字を指定。省略した場合は、スペースが区切り文字とみなされる。

### ● 使用例

Sample 09_4Split関数.xlsm

```
Sub Split関数()
    Dim Hairetu() As String, i As Integer ——①
    Hairetu = Split("Aランチ,Bランチ,Cランチ", ",") ——②
    For i = LBound(Hairetu) To UBound(Hairetu) ┐
        Debug.Print Hairetu(i)                  ├—③
    Next                                        ┘
End Sub
```

**解説**：①要素数を指定しないで文字列型の配列Hairetuを宣言し、変数iを整数型で宣言する。②カンマで区切られた文字列「Aランチ,Bランチ,Cランチ」を「,」で分割して配列を作成し、配列Hairetuに各要素を代入する。③変数iをHairetuの下限値から上限値まで1ずつ加算しながら、イミディエイトウィンドウに配列の要素を書き出す。

```
イミディエイト
Aランチ
Bランチ
Cランチ
```

Tips **Join関数で配列の要素を結合する**

Join関数を使うと、配列に格納されている各要素を結合して1つの文字列にできます。ちょうどSplit関数と逆の処理ができます。書式は、「Join(配列変数,[区切り文字])」となり、例えば、区切り文字に「","」を指定するとカンマで区切って結合します。省略すると半角のスペースで結合します。

Lesson 10

# VBA関数を使う

365・2021・2019・2016対応

VBAに用意されている関数は、Excelのワークシートで使う関数とは違うんですよね？

はい。VBA用に用意されている関数を「VBA関数」といいます。ここではVBA関数の概要をおさらいしましょう。

## VBA関数

「VBA関数」には、文字列や日付、数値などいろいろなデータを操作する関数が用意されていますが、Excelで使用する関数とは異なります。VBA関数の中にはワークシート関数と同名の関数がありますが、機能が異なるものがありますので、使用の際は確認するようにしましょう。ここでは日付を扱う関数と文字列を扱う関数の使用例を紹介します。なお、主なVBA関数は付録を参照してください（P313）。

### 日付時刻関数を使う

ここでは、以下の日付時刻関数を使って、翌月の末日を求めるマクロを紹介します。現在の日付を求めたり、年、月、日を使って日付を求めたりする関数を確認してください。

**構文：Date関数（現在のシステム日付を求める）**

```
Date
```

**解説**：引数がないので()は記述しない。

**構文：Year関数（日付から年を取り出す）**

```
Year(日付)
```

**解説**：引数「日付」に日付を表す値や文字列、日付を返す関数などを指定。

**構文：Month関数（日付から月を取り出す）**

```
Month(日付)
```

**解説**：引数「日付」に日付を表す値や文字列、日付を返す関数などを指定。

● **構文:DateSerial関数(年、月、日から日付データを返す)**

```
DateSerial(年,月,日)
```

**解説**：引数「年」は100～9999、引数「月」は1～12、引数「日」は1～31の範囲の数値を指定。範囲の数値を超過する値が指定された場合は、自動的に調整される。例えば、「DateSerial(2023,5,0)」の場合、「0」は1日の前日ということで前月の末日の「2023/04/30」となる。また、「DateSerial(2023,13,3)」の場合、「13」は12月の翌月とみなされ、年が繰り上がって「2024/01/03」が返る。

● **使用例:翌月の月末を求める**　　Sample 10_1日付時刻関数.xlsm

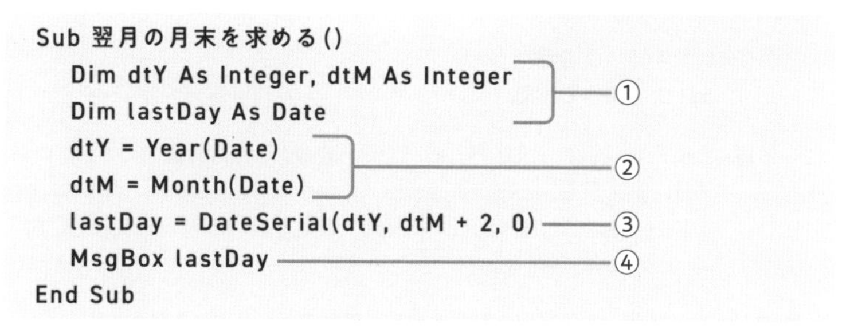

```
Sub 翌月の月末を求める()
    Dim dtY As Integer, dtM As Integer
    Dim lastDay As Date
    dtY = Year(Date)
    dtM = Month(Date)
    lastDay = DateSerial(dtY, dtM + 2, 0)
    MsgBox lastDay
End Sub
```



**解説**：①整数型の変数dtYとdtM、日付型の変数lastDayを宣言する。②今日の年を変数dtYに、今日の月を変数dtMに代入する。③年をdtY、月をdtM+2、日を0とする日付を作成し変数lastDayに代入する（翌々月の1日の前日ということで、翌月の末日になる）。④変数lastDayの値をメッセージ表示する。

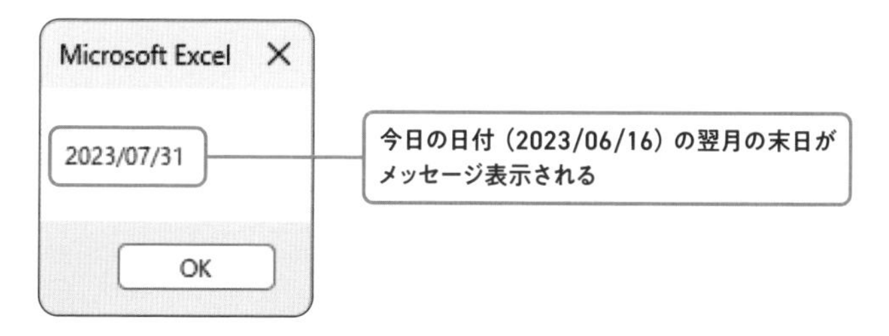

**ここでは関数を使って、現在の日付から年、月を取り出し、年、月、日を組み合わせて翌月月末の日付を作成してるのですね。**

**そうです。ここで使用しているDate関数と同名のDATE関数がワークシート関数にありますが、DATE関数はDateSerial関数と同じ機能です。このような違いがあることを意識するようにしましょう。**

## 文字列関数を使う

ここでは、以下の文字列関数を使って、メールアドレスの「@」の前と後ろの文字を取り出すマクロを紹介します。

### 構文：Len関数（文字列の長さを文字数で返す）

```
Len(文字列)
```

解説：引数「文字列」に文字数を数えたい文字列を指定。例えば「Len("Excel")」は「5」が返る。

### 構文：Left関数・Right関数（文字列の左・右から文字列を取り出す）

```
Left(文字列,文字数)
Right(文字列,文字数)
```

解説：Left関数は引数「文字列」の左から、Right関数は引数「文字列」の右から、それぞれ引数「文字数」分の文字列を取り出す。例えば、「Left("ExcelVBA",5)」の場合は「Excel」が返り、「Right("ExcelVBA",3)」の場合は「VBA」が返る。

### 構文：InStr関数（文字列内から検索文字が何文字目にあるかを求める）

```
InStr([検索開始位置],文字列,検索文字列,[比較モード])
```

解説：引数「文字列」内に引数「検索文字列」があるかどうかを検索し、最初に見つかった検索文字列が引数「検索開始位置」から何文字目にあるかを数値で返す。省略時は、先頭から検索が開始される。引数「比較モード」は下表の定数で指定する。省略するとバイナリモードとなり、大文字/小文字、全角/半角、ひらがな/カタカナを区別する。例えば「InStr(1,"AaBbCc","a")」の場合「2」が返る。なお、1文字目から検索する場合は、「InStr("AaBbCc","a")」と記述できる。

### 比較モードの定数

| 定数 | 内容 |
|---|---|
| vbUseCompareOption | Option Compareステートメントの設定に従う |
| vbBinaryCompare | 既定値。バイナリモードの比較。全角/半角、ひらがな/カタカナ、大文字/小文字を区別する |
| vbTextCompare | テキストモードの比較。全角/半角、ひらがな/カタカナ、大文字/小文字を区別しない |

### 使用例：メールアドレスの「@」の前と後の文字列を取り出す

Sample 10_2文字列関数.xlsm

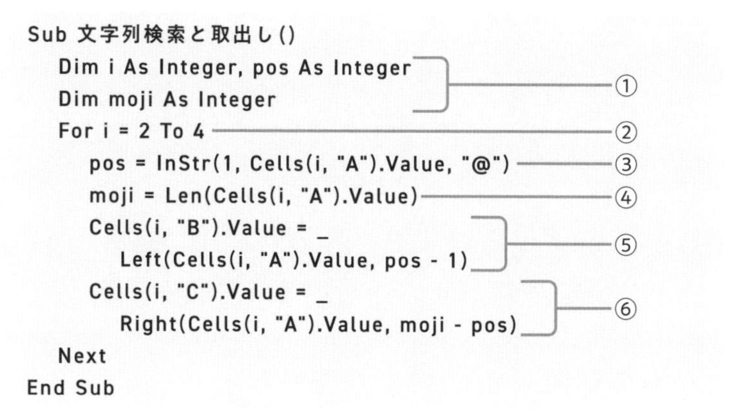

```
Sub 文字列検索と取出し()
    Dim i As Integer, pos As Integer      ①
    Dim moji As Integer
    For i = 2 To 4                        ②
        pos = InStr(1, Cells(i, "A").Value, "@")   ③
        moji = Len(Cells(i, "A").Value)            ④
        Cells(i, "B").Value = _                    ⑤
            Left(Cells(i, "A").Value, pos - 1)
        Cells(i, "C").Value = _                    ⑥
            Right(Cells(i, "A").Value, moji - pos)
    Next
End Sub
```

**解説**：①整数型の変数i、変数pos、文字列型の変数mojiを宣言する。②変数iが2～4になるまで以下の処理を繰り返す。③i行A列目のセルの文字列内で「@」の位置を1文字目から数えた位置を変数posに代入する。④i行A列目のセルの文字数を変数mojiに代入する。⑤i行A列目のセルの文字列の左から「pos-1」文字分を取り出し、i行B列目のセルに入力する。⑥i行A列目のセルの文字列の右から「moji-pos」文字分を取り出し、i行C列目のセルに入力する。

| | A | B | C |
|---|---|---|---|
| 1 | メールアドレス | @の前 | @の後 |
| 2 | suzuki@xxx.jp | suzuki | xxx.jp |
| 3 | tanaka_a@yyy.com | tanaka_a | yyy.com |
| 4 | yamada_y@zzz.co.jp | yamada_y | zzz.co.jp |
| 5 | | | |

メールアドレスから「@」の前までの文字列と後ろの文字列を取り出している

**✓ここがポイント！**

**「@」の前と後ろの文字列を取り出すために、InStr関数を使って「@」が何文字目（pos）にあるかを調べます。「@」の前の文字列は、「@」の位置から1を引いた数（pos-1）の文字列をLeft関数で左から取り出し、「@」の後ろの文字列は、セル内の文字数から「@」の位置を引いた数（moji-pos）の文字列をRight関数を使って右から取り出しています。**

**文字列の関数だけど、Len関数、Right関数、Left関数はワークシート関数にも同じものがあるね。機能もほぼ同じだね。**

**はい、この3つの関数は同じ機能ですね。ただ、InStr関数はVBAのみの関数です。ワークシート関数で同じ機能を持つものにFIND関数があります。**

# Excelの関数をVBAで使う方法を覚えておく

365・2021・2019・2016対応

VBA関数には、合計や平均を求める関数はないんですか？

残念ながら、そのような関数はありません。ただし、SUM関数などのワークシート関数をVBAの中で使うことはできますよ。

## Excelの関数をVBA内で使用する

Excelのワークシート関数は、VBA内でWorksheetFunctionオブジェクトのメソッドとして用意されています。WorksheetFunctionオブジェクトは、Applicationオブジェクトの WorksheetFunctionプロパティで取得できます。

**● 構文：WorksheetFunctionオブジェクト**

```
Application.WorksheetFunction.関数名([引数1],[引数2],…)
```

**解説**：Applicationは記述を省略できる。引数でセルやセル範囲を指定する場合は、Rangeオブジェクトを使う。

### ● VBA内でSUM関数とSUMIF関数を使って合計を求める

ここでは、ワークシート関数のSUM関数とSUMIF関数を使って、売上金額合計と、「洋菓子」の売上金額合計を求めるマクロを紹介します。

**● 構文：Sumメソッド（合計を求める）**

```
WorksheetFunction.Sum(Arg1,[Arg2],…)
```

**解説**：Sumメソッドは、引数Argで指定したセル範囲に含まれる数値を合計する。セル範囲はRangeオブジェクトで指定する。

**● 構文：SumIfメソッド（条件に一致した値の合計を求める）**

```
WorksheetFunction.SumIf(Arg1,Arg2,[Arg3])
```

**解説**：SumIfメソッドは、引数Arg1（範囲）内で、引数Arg2（検索条件）に一致する値を探し、見つかった行の引数Arg3（合計範囲）の数値を合計する。引数Arg3を省略した場合は、引数Arg1の数値が合計される。

## 構文：Chr関数（文字コードに対応する文字を返す）

```
Chr(文字コード)
```

**解説**：Chr関数は、文字コードに対応した文字を返す。0～31は印刷されない制御文字で、例えば「Chr(10)」は改行文字（ラインフィード）を返す。また、「Chr(65)」の場合は「A」が返る。

## 使用例：売上金額合計と「洋菓子」の売上金額合計を求める

Sample 11_ワークシート関数.xlsm

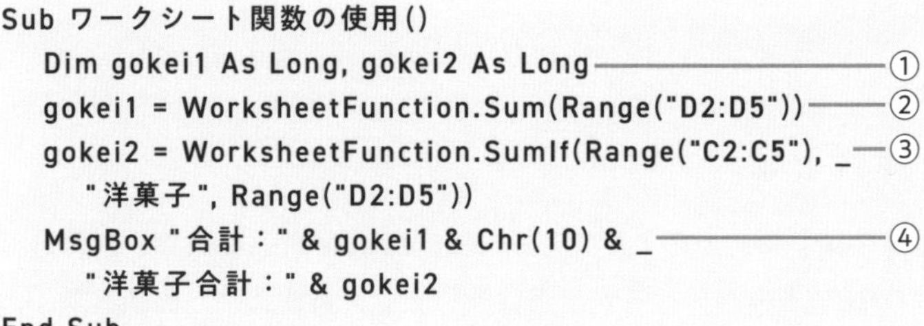

```
Sub ワークシート関数の使用()
    Dim gokei1 As Long, gokei2 As Long ――――①
    gokei1 = WorksheetFunction.Sum(Range("D2:D5")) ――②
    gokei2 = WorksheetFunction.SumIf(Range("C2:C5"), _ ――③
        "洋菓子", Range("D2:D5"))
    MsgBox "合計：" & gokei1 & Chr(10) & _ ――――④
        "洋菓子合計：" & gokei2
End Sub
```

**解説**：①長整数型の変数gokei1とgokei2を宣言する。②セル範囲D2～D5の合計を変数gokei1に代入する。③セル範囲C2～C5の中で「洋菓子」を探し、見つかった行のセル範囲D2～D5の値の合計を変数gokei2に代入する。④「合計：」、gokei1、改行、「洋菓子合計：」、変数gokei2を連結した文字列をメッセージ表示する。

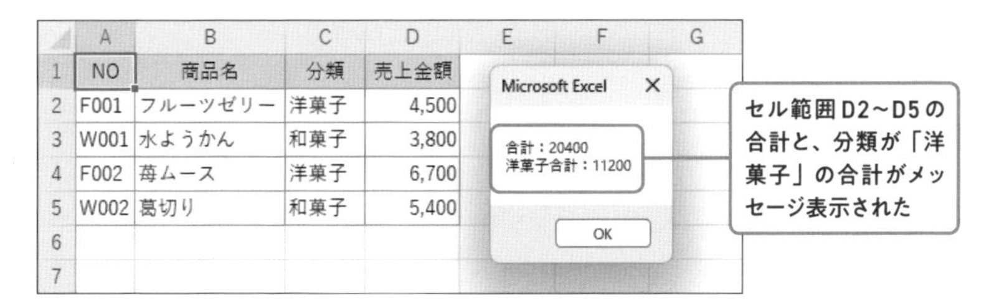


| | A | B | C | D |
|---|---|---|---|---|
| 1 | NO | 商品名 | 分類 | 売上金額 |
| 2 | F001 | フルーツゼリー | 洋菓子 | 4,500 |
| 3 | W001 | 水ようかん | 和菓子 | 3,800 |
| 4 | F002 | 苺ムース | 洋菓子 | 6,700 |
| 5 | W002 | 葛切り | 和菓子 | 5,400 |
| 6 | | | | |
| 7 | | | | |

マクロ内でSUM関数で簡単に合計が求められるのは便利だね。

うんうん、本当に便利です。関数の書式はワークシート関数と同じだけど、セル参照はRangeオブジェクトで指定するところが注意ポイントですね。

# 条件式の設定方法を理解する

365・2021・2019・2016対応

条件式って「AはBより大きい」などと比較して、正しいかどうか調べる式でしたよね？

はい。条件式は、条件分岐や繰り返し処理の際の判定用に使います。ここで設定方法をおさらいしておきましょう。

## 条件式とは

「条件式」は、結果としてTrueまたはFalseが返る式で、条件分岐や繰り返しで処理を振り分ける判定用に使います。条件式は、比較演算子、論理演算子、Like演算子、Is演算子などを使って作成します。

## 比較演算子を使った条件式

2つの値の大小を比較するには、比較演算子を使って条件式を設定します。条件式を設定する際に最もよく使用します。

### 構文:比較演算子を使った条件式

```
値1 比較演算子 値2
```

### 記述例

```
Range("A1").Value >10
```

意味：セルA1の値が10より大きい。

### 比較演算子

| 演算子 | 内　容 | 例 | | 演算子 | 内　容 | 例 | |
|---|---|---|---|---|---|---|---|
| = | 等しい | 10=5 | False | <> | 等しくない | 10<>5 | True |
| > | より大きい | 10>5 | True | >= | 以上 | 10>=5 | True |
| < | より小さい | 10<5 | False | <= | 以下 | 10<=5 | False |

## 論理演算子を使って複数の条件を組み合わせる

複数の条件を組み合わせるには、論理演算子を使って条件式を設定します。例えば、「売上数が10以上かつ、20以下」といった条件を設定したい場合に論理演算子を使って2つの条件を組み合わせます。

**● 構文:論理演算子を使った条件式**

```
条件式1 論理演算子 条件式2
```

**● 記述例**

```
a >= 1 And a <= 5
```

意味：変数aが1以上かつ5以下。

**● 論理演算子**

| 演算子 | 内容 | 例 | |
|---|---|---|---|
| And | 条件式1かつ条件式2(条件式1、条件式2ともにTrueの場合のみTrue。それ以外はFalse) | 5>3 And 10<20 | True |
| Or | 条件式1または条件式2(条件式1、条件式2の少なくとも1つがTrueであればTrue。それ以外はFalse) | 3>5 Or 10<20 | True |
| Not | 条件式1でない(条件式1の結果の逆。Trueの場合はFalse、Falseの場合はTrueが返る) | Not 5>3 | False |

## Like演算子を使ってパターンマッチングする

「*」のような記号を使った文字列のパターンを使って、あいまいな条件で文字列を比較するにはLike演算子を使用します。

**● 構文:Like演算子を使った条件式**

```
文字列 Like 文字列のパターン
```

**● 記述例**

```
"Happy" Like "?a*"
```

意味：2文字目が「a」の文字列。

● Like演算子で使う記号

| 記 号 | 内 容 | 例 | |
|---|---|---|---|
| * | 0文字以上の任意の文字列 | "Cat" Like "*t" | True |
| ? | 任意の1文字 | "Cat" Like "C?" | False |
| # | 任意の1数字 | "B3" Like "B # " | True |
| [ ] | []内の1文字 | "A" Like "[ABC]" | True |
| [ ! ] | []内に指定した文字以外の文字 | "A" Like "[!ABC]" | False |
| [ - ] | []内に指定した範囲の文字 | "A" Like "[A-E]" | True |

## Is演算子を使ってオブジェクトどうしを比較する条件式

同じオブジェクトを参照しているかどうかを比較するには、Is演算子を使います。下記の例では変数wsがWorksheet型のオブジェクト変数としています。

● 構文：Is演算子を使った条件式

```
オブジェクト1 Is オブジェクト2
```

● 記述例1

```
ws Is Worksheets(1)
```

意味：Worksheet型の変数wsにWorksheets(1)への参照が代入されている場合は、Trueが返る。

● 記述例2

```
ws Is Nothing
```

意味：変数wsに何も代入されていない場合はTrueが返る。

● 記述例3

```
Not ws Is Nothnig
```

意味：変数wsにいずれかのWorksheetオブジェクトへの参照が代入されている場合はTrueが返る。

Lesson 13

# 条件分岐でいろいろなパターンの処理をする

365・2021・2019・2016対応

条件を指定して処理を分けることができるのは、実用的で本当に便利だよね。

そうですね。ここでは、条件分岐の種類を確認し、条件分岐の使い方をマスターしてください。



## Ifステートメント

「Ifステートメント」を使うと、条件によって処理を振り分けることができます。条件が1つの場合や複数の場合、条件を満たすかどうかによっていくつかの設定パターンがあります。

### 条件を満たす場合に処理を実行する

条件式を満たす場合（True）に処理を実行する場合は、以下のような構文になります。処理は図のような流れで行われます。

**● 構文：条件を満たす場合**

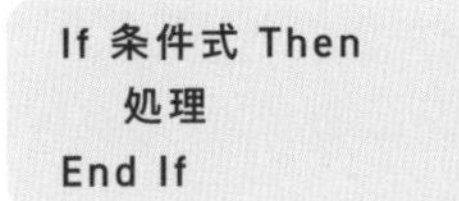

```
If 条件式 Then
    処理
End If
```

または

```
If 条件式 Then 処理
```

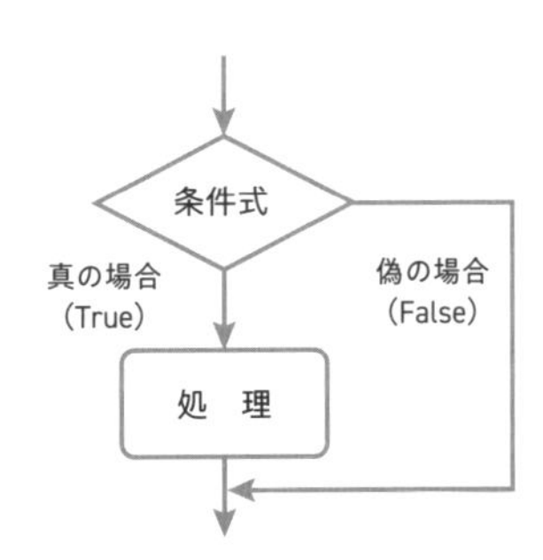


**● 使用例：在庫数が0より大きい場合に「有」と表示する** Sample 13_条件分岐1.xlsm

```
Sub 条件分岐1()
    If Range("B2").Value > 0 Then———①
        Range("C2").Value = "有"———②
    End If
End Sub
```

**解説**：①セルB2の値が0より大きい場合、以下の処理を実行する。②セルC2に「有」と入力する。

| | A | B | C | D |
|---|---|---|---|---|
| 1 | 商品 | 在庫数 | 在庫有無 | |
| 2 | A1001 | 100 | 有 | |
| 3 | | | | |



## Else句を使って条件を満たさない場合にも処理を実行する

条件式を満たす場合（True）と満たさない場合（False）で異なる処理を実行する場合は、**Else句に条件を満たさなかった場合の処理を記述**します。

### 構文:条件を満たさない場合も追記

```
If 条件式 Then
    処理1
Else
    処理2
End If
```

または

```
If 条件式 Then 処理1 Else 処理2
```



### 使用例:在庫数が15以上かどうかで表示する文字列を変更する

Sample 13_条件分岐2.xlsm

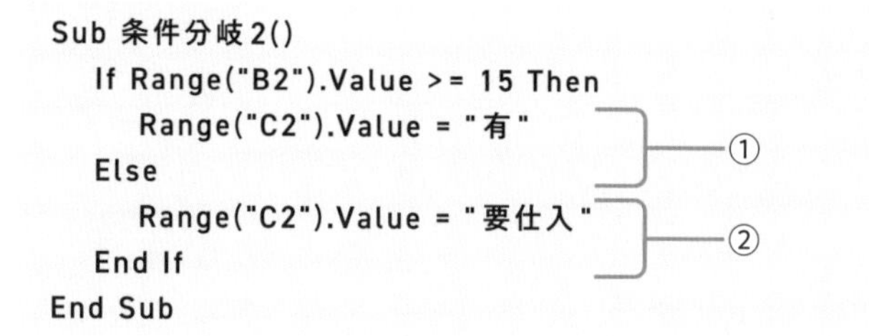

```
Sub 条件分岐2()
    If Range("B2").Value >= 15 Then
        Range("C2").Value = "有"          ①
    Else
        Range("C2").Value = "要仕入"      ②
    End If
End Sub
```

**解説**：①セルB2の値が15以上の場合、セルC2に「有」と入力する。②そうでない場合は、セルC2に「要仕入」と入力する。

| | A | B | C | D |
|---|---|---|---|---|
| 1 | 商品 | 在庫数 | 在庫有無 | |
| 2 | A1001 | 10 | 要仕入 | |
| 3 | | | | |

## ElseIf句を使って複数の条件で条件分岐する

ElseIf句を使うと、複数の条件を設定し、上から順番に条件を満たすかどうかを判定して処理を分岐することができます。ElseIf句は必要なだけ追加できます。すべての条件を満たさなかった場合の処理をElse句に記述しますが、不要な場合は省略できます。

### 構文：ElseIf句による複数の条件分岐

```
If 条件式1 Then
    処理1
ElseIf 条件式2 Then
    処理2
ElseIf 条件式3 Then
    処理3
Else
    処理4
End If
```

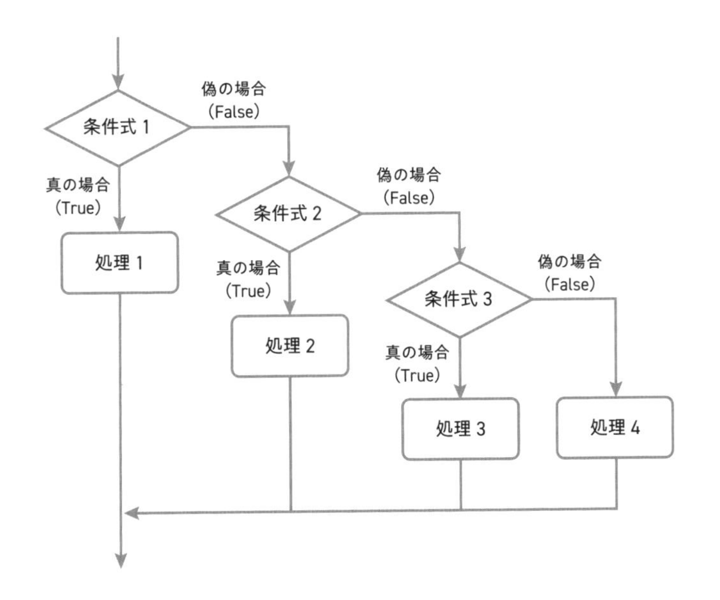

● 使用例：在庫数が30以上、15以上、それ以外で表示する文字列を変更する

Sample 13_条件分岐3.xlsm

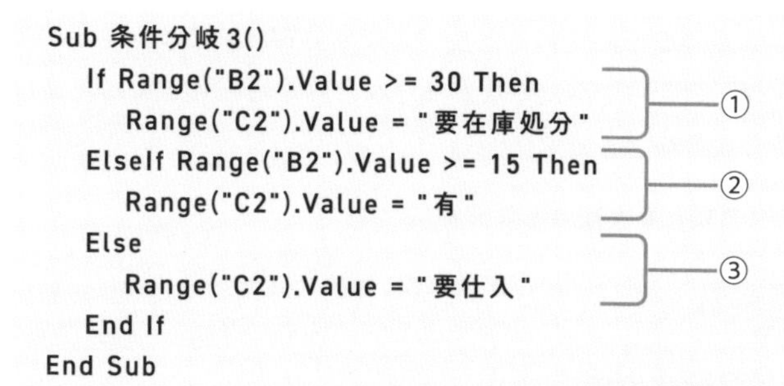

```
Sub 条件分岐3()
    If Range("B2").Value >= 30 Then
        Range("C2").Value = "要在庫処分"
    ElseIf Range("B2").Value >= 15 Then
        Range("C2").Value = "有"
    Else
        Range("C2").Value = "要仕入"
    End If
End Sub
```



**解説**：①セルB2の値が30以上の場合、セルC2に「要在庫処分」と入力する。②そうでない場合、セルB2の値が15以上の場合、セルC2に「有」と入力する。③いずれでもない場合は、セルC2に「要仕入」と入力する。

| | A | B | C | D |
|---|---|---|---|---|
| 1 | 商品 | 在庫数 | 在庫有無 | |
| 2 | A1001 | 35 | 要在庫処分 | |
| 3 | | | | |

セルB2の値が30以上であるため「要在庫処分」と表示される

**Tips　条件判断の対象は異なってもいい**

ElseIf句で複数の条件を指定する場合は、使用例のようにセルB2の値の大小で段階的に条件分けするだけでなく、条件判断の対象は変更できます。例えば、下図のように最初の条件はセルB3の値を条件にしていますが、ElseIf句では、セルB6の値を条件にしています。

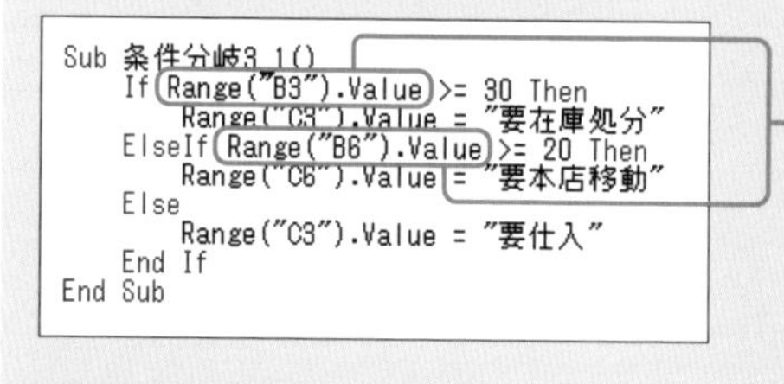

```
Sub 条件分岐3_1()
    If Range("B3").Value >= 30 Then
        Range("C3").Value = "要在庫処分"
    ElseIf Range("B6").Value >= 20 Then
        Range("C6").Value = "要本店移動"
    Else
        Range("C3").Value = "要仕入"
    End If
End Sub
```

If句では、セルB3、ElseIf句ではセルB6と、異なるセルの値が条件判断の対象となっている

| | A | B | C | D |
|---|---|---|---|---|
| 1 | 本店 | | | |
| 2 | 商品 | 在庫数 | 在庫有無 | |
| 3 | A1001 | 15 | | |
| 4 | 支店 | | | |
| 5 | 商品 | 在庫数 | | |
| 6 | A1001 | 30 | 要本店移動 | |
| 7 | | | | |

## ● Ifステートメントをネストする

Ifステートメントの処理の中に、Ifステートメントを記述、すなわち入れ子に（ネスト）することができます。例えば、セルが空白かどうかの条件分岐を設定し、空白でない場合、次にセルが数値かどうかを判定して、数値の大きさによって複数の条件で処理を分岐したい場合は、以下のように2つ目の条件（ElseIf句）で数値かどうかを判定し、数値の場合の処理でIfステートメントを使って条件分岐を設定します。なお、数値かどうかはIsNumeric関数（P319）を使って判定しています。

### ● 使用例：在庫数が空欄でなく数値の場合、大きさにより文字列を変更する

Sample 13_条件分岐4.xlsm

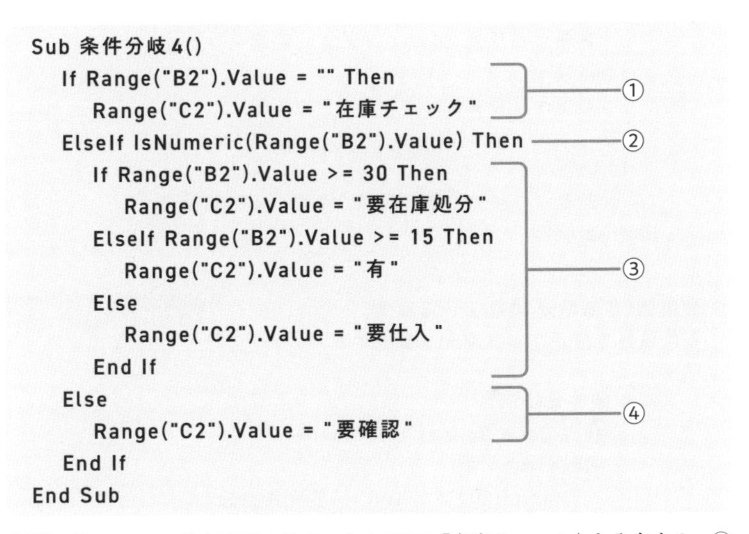

```
Sub 条件分岐4()
    If Range("B2").Value = "" Then
        Range("C2").Value = "在庫チェック"      ①
    ElseIf IsNumeric(Range("B2").Value) Then    ②
        If Range("B2").Value >= 30 Then
            Range("C2").Value = "要在庫処分"
        ElseIf Range("B2").Value >= 15 Then
            Range("C2").Value = "有"            ③
        Else
            Range("C2").Value = "要仕入"
        End If
    Else
        Range("C2").Value = "要確認"            ④
    End If
End Sub
```

**解説**：①セルB2の値が空欄の場合、セルC2に「在庫チェック」と入力する。②セルB2の値が数値の場合、③Ifステートメントで数値の大きさによって条件分岐し、セルC2に入力する文字列を指定する（P62使用例参照）。④いずれでもない場合（空欄でも数値でもない）は、「要確認」と入力する。

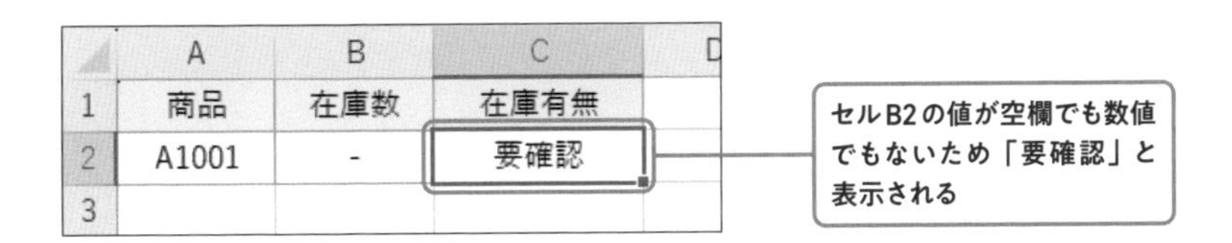

| | A | B | C | D |
|---|---|---|---|---|
| 1 | 商品 | 在庫数 | 在庫有無 | |
| 2 | A1001 | - | 要確認 | |
| 3 | | | | |

## Select Caseステートメント

Select Caseステートメントは、1つの条件判断の対象に対して、複数の条件を設定し処理を分岐できます。Case句に条件式を設定し、上から順番に判定して、満たす場合に処理を実行します。すべての条件を満たさない場合の処理はCase Else句で指定しますが、不要な場合は省略できます。

### 1つの対象に対して条件を順番に判定して処理を分ける

**● 構文:Select Caseステートメント**

```
Select Case 条件判断の対象
    Case 条件式1
        対象が条件式1を満たすときの処理
    Case 条件式2
        対象が条件式2を満たすときの処理
            :
    Case Else
        対象がすべての条件を満たさないときの処理
End Select
```

**● 使用例:在庫数が30以上、15以上、それ以外で表示する文字列を変更する**

Sample 13_条件分岐5.xlsm

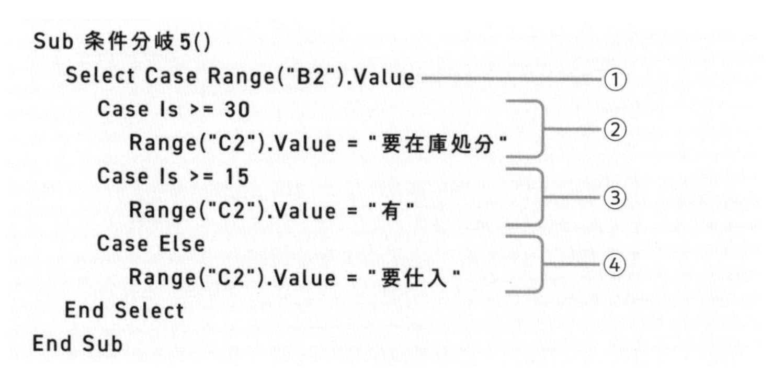

```
Sub 条件分岐5()
    Select Case Range("B2").Value ――①
        Case Is >= 30
            Range("C2").Value = "要在庫処分"  ――②
        Case Is >= 15
            Range("C2").Value = "有"  ――③
        Case Else
            Range("C2").Value = "要仕入"  ――④
    End Select
End Sub
```

**解説**:①セルB2の値について以下の処理を行う。②30以上の場合、セルC2に「要在庫処分」と入力する。③15以上の場合、セルC2に「有」と入力する。④いずれでもない場合、セルC2に「要仕入」と入力する。

| | A | B | C | D |
|---|---|---|---|---|
| 1 | 商品 | 在庫数 | 在庫有無 | |
| 2 | A1001 | 12 | 要仕入 | |
| 3 | | | | |

セルB2の値が15より小さいため「要仕入」と表示される

**IfステートメントのElseIf句を使った場合と同じ条件分岐ができるんだね。**

**そうですね。でも、Select Caseは条件判断の対象は1つであるのに対して、ElseIfの場合は、同じである必要はないというところが異なります。**

## Tips　Case句の条件の設定方法

Case句の部分の条件の設定方法は下表のようになります。比較演算子を使用する場合は、Is演算子をCaseの後ろに記述します。なお、「Case >=10」と記述すると自動的に「Case Is >=10」のようにIs演算子が補われます。

| 条　件 | 意　味 |
|---|---|
| Case 10 | 10の場合 |
| Case Is > = 10 | 10以上の場合 |
| Case 5 To 10 | 5以上、10以下の場合 |
| Case 5, 10 | 5または10の場合 |

## ためしてみよう

使用例に「セルB2が空欄の場合に、セルC2に「要確認」と入力する」という条件分岐を追加してみましょう。答えは「13_条件分岐6.xlsm」のサンプルファイルをご参照ください。

Lesson 14

# 同じ処理を繰り返し実行する

365・2021・2019・2016対応

表の上から下まで同じ処理を実行したいときは、繰り返し処理が使えると便利ですよね。

そうです。繰り返し処理もプログラムでとても重要です。使いこなせれば、すぐに役立つ実用的な処理ができますよ。

## 条件を満たす間・満たさない間処理を繰り返す

条件を満たす間、処理を繰り返し実行するには、Do While…Loopステートメント、条件を満たさない間（満たすまで）、処理を繰り返すには、Do Until…Loopステートメントを使用します。

### Do While/Until…Loopステートメント

#### 構文

・Do While…Loopステートメント

```
Do While 条件式
    繰り返し実行する処理
Loop
```

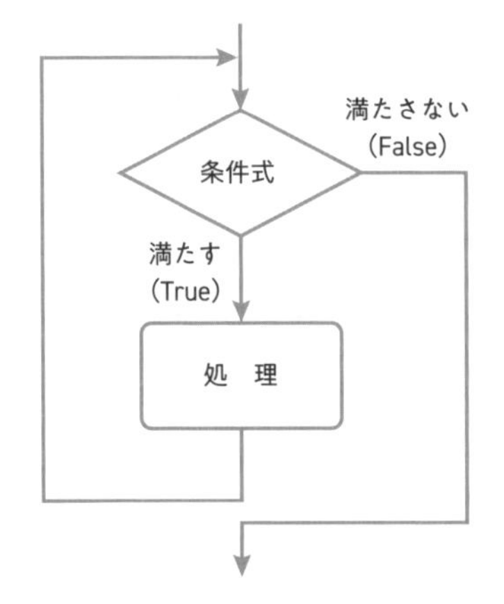


・Do Until…Loopステートメント

```
Do Until 条件式
    繰り返し実行する処理
Loop
```

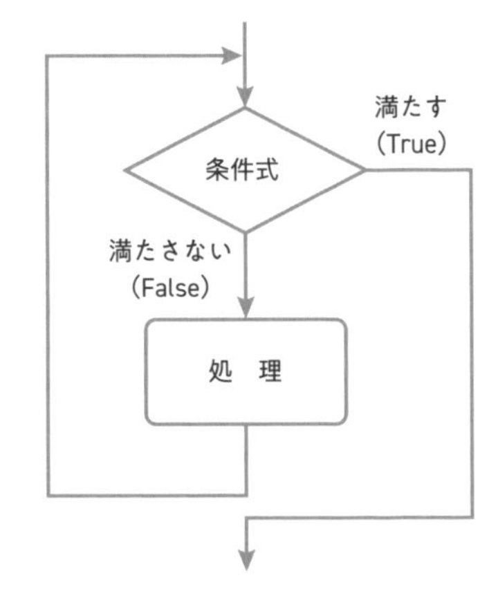

● **使用例：表の1列目にデータが入力されている間、販売数を累計する** Sample 14_繰り返し処理1.xlsm

```
Sub 繰り返し処理1()
    Dim i As Integer, ruikei As Long ———— ①
    i = 2 ———— ②
    Do While Cells(i, "A").Value <> "" ———— ③
        ruikei = ruikei + Cells(i, "B").Value ———— ④
        Cells(i, "C").Value = ruikei ———— ⑤
        i = i + 1 ———— ⑥
    Loop ———— ⑦
End Sub
```

**解説**：①整数型の変数iと長整数型の変数ruikeiを宣言する。②変数iに2を代入する（開始行を2行目とするため）。③i行A列のセルにデータが入力されている間以下の処理を繰り返す。④変数ruikeiにi行B列のセルの値を加算する（累計の計算）。⑤i行C列のセルに変数ruikeiの値を入力する。⑥変数iに1を加算する。⑦Doの行に戻る。

| | A | B | C | D |
|---|---|---|---|---|
| 1 | 日付 | 販売数 | 累計数 | |
| 2 | 6/1 | 280 | 280 | |
| 3 | 6/2 | 196 | 476 | |
| 4 | 6/3 | 144 | 620 | |
| 5 | 6/4 | 215 | 835 | |
| 6 | | | | |

表の1列目（A列）にデータが入力されている間、販売数の累計数が計算され、3列目（C列）に表示された

**ためしてみよう**

使用例のコードをDo Until…Loopステートメントに書き換えてみましょう。この場合の条件式は「i行A列の値が空欄である」という式になります。答えは、「14_繰り返し処理2.xlsm」のサンプルファイルをご参照ください。

**✓ここがポイント！**

**条件を満たしている（満たさない）状態が続くと、処理が永遠に終わらなくなってしまいます。このような場合、Esc キーまたは、Ctrl + Pause キーを押すと、処理を強制終了することができます。**

**Tips 「i=i+1」の意味**

使用例の中の「i=i+1」は「変数iに1を加算した値を変数iに代入する」という意味で、「=」は「代入する」という代入演算子になります。

## 少なくとも1回は繰り返し処理を実行する

Do…Loop Whileステートメントや、Do…Loop Untilステートメントを使うと、最後の行で条件式を判定するため、少なくとも1回は繰り返しの処理を実行することができます。

### Do…Loop While/Untilステートメント

#### 構文

・Do…Loop Whileステートメント

```
Do
    繰り返し実行する処理
Loop While 条件式
```

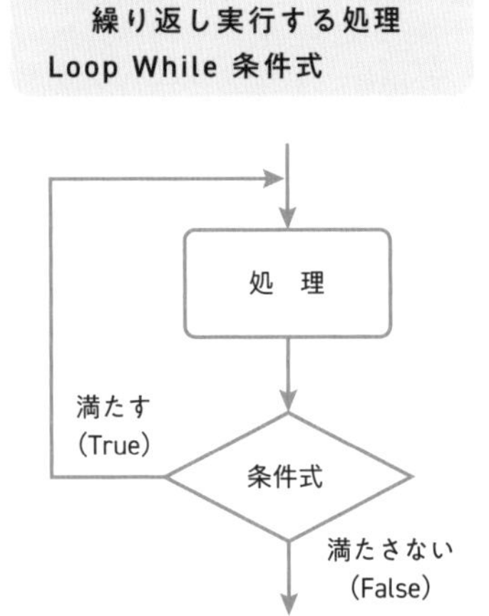


・Do…Loop Untilステートメント

```
Do
    繰り返し実行する処理
Loop Until 条件式
```

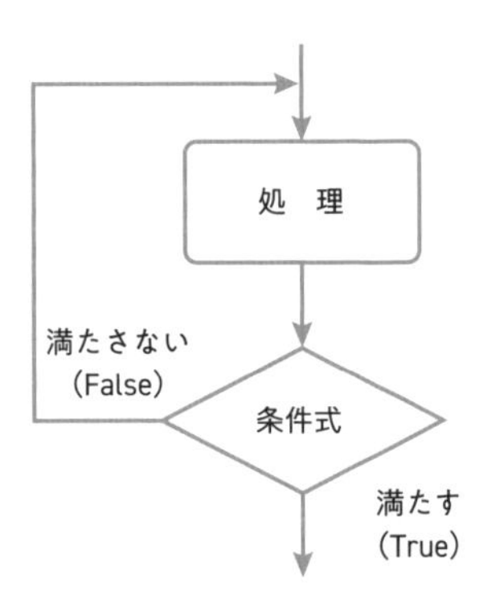


#### 使用例:累計が目標数に達したら処理を終了する

Sample 14_繰り返し処理3.xlsm

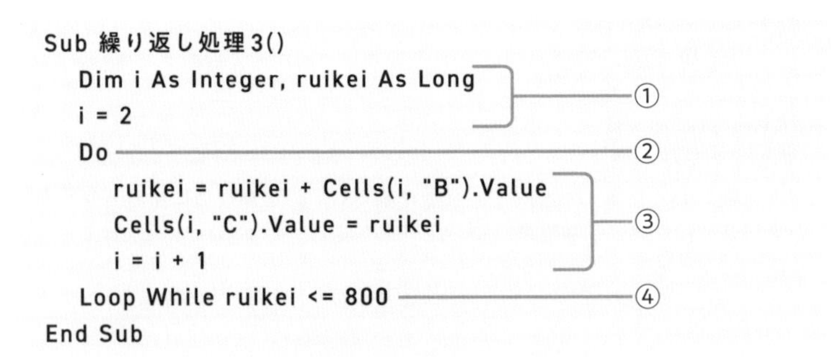

```
Sub 繰り返し処理3()
    Dim i As Integer, ruikei As Long    ①
    i = 2
    Do    ②
        ruikei = ruikei + Cells(i, "B").Value    ③
        Cells(i, "C").Value = ruikei
        i = i + 1
    Loop While ruikei <= 800    ④
End Sub
```

**解説**:①整数型の変数iと長整数型の変数ruikeiを宣言し、変数iに2を代入する。②以下の処理を繰り返す。③変数ruikeiにi行B列のセルの値を加算する。i行C列のセルに変数ruikeiの値を入力する。変数iに1を加算する。④変数ruikeiの値が800以下の間処理を繰り返す。Doの行に戻る。

| | A | B | C | D | E | F |
|---|---|---|---|---|---|---|
| 1 | 日付 | 販売数 | 累計数 | | 目標販売数 | |
| 2 | 7/1 | 815 | 815 | | 800 | |
| 3 | 7/2 | 355 | | | | |
| 4 | 7/3 | 400 | | | | |
| 5 | 7/4 | 250 | | | | |

最初に目標販売数の800を超えているが、最後のLoop While行で条件判定をしているため、1回繰り返しの処理が実行されている

**ためしてみよう**

使用例のコードをDo…Loop Untilステートメントに書き換えてみましょう。答えは、「14_繰り返し処理4.xlsm」のサンプルファイルをご参照ください。

**繰り返し処理を1回は実行させたい場合は、最後に条件判定すればいいんだね。**

**そうなんだ。このように、最初から条件を満たしてしまう場合を想定して、どのステートメントを使うか選択しよう。**

## 回数を指定して処理を繰り返す

同じ処理を10回繰り返すとか、A列の2行目から10行目のセルに同じ処理を繰り返すなど、**回数を指定して処理を繰り返す場合は、For Nextステートメント**を使います。

### For Nextステートメント

**構文**

```
For カウンター変数＝初期値 To 最終値 [Step 加算値]
    繰り返しの処理
Next [カウンター変数]
```

**解説**：カウンター変数とは、繰り返しの回数を数えるための変数である。加算値が1の場合は、「Step 加算値」を省略できる。また、Nextの後ろに続く「カウンター変数」も省略できる。

● **使用例:表の2行目から5行目まで処理を繰り返す** Sample 14_繰り返し処理5.xlsm

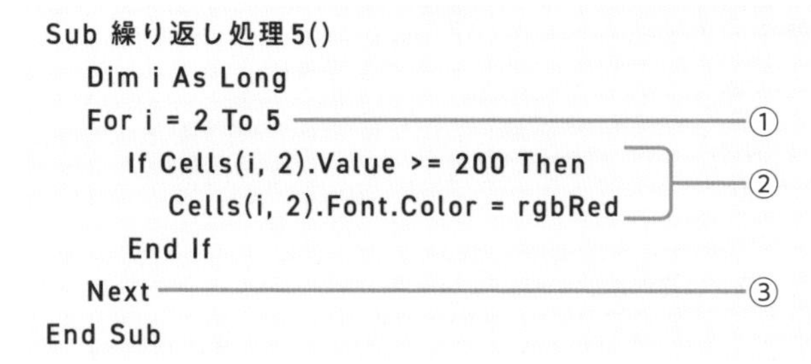

```
Sub 繰り返し処理5()
    Dim i As Long
    For i = 2 To 5 ──────────────①
        If Cells(i, 2).Value >= 200 Then ┐
            Cells(i, 2).Font.Color = rgbRed ┘─②
        End If
    Next ──────────────③
End Sub
```

**解説**:①変数iが2から5になるまで、1ずつ加算しながら以下の処理を繰り返す。②i行2列目(B列)のセルの値が200以上の場合、i行2列目のセルの文字の色を赤に設定する。③Forの行に戻る。

| | A | B | C | D |
|---|---|---|---|---|
| 1 | 日付 | 販売数 | 累計数 | |
| 2 | 8/1 | 230 | 230 | |
| 3 | 8/2 | 215 | 445 | |
| 4 | 8/3 | 189 | 634 | |
| 5 | 8/4 | 243 | 877 | |
| 6 | | | | |

i行2列目のセルの値が200以上のセルの文字の色が赤に設定された

変数iは、表のデータ部分の行(2~5)に対応している

**✓ここがポイント!**

**加算値の設定方法によっていろいろな処理ができます。例えば、加算値を2にして1行おきに処理を実行するとか、加算値を-1にして表の下から上に向かって処理を実行する(P196)ことができます。**

## コレクションや配列に対して処理を繰り返す

同じ種類のオブジェクトの集まりである**コレクションや配列について同じ処理を繰り返す場合はFor Eachステートメント**を使います。

### ● For Eachステートメント

● **構文**

```
For Each 変数 In コレクションまたは配列
    繰り返しの処理
Next [変数]
```

**解説**：変数にコレクションや配列の各要素を1つずつ代入しながら、処理を繰り返す。なお、Nextに続く「変数」は省略できる。変数にワークシートやセルなどのオブジェクトを指定する場合は、オブジェクト変数を使用する（P42）。

### ● 使用例：セルの日付から月を取り出してシート名にする

Sample 14_繰り返し処理6.xlsm

```
Sub 繰り返し処理6()
    Dim m As Integer, ws As Worksheet ―①
    For Each ws In Worksheets ―②
        m = Month(ws.Range("A2").Value) ―③
        ws.Name = m & "月" ―④
    Next ―⑤
End Sub
```

**解説**：①整数型の変数iとWorksheet型の変数wsを宣言する。②ブック内のすべてのワークシートを変数wsに1つずつ代入しながら以下の処理を繰り返す。③変数wsのセルA2の値から月を取り出し変数mに代入する。④変数mと文字「月」を連結した文字列を変数wsのシート名に設定し、⑤For行に戻る。

| | A | B | C | D | E |
|---|---|---|---|---|---|
| 1 | 日付 | 販売数 | 累計数 | | |
| 2 | 5/1 | 265 | 265 | | |
| 3 | 5/2 | 242 | 507 | | |
| 4 | 5/3 | 222 | 729 | | |
| 5 | 5/4 | 167 | 896 | | |
| 6 | | | | | |
| 19 | | | | | |

5月　6月　7月　8月

準備完了　アクセシビリティ：問題ありません

各ワークシートのセルA2の日付の月がシート名に設定された

**すべてのワークシートにあっという間に名前が付いた！　便利ですね。**

**ワークシートやブック、セル範囲など、コレクションのすべてのメンバーについて同じ処理を実行したいときの大きな味方ですよ。**

Lesson 15

# 処理を途中で終了する

365・2021・2019・2016 対応

繰り返し処理で、いつまでも処理が終わらないときがあります。そうならないような対策をしたいです。

その対策は重要ですね。ここでは、繰り返し処理を途中で終わらせる方法を紹介します。

## 繰り返し処理を途中で抜ける

繰り返し処理の中で、これ以上処理を実行する必要がなくなったときは、Exitステートメントを使い、繰り返し処理を途中で抜けることができます。

### Exitステートメント

#### 構文

```
Exit Do
Exit For
Exit Sub
```

**解説**：Exit Doは、Doで始まる繰り返し処理を途中で抜ける。Exit ForはForで始まる繰り返し処理を途中で抜ける。Exit SubはSubプロシージャを終了する。

#### 使用例：目標数に達成したら処理を終了する

Sample 15_途中で処理を抜ける.xlsm

```
Sub 途中で処理を抜ける()
    Dim i As Integer ―――①
    i = 2
    Do Until Cells(i, "A").Value = "" ―――②
        If Cells(i, "C").Value >= 800 Then  ┐
            Cells(i, "D").Value = "目標達成！" ├―③
            Exit Do                         ┘
        End If
        i = i + 1
    Loop
End Sub
```

**解説**：①整数型の変数iを宣言する。②i行A列のセルの値が空欄になるまで以下の処理を繰り返す。③i行C列の値が800以上の場合、i行D列のセルに「目標達成！」と入力し、繰り返しの処理を終了する。

| | A | B | C | D | E |
|---|---|---|---|---|---|
| 1 | 日付 | 販売数 | 累計数 | | |
| 2 | 7/1 | 215 | 215 | | |
| 3 | 7/2 | 355 | 570 | | |
| 4 | 7/3 | 400 | 970 | 目標達成！ | |
| 5 | 7/4 | 250 | 1,220 | | |
| 6 | | | | | |

累計列（i行C列）の値が800以上になったセルのD列のセルに「目標達成!」と表示された

**Tips　繰り返し処理の最大数を設定する**

条件を満たす間繰り返す処理で、繰り返しを終了する条件式が常にTrueになってしまうとか、使用例のように条件を満たさない間繰り返す処理で、条件が常にFalseになってしまうと、処理がいつまでたっても終了しません。何らかの不具合で繰り返し処理がいつまでも終わらないということに備えて、例えば「変数iの値が100になったら処理を終了する」といったIfステートメントを繰り返し処理の中に記述しておくといいでしょう。

繰り返し処理を終了させるためのコードを入れておけば、不必要な繰り返し処理の実行を防ぐことができるね。

うん。条件の設定が間違っているとか、想定外の操作やデータによって繰り返し処理が終わらないっていうことは意外とあるからね。

Lesson 16

# 同じオブジェクトに対する処理を効率的に記述する

365・2021・2019・2016対応

同じセル範囲に対して、複数の書式設定をする場合、何回も同じセル範囲を記述するのは面倒ですよね。

Withステートメントを使うと、同じオブジェクトに対する処理を記述する場合に、オブジェクトの記述を省略できますよ。

## Withステートメント

Withステートメントを使うと、同じオブジェクトに対して、連続して複数の処理を実行することができます。何度も同じオブジェクトを記述する手間を省くことができます。

● **構文**

```
With オブジェクト
    .オブジェクトに対する処理1
    .オブジェクトに対する処理2
    .オブジェクトに対する処理3
End With
```

**解説**：Withの後ろに省略したいオブジェクトを指定し、次の行からそのオブジェクトに対して実行したい処理を記述する。このとき、先頭に「.」(ピリオド)を付けてからプロパティやメソッドを記述する。

```
Range("A1:C1").Font.Bold = True
Range("A1:C1").Font.Size = 14
Range("A1:C1").Interior.Color = rgbLightYellow
Range("A1:C1").HorizontalAlignment = xlCenter
```

```
With Range("A1:C1")
    .Font.Bold = True
    .Font.Size = 14
    .Interior.Color = rgbLightYellow
    .HorizontalAlignment = xlCenter
End With
```

Withステートメントで「Range("A1:C1")」を省略すると、コードが簡潔になり、かなり見やすくなる

### 使用例：表の見出し行に複数の書式を設定する　Sample 16_オブジェクトの省略.xlsm

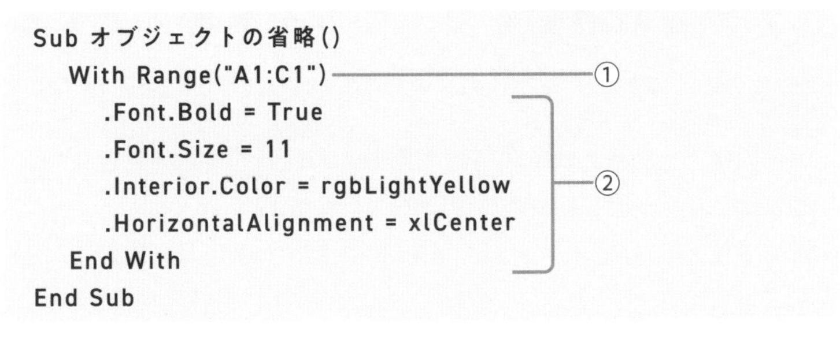

```
Sub オブジェクトの省略()
    With Range("A1:C1") ――――――――――①
        .Font.Bold = True                 ┐
        .Font.Size = 11                   │
        .Interior.Color = rgbLightYellow  ├②
        .HorizontalAlignment = xlCenter   │
    End With                              ┘
End Sub
```

**解説**：①セル範囲A1～C1について以下の処理を行う。②文字を太字にする。文字サイズを11にする。セルの色を薄い黄色にする。文字の配置を水平方向の中央揃えにする。

| | A | B | C | D |
|---|---|---|---|---|
| 1 | **日付** | **販売数** | **累計数** | |
| 2 | 8/1 | 230 | 230 | |
| 3 | 8/2 | 215 | 445 | |
| 4 | 8/3 | 189 | 634 | |
| 5 | 8/4 | 243 | 877 | |
| 6 | 合計 | 877 | 2,186 | |
| 7 | | | | |

セル範囲A1～C1に太字、文字サイズ、セルの色、中央揃えと複数の書式が設定された

**ためしてみよう**

セルA6について、セルA1～C1と同じ書式を設定する［オブジェクトの省略2］マクロを作成してみましょう。答えは「16_オブジェクトの省略.xlsm」をご参照ください。

**Withでまとめると、かなりすっきりして読みやすくなるね。**

**そうですね。ポイントは、Withステートメントの中で、先頭に「.」（ピリオド）を付けることです。「.」によりオブジェクトを省略していることを示しますから。**

COLUMN

# 入力補助機能を使ってコードを入力する

VBEには、入力を効率的に行うための入力補助機能が用意されています。ここでは、主な入力補助機能についてまとめます。

## 自動クイックヒント

入力中のプロパティやメソッド、関数などの構文や引数がポップアップで表示されます。設定中の引数が太字で表示され、戻り値（結果として取得する値）が「As」の後ろに表示されます。右図では、Rangeオブジェクトであることがわかります。

```
Sub 書式設定()
    range(
    Range(Cell1, [Cell2]) As Range
End Sub
```

入力中のプロパティなどの構文が表示され、設定中の引数が太字で表示される

## 自動メンバー表示

「.」（ピリオド）などの区切りの記号を入力したタイミングで入力候補が表示されます。一覧で項目を選択して Tab キーで入力します。

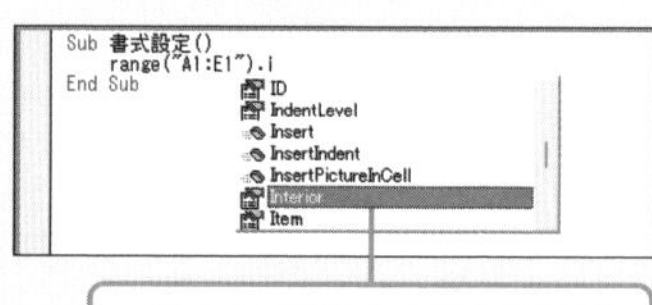


一覧の中で使用する項目を選択し Tab キーで入力できる

## ［オプション］画面で設定確認

［ツール］メニュー→［オプション］をクリックして表示される［オプション］画面の［編集］タブで入力を補助する機能の設定を確認できます。必要に応じてオン・オフを切り替えることができます。

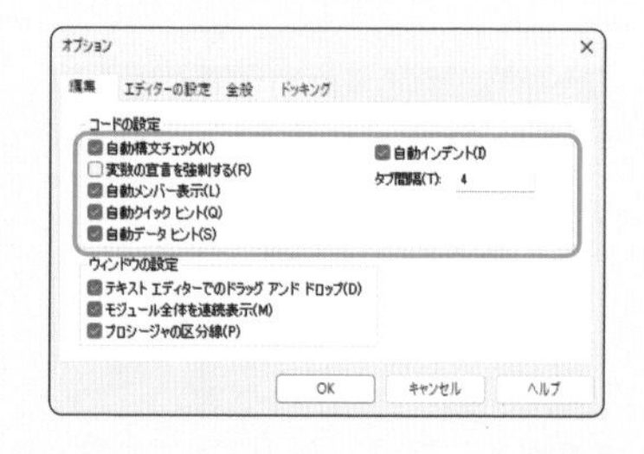


### ● 主な設定項目

| 項目 | 内容 |
| --- | --- |
| 自動構文チェック | 入力された行の構文が正しいかどうかを検証する |
| 変数の宣言を強制する | 新しいモジュール追加時に、自動的に「Option Explicit」を追加する |
| 自動メンバー表示 | 「.」や「,」などを入力したタイミングで適切な入力候補を一覧表示する |
| 自動クイックヒント | 入力中のプロパティや関数などの構文をポップアップで表示する |
| 自動データヒント | 中断モード時にマウスを合わせた変数の値を表示する |
| 自動インデント | 改行したときに、上の行と同じタブ位置にカーソルが表示される |

第 2 章

# セルに書式設定・編集する実用マクロ

セルやセル範囲に対する処理って、Excelの中で半分以上の割合を占めますよね。

はい。だからこそ、セルを参照するいろいろな方法を覚えておくことが大切です。ここでは、セルを参照する方法と書式設定・編集する機能を確認しましょう。

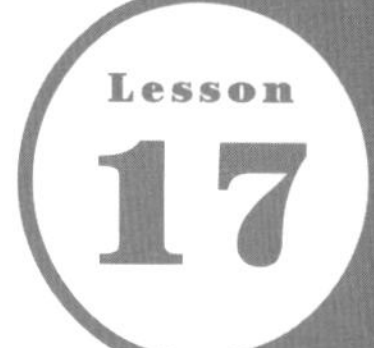


# 基本的なセル範囲の参照と選択のおさらい

セルやセル範囲を指定する方法っていくつかあるんですか？

セルを指定する方法はいくつかあります。処理内容によって使い分けられるよう、まずは代表的なものをおさらいしましょう。

## セルを参照するプロパティ

ここでは、セルを参照する基本的なプロパティをまとめます。これらのセルを参照するプロパティはRangeオブジェクトを取得するので、オブジェクトとして扱います。

### Rangeプロパティ

#### 構文

```
オブジェクト.Range(セル指定)
オブジェクト.Range(先頭セル, 終端セル)
```

**解説**：指定したセルやセル範囲を参照するRangeオブジェクトを取得する。引数「セル指定」には単一のセルまたはセル範囲をA1形式で指定する。引数「先頭セル」にはセル範囲の左上端セル、引数「終端セル」には右下端セルを指定して、「先頭セル」から「終端セル」のセル範囲を参照する。また、オブジェクトには、Worksheetオブジェクトまたは Rangeオブジェクトを指定する。省略した場合は、アクティブシートが対象になる。

#### Rangeプロパティのセルの参照例

| 参照するセル | 指定例 | 説　明 |
|---|---|---|
| 単一のセル | Range("A1") | セルA1を参照する |
| 離れた単一のセル | Range("A1, C1") | セルA1とC1を参照する |
| セル範囲 | Range("A1:C1")<br>Range("A1", "C1") | セル範囲A1～C1を参照する |
| 離れたセル範囲 | Range("A1:C1, A3:C3") | セル範囲A1～C1とA3～C3を参照する |

| 列全体 | Range("A:C")<br>Range("A:A,C:C") | A列～C列を参照する<br>A列とC列を参照する |
|---|---|---|
| 行全体 | Range("1:3")<br>Range("1:1,3:3") | 1行から3行を参照する<br>1行と3行を参照する |
| 名前付きセル範囲 | Range("商品") | 名前付きセル範囲「商品」を参照する |

## Cellsプロパティ

### 構文

```
オブジェクト.Cells([行番号], [列番号])
```

**解説**：引数「行番号」と引数「列番号」の組み合わせでセルを参照するRangeオブジェクトを取得する。引数「行番号」は行を上から数えた数、引数「列番号」は列を左から数えた数またはアルファベットを指定する。アルファベットの場合は「"A"」のように文字列で指定する。オブジェクトには、Worksheetオブジェクトまたは Rangeオブジェクトを指定する。省略した場合は、アクティブシートが対象になる。

### Cellsプロパティのセルの参照例

| 参照するセル | 指定例 | 説　明 |
|---|---|---|
| 単一のセル | Cells(1,3)<br>Cells(2,"A") | セルC1(1行3列目のセル)を参照する<br>セルA2(2行A列のセル)を参照する |
| 全セル | Cells | 全セルを参照する |

**Tips　インデックス番号を使ってセルを参照する**

Cellsプロパティは、インデックス番号を使ってセルを参照できます。その場合は、引数を1つのみ指定して「Cells(インデックス番号)」の書式になります。インデックス番号は、ワークシートのA1、B1、C1、の順番に1、2、3と番号が振られ、1行目の右端までいったら、2行目のA2から続きの番号が振られます。セル範囲を対象にした場合、「Range("A3:D6").Cells(2)」と指定すると、2つ目のセルのセルB3を参照します。

### 使用例：いろいろなセルの参照方法で書式を設定する　Sample 17_セル参照1.xlsm

```
Sub いろいろなセル参照()
    Cells(1, 4).Value = "価格" ――――――――――――①
    Range("A1:D1").HorizontalAlignment = xlCenter ――②
End Sub
```

**解説**：①1行4列目のセルに「価格」と入力する。②セル範囲A1～D1の水平方向の配置を中央揃えにする。

Chapter 2　セルに書式設定・編集する実用マクロ

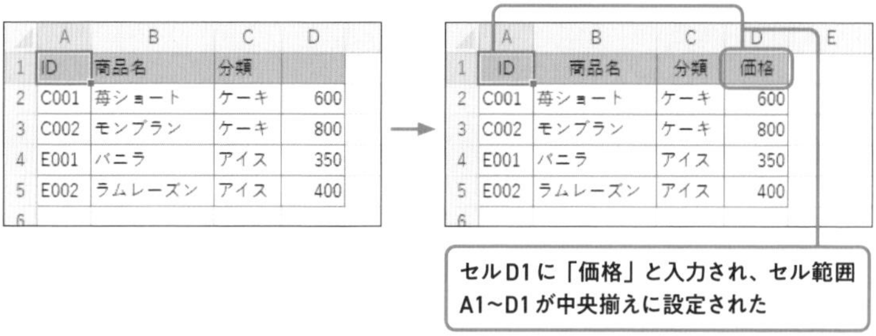

| | A | B | C | D |
|---|---|---|---|---|
| 1 | ID | 商品名 | 分類 | |
| 2 | C001 | 苺ショート | ケーキ | 600 |
| 3 | C002 | モンブラン | ケーキ | 800 |
| 4 | E001 | バニラ | アイス | 350 |
| 5 | E002 | ラムレーズン | アイス | 400 |
| 6 | | | | |

→

| | A | B | C | D | E |
|---|---|---|---|---|---|
| 1 | ID | 商品名 | 分類 | 価格 | |
| 2 | C001 | 苺ショート | ケーキ | 600 | |
| 3 | C002 | モンブラン | ケーキ | 800 | |
| 4 | E001 | バニラ | アイス | 350 | |
| 5 | E002 | ラムレーズン | アイス | 400 | |
| 6 | | | | | |

セルD1に「価格」と入力され、セル範囲A1～D1が中央揃えに設定された

**Tips　オブジェクトにRangeオブジェクトを指定した場合**

オブジェクトにRangeオブジェクトを指定すると、セル範囲内で相対的な位置にあるセルを参照します。例えば、「Range("A2:D5").Cells(1,1)」の場合はセル範囲A2～D5の中の1行1列目ということでセルA2を参照します。

## Rowsプロパティ・Columnsプロパティ

### 構文:Rowsプロパティ

```
オブジェクト.Rows([行番号])
```

**解説**：指定したオブジェクトの行を参照するRangeオブジェクトを取得する。引数「行番号」には行を上から数えた数字を指定する。複数行の場合は「Rows("1:3")」のように行番号を「:」でつなげ「"」で囲む。オブジェクトには、WorksheetオブジェクトまたはRangeオブジェクトを指定する。省略した場合は、アクティブシートが対象になる。

### 構文:Columnsプロパティ

```
オブジェクト.Columns([列番号])
```

**解説**：指定したオブジェクトの列を参照するRangeオブジェクトを取得する。引数「列番号」には列を左から数えた数字または列番号のアルファベットを指定する。複数列の場合は「"A:C"」のように記述して列番号のアルファベットを「:」でつなげ「"」で囲む。オブジェクトには、WorksheetオブジェクトまたはRangeオブジェクトを指定する。省略した場合は、アクティブシートが対象になる。

### Rowsプロパティ/Columnsプロパティのセルの参照例

| 参照するセル | 指定例 | 説　明 |
|---|---|---|
| 単一の行 | Rows(3) | 3行目を参照する |
| 単一の列 | Columns(4)<br>Columns("D") | 4列目（D列）を参照する<br>D列を参照する |
| 複数行 | Rows("1:3") | 1～3行目を参照する |
| 複数列 | Columns("A:C") | A～C列目を参照する |

● **使用例：いろいろなセルの参照方法でセルを操作する** Sample 17_セル参照2.xlsm

```
Sub いろいろなセル参照2()
    Rows("2:3").Hidden = True ———①
    ActiveCell.Value = "商品コード" ———②
    Columns(1).AutoFit ———③
End Sub
```

**解説**：①アクティブシートの2～3行目を非表示にする。②アクティブセルに「商品コード」と入力する。③1列目の列幅を文字長にあわせて自動調整する。

| | A | B | C | D |
|---|---|---|---|---|
| 1 | ID | 商品名 | 分類 | 価格 |
| 2 | C001 | 苺ショート | ケーキ | 600 |
| 3 | C002 | モンブラン | ケーキ | 800 |
| 4 | E001 | バニラ | アイス | 350 |
| 5 | E002 | ラムレーズン | アイス | 400 |
| 6 | | | | |

→

| | A | B | C | D |
|---|---|---|---|---|
| 1 | 商品コード | 商品名 | 分類 | 価格 |
| 4 | E001 | バニラ | アイス | 350 |
| 5 | E002 | ラムレーズン | アイス | 400 |
| 6 | | | | |
| 7 | | | | |
| 8 | | | | |

2～3行目が非表示になり、アクティブセルのA1に「商品コード」と入力され、1列目（A列）の列幅が文字長にあわせて自動調整された

**Tips　選択しているセルを参照する**

アクティブセルを参照するには「ActiveCellプロパティ」を使います。また、現在選択しているセルやセル範囲を参照するには「Selectionプロパティ」を使います。なお、Selectionプロパティは現在選択しているオブジェクトを参照します。例えば、グラフを選択している場合はグラフを参照するので注意してください。

## Selectメソッドでセルを選択する

Selectメソッドは、指定したセルまたはセル範囲を選択します。セル範囲を指定した場合は、セル範囲の左上角のセルがアクティブセルになります。

● **構文**

```
Range オブジェクト.Select
```

**解説**：指定したセルまたはセル範囲を選択する。

**Tips　Activateメソッドでセルを選択する**

Activateメソッドは、指定したセルをアクティブセルにします。選択しているセル範囲の中のセルを指定すると、選択を解除することなくアクティブセルだけを変更できます。例えばセル範囲A1～D5が選択されているときに「Range("B2").Activate」と記述すると、選択が解除されずにアクティブセルがセルB2に移動します。

Lesson 18

# 絶対に覚えておくべき実用的なセルの参照方法

365・2021・2019・2016対応

データが日々追加される表を選択したり、表の下端のセルを選択したりしたいのですが、どうすればいいですか？

セルやセル範囲を臨機応変に選択できるようにしたいですね。ここでは汎用性のある実用的なセル参照方法を紹介します。

## 表全体を参照する

表全体を参照するには、アクティブセル領域を参照するCurrentRegionプロパティを使います。アクティブセル領域とは、空白行と空白列で囲まれたセル範囲です。表のセル範囲を正しく参照するためには、表に隣接するセルにタイトルなどのデータを入力しないようにします。これは、キー操作の Ctrl ＋ Shift ＋ : キーに相当します。

### CurrentRegionプロパティ

#### 構文

```
Rangeオブジェクト.CurrentRegion
```

**解説**：指定したセルを含むアクティブセル領域を参照するRangeオブジェクトを取得する。

#### 使用例：表全体を選択する

Sample 18_1表全体参照.xlsm

```
Sub 表参照()
    Range("A3").CurrentRegion.Select ———①
End Sub
```

**解説**：①セルA3を含む表全体（アクティブセル領域）を選択する。

| | A | B | C | D | E |
|---|---|---|---|---|---|
| 1 | 商品一覧 | | | | |
| 2 | | | | | |
| 3 | ID | 商品名 | 分類 | 価格 | |
| 4 | C001 | 苺ショート | ケーキ | 600 | |
| 5 | C002 | モンブラン | ケーキ | 800 | |
| 6 | E001 | バニラ | アイス | 350 | |
| 7 | E002 | ラムレーズン | アイス | 400 | |
| 8 | | | | | (Ctrl) |

セルA3を含むアクティブセル領域（表全体）が選択された

## 表の終端のセルを参照する

表の終端のセルを参照するには、Endプロパティを使います。すばやく表の下端行や右端列にセル移動したいときに利用できます。これは、キー操作の Ctrl + ↑、↓、→、← に相当します。

### Endプロパティ

#### 構文

```
Rangeオブジェクト.End(方向)
```

**解説**：指定したセルが含まれるデータが入力されている領域の上端、下端、右端、左端のセルを参照するRangeオブジェクトを取得する。引数「方向」には移動する方向を下表の定数で指定する。連続するデータの切れ目まで移動するので、途中に空白セルがあるとその空白セルの手前のセルを参照する。

#### 引数方向の設定値

| 定数 | 内容 | 定数 | 内容 |
|---|---|---|---|
| xlDown | 下端 | xlToLeft | 左端 |
| xlUp | 上端 | xlToRight | 右端 |

#### 使用例：表の下端を選択する

Sample 18_2終端セル参照.xlsm

```
Sub 終端セル参照()
    Range("A3").End(xlDown).Select ────①
End Sub
```

**解説**：①セルA3から下方向に終端のセルを選択する。

| | A | B | C | D |
|---|---|---|---|---|
| 3 | ID | 商品名 | 分類 | 価格 |
| 4 | C001 | 苺ショート | ケーキ | 600 |
| 5 | C002 | モンブラン | ケーキ | 800 |
| 6 | E001 | バニラ | アイス | 350 |
| 7 | E002 | ラムレーズン | アイス | 400 |
| 8 | E003 | | | |
| 9 | | | | |

→

| | A | B | C | D |
|---|---|---|---|---|
| 3 | ID | 商品名 | 分類 | 価格 |
| 4 | C001 | 苺ショート | ケーキ | 600 |
| 5 | C002 | モンブラン | ケーキ | 800 |
| 6 | E001 | バニラ | アイス | 350 |
| 7 | E002 | ラムレーズン | アイス | 400 |
| 8 | E003 | | | |
| 9 | | | | |

セルA3から下方向に終端の
セルが選択された

## 相対的に離れた位置のセルを参照する

指定したセルを基準に○行下、○列右に移動した位置にあるセルを参照するには、Offsetプロパティを使います。

### Offsetプロパティ

#### 構文

```
Rangeオブジェクト.Offset([行方向の移動数], [列方向の移動数])
```

**解説**：引数「行方向の移動数」、引数「列方向の移動数」で指定した位置に移動したセルを参照するRangeオブジェクトを取得する。引数「行方向の移動数」は正の数は下方向、負の数は上方向に移動し、省略した場合は0。引数「列方向の移動数」は正の数は右方向、負の数は左方向に移動し、省略した場合は0になる。

#### 使用例：相対的にセルを参照してデータを入力する

Sample 18_3相対セル参照.xlsm

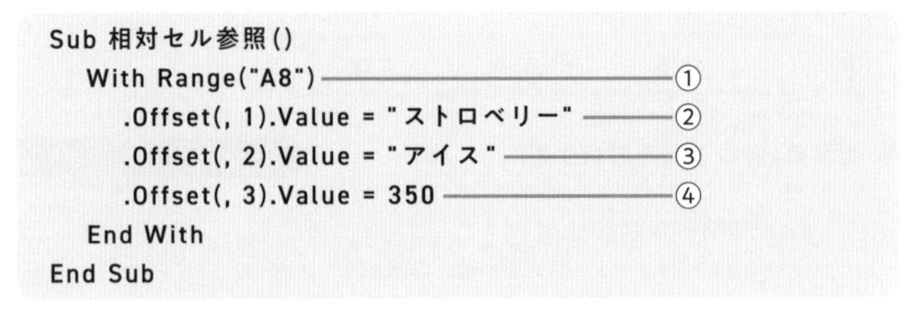

```
Sub 相対セル参照()
    With Range("A8") ―――――――――――――――――――――①
        .Offset(, 1).Value = "ストロベリー" ――――――②
        .Offset(, 2).Value = "アイス" ―――――――――――③
        .Offset(, 3).Value = 350 ――――――――――――――④
    End With
End Sub
```

**解説**：①セルA8について以下の処理を行う。②1つ右のセルに「ストロベリー」と入力する。③2つ右のセルに「アイス」と入力する。④3つ右のセルに「350」と入力する。

| | A | B | C | D |
|---|---|---|---|---|
| 3 | ID | 商品名 | 分類 | 価格 |
| 4 | C001 | 苺ショート | ケーキ | 600 |
| 5 | C002 | モンブラン | ケーキ | 800 |
| 6 | E001 | バニラ | アイス | 350 |
| 7 | E002 | ラムレーズン | アイス | 400 |
| 8 | E003 | ストロベリー | アイス | 350 |
| 9 | | | | |

セルA8の1つ右、2つ右、3つ右のセルに値が入力された

## 参照するセル範囲を変更する

セル範囲を指定した行数と列数に変更するには、Resizeプロパティを使います。表の見出し行や見出し列を参照したり、データ部分だけを参照したりするのに利用できます。

### Resizeプロパティ

#### 構文

```
Rangeオブジェクト.Resize([行数], [列数])
```

**解説**：指定したセル範囲を、引数「行数」で新しい行数、引数「列数」で新しい列数に変更したセル範囲を参照するRangeオブジェクトを取得する。引数「行数」や引数「列数」を省略した場合は、元の行数や列数のまま変更しない。

#### 使用例：表のデータ部分だけを選択する

Sample 18_4セル範囲変更.xlsm

```
Sub データ部分選択()
    Dim cnt As Long
    With Range("A3").CurrentRegion ―――――①
        cnt = .Rows.Count ―――――――――――②
        .Offset(1).Resize(cnt - 1).Select ―――③
    End With
End Sub
```

**解説**：①セルA3を含む表全体について以下の処理を行う。②表の行数を数えて変数cntに代入する。③表全体を1行下げて、表のサイズを表の行数から1少ない行数（cnt-1）に変更したセル範囲を選択する。

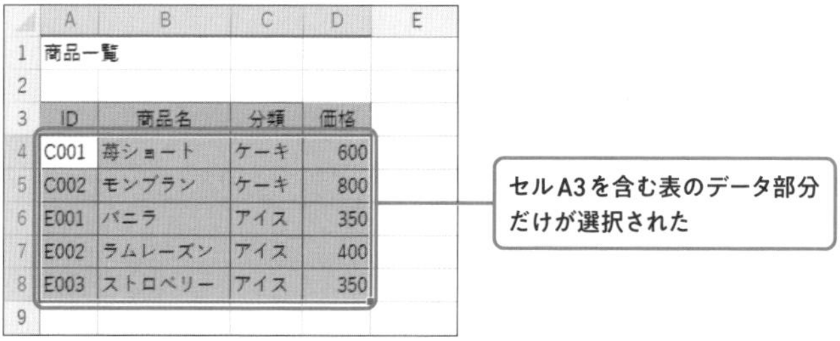

| | A | B | C | D | E |
|---|---|---|---|---|---|
| 1 | 商品一覧 | | | | |
| 2 | | | | | |
| 3 | ID | 商品名 | 分類 | 価格 | |
| 4 | C001 | 苺ショート | ケーキ | 600 | |
| 5 | C002 | モンブラン | ケーキ | 800 | |
| 6 | E001 | バニラ | アイス | 350 | |
| 7 | E002 | ラムレーズン | アイス | 400 | |
| 8 | E003 | ストロベリー | アイス | 350 | |
| 9 | | | | | |

セルA3を含む表のデータ部分
だけが選択された

**✓ここがポイント!**

表のデータ範囲は、表から見出し行を除いた範囲になります。これは表全体(Range("A3").CurrentRegion)を1行下げて(Offset(1))、表の行数を見出し行分除いた数(cnt-1)に変更したセル範囲に変更(Resize(cnt-1))することで取得できます。

Lesson 19

# セルに値や数式を入力する

365・2021・2019・2016 対応

マクロを使ってセルに文字や計算式を入力して表を作成したいんだけど、どのように設定したらいいのですか？

マクロから文字を入力する場合と計算式を入力する場合で記述方法は違います。その違いをここで確認しましょう。



## 値を入力する

セルに値を入力するには、Valueプロパティを使います。文字や数値などの値を入力する（設定）だけでなく、セルに入力された値を取り出す（取得）こともできます。

### Valueプロパティ

#### 構文

```
Rangeオブジェクト.Value = 値
```

**解説**：値に文字列を指定する場合は「"」で囲み、日付は「#」で囲み、数値はそのまま記述する。

## 数式を入力する

セルに計算式を入力するには、Formulaプロパティを使います。

### Formulaプロパティ

#### 構文

```
Rangeオブジェクト.Formula = A1形式の数式
```

**解説**：セルの数式をA1形式の表記形式で取得、設定する。A1形式とは、「"=A1+B1"」のように記述する形式。

### ● 使用例：セルに値や計算式を入力する

Sample 19_セル入力.xlsm

```
Sub データと計算式入力()
    Range("C1").Value = "領収書" ―――――――――①
    Range("F2").Value = #6/25/2023# ――――――――②
    Range("E4").Value = 4 ――――――――――――③
    Range("F4:F7").Formula = "=D4*E4"――――――④
    Range("F8").Formula = "=SUM(F4:F7)" ―――――⑤
End Sub
```

**解説**：①セルC1に文字列「領収書」と入力する。②セルF2に日付「2023/6/25」を入力する。③セルE4に数値「4」を入力する。④セルF4～F7に数式「=D4*E4」を入力する（セルF5～F7は、セルの位置に合わせて自動的に参照セルが調整される）。⑤セルF8に関数「=SUM(F4:F7)」を入力する。

| | A | B | C | D | E | F |
|---|---|---|---|---|---|---|
| 1 | | | | | | |
| 2 | | | | | 日付 | |
| 3 | NO | ID | 商品名 | 価格 | 個数 | 金額 |
| 4 | 1 | C001 | 苺ショート | 600 | | |
| 5 | 2 | C002 | モンブラン | 800 | 2 | |
| 6 | 3 | C003 | レアチーズ | 600 | 2 | |
| 7 | 4 | C004 | アップルパイ | 600 | 1 | |
| 8 | | | | | 合計 | |
| 9 | | | | | | |

↓

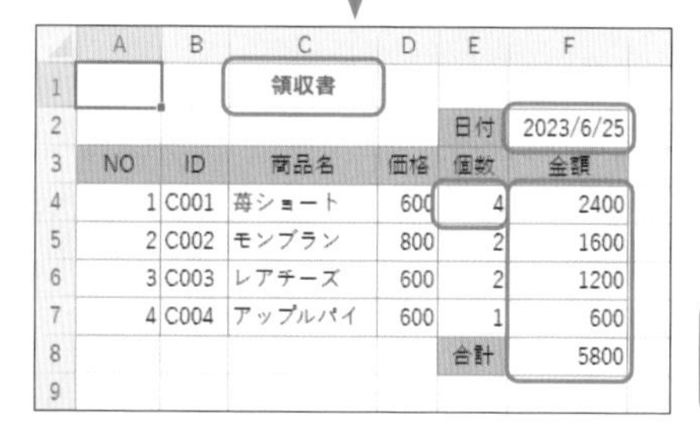

| | A | B | C | D | E | F |
|---|---|---|---|---|---|---|
| 1 | | | 領収書 | | | |
| 2 | | | | | 日付 | 2023/6/25 |
| 3 | NO | ID | 商品名 | 価格 | 個数 | 金額 |
| 4 | 1 | C001 | 苺ショート | 600 | 4 | 2400 |
| 5 | 2 | C002 | モンブラン | 800 | 2 | 1600 |
| 6 | 3 | C003 | レアチーズ | 600 | 2 | 1200 |
| 7 | 4 | C004 | アップルパイ | 600 | 1 | 600 |
| 8 | | | | | 合計 | 5800 |
| 9 | | | | | | |

指定したセルやセル範囲に
値や数式が入力された

**✓ここがポイント！**

Valueプロパティで日付を入力するときは「#月/日/西暦年#」の形式で記述します。なお、「#2023/6/25#」と入力しても「#6/25/2023#」と自動的に正しい形式に修正されます。また、「"6月25日"」のように文字列で日付を入力すると、Excelが日付と認識し、自動的に日付データに変換し、表示形式を設定します。

**✓ここがポイント！**

Formulaプロパティで関数を入力する際、引数で文字列を指定する場合は2つの「"」で囲みます。例えば「"=IF(F8>5000,""送料なし"",""送料800円"")"」のように記述します。

Lesson 20

365・2021・2019・2016対応

# セルに自動で連続したデータを入力する

マクロを使ってオートフィルで連続するセルにデータ入力するには、どうするんだろう？

オートフィル機能に該当するメソッドがありますよ。ここで確認してみましょう。



## オートフィルで連続データを入力する

オートフィル機能をマクロで行うには、AutoFillメソッドを使います。引数の指定方法によって、コピーや連続データの入力などの種類を指定できます。

### AutoFillメソッド

#### 構文

```
Rangeオブジェクト.AutoFill(Destination, [Type])
```

**解説**：引数「Destination」はオートフィルでデータを入力するセル範囲をRangeオブジェクトで指定する。引数「Type」は下表の定数を使って入力する方法を指定する。省略時は指定したセル範囲のデータからExcelが自動で判定し、適切な種類のデータが入力される。

#### Typeの設定値

| 定数 | 内容 | 定数 | 内容 |
|---|---|---|---|
| xlFillDefault（既定値） | 標準のオートフィル | xlFillMonths | 月単位 |
| xlFillSeries | 連続データ | xlFillDays | 日単位 |
| xlFillCopy | コピー | xlFillWeekdays | 週日（月-金）単位 |
| xlFillFormats | 書式のみコピー | xlLinearTrend | 加算 |
| xlFillValues | 書式なしコピー | xlGrowthTrend | 乗算 |
| xlFillYears | 年単位 | xlFlashFill | フラッシュフィル |

## ● 使用例：数字と日付の連続データを入力する

Sample 20_オートフィル.xlsm

```
Sub オートフィル()
    Range("A4").AutoFill Range("A4:A7"), xlFillSeries ——①
    Range("D3").AutoFill Range("D3:F3"), xlFillMonths——②
End Sub
```

**解説**：①セルA4を基準としてセルA7まで連続データを入力する。②セルD3を基準としてセルF3まで月単位で入力する。

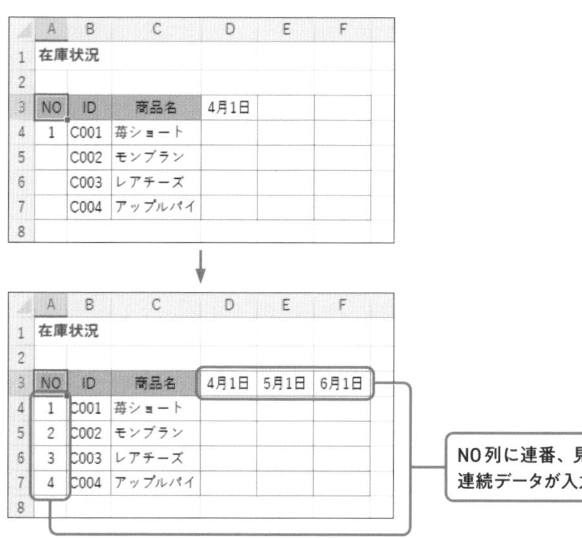


### ➔ ためしてみよう

オートフィルの機能を使ってセルA3の書式をセルA7までコピーしてみましょう。ヒントは、引数「Type」で書式のみコピーする定数を指定します。

### Tips 表の最終行までオートフィルを実行する

表の行数に対応してオートフィルを実行したい場合、Endプロパティで下端のセルを取得し、Rowプロパティを使ってセルの行番号を取得します。以下の例は、セルB3から下方向に終端のセルを取得し、Rowプロパティでそのセルの行番号を調べ、変数rに代入します。「Cells(r,"A")」で、オートフィルの終点のセルになります。そしてAutoFillメソッドの引数「Destination」のセル範囲を「Range("A4",Cells(r,"A"))」と「Range(先頭セル, 終端セル)」の書式でセル範囲を指定します。なお、列番号を調べるにはColumnプロパティを使います。

```
Sub オートフィル3()
    Dim r As Long
    r = Range("B3").End(xlDown).Row
    Range("A4").AutoFill Range("A4", Cells(r, "A")), xlFillSeries
End Sub
```

Lesson 21

# タイトルの行高を変更し、列幅を調整する

365・2021・2019・2016 対応

セルに値を入力すると、文字長によっては列幅を調整しないと途中で見えなくなってしまいます……。

では、行の高さや列の幅を変更する方法をおさらいしましょう。サイズを指定することも、自動調整することもできますよ。



## 行高・列幅を変更する

行の高さはRowHeightプロパティ、列の幅はColumnWidthプロパティで取得・設定します。サイズを指定して調整できます。また、AutoFitメソッドを使うと、文字サイズや文字列の幅で行の高さや列の幅を自動調整できます。

### RowHeightプロパティ・ColumnWidthプロパティ

**構文:RowHeightプロパティ**

```
Rangeオブジェクト.RowHeight = ポイント
```

**解説**:指定したセルの行の高さを取得・設定する。単位はポイント(1/72インチ:約0.35ミリ)で、文字サイズの単位と同じ。

**構文:ColumnWidthプロパティ**

```
Rangeオブジェクト.ColumnWidth = 半角文字数
```

**解説**:指定したセルの列の幅を取得・設定する。単位は標準フォントの半角1文字分の幅を1とする。

### AutoFitメソッド

**構文**

```
行や列を参照するRangeオブジェクト.AutoFit
```

**解説**:行の高さや列の幅をセルに表示されている列幅に合わせて自動調整する。Rangeオブジェクトには、RowsプロパティまたはColumnsプロパティなどを使って行または列を参照するRangeオブジェクトを指定する。

## ● 使用例:行高や列幅を調整する

Sample 21_行高列幅変更.xlsm

```
Sub 行高列幅調整()
    Range("A1").RowHeight = 28 ——————————①
    Range("D3:F3").ColumnWidth = 8 ——————②
    Columns(3).AutoFit ——————————————③
    Range("A3:F7").Columns(1).AutoFit ———④
End Sub
```

**解説**：①セルA1の行の高さを28ポイントに設定する。②セル範囲D3～F3の列幅を半角8文字分に設定する。③ワークシートの3列目の列幅を列内の文字長に合わせて自動調整する。④セル範囲A3～F7の1列目内の文字長に合わせて列幅を自動調整する。

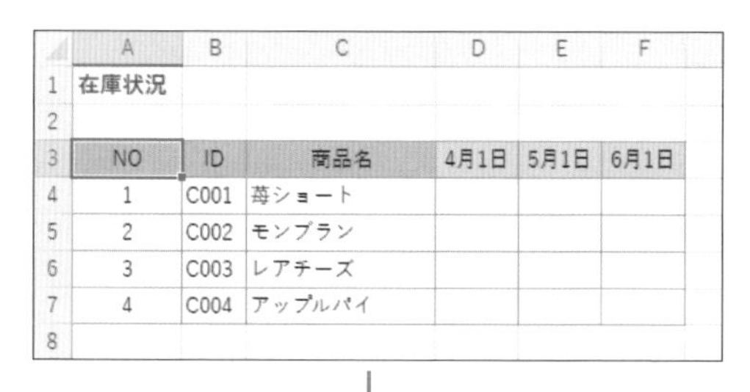


↓

セルA1の行高が28ポイント、セル範囲D3~F3の列幅が半角8文字分に変更された

ワークシートの3列目（C列）が列内にある文字長に合わせて列幅が自動調整された

セル範囲A3~F7内の1列目が、列内にある文字長に合わせて列幅が自動調整された

### ✓ここがポイント!

**使用例の④では、「Range("A3:F7").Columns(1)」と記述してセル範囲A3～F7の中の1列目を参照しています。指定したセル範囲内の列を参照することで、表内の文字長に合わせて列幅を自動調整することができます。**

### Tips 指定したセルを含む行全体、列全体を参照する

指定したセルを含む行全体や列全体を指定するには、RangeオブジェクトのEntireRowプロパティ、EntireColumnプロパティを使います（レッスン30参照）。

Lesson 22

# 表の見出しの文字位置を揃える

365・2021・2019・2016対応

表のタイトルをセル範囲内で中央揃えにしたり、表の見出し行の文字を中央揃えにしたりしたいです。

はい。ここでは、水平方向、垂直方向の配置を変更する方法を紹介します。



## 水平・垂直位置を変更する

セル内の文字の水平方向の配置はHorizontalAlignmentプロパティ、垂直方向の配置はVerticalAlignmentプロパティで取得・設定できます。

### HorizontalAlignmentプロパティ

#### 構文

```
Rangeオブジェクト.HorizontalAlignment = 水平方向の配置
```

**解説**：指定したセル内の文字の水平方向（横方向）の配置を取得・設定する。水平方向の配置は定数を使って指定する。

#### 水平方向の配置の定数

| 定　数 | 内　容 | 定　数 | 内　容 |
|---|---|---|---|
| xlGeneral（既定値） | 標準 | xlFill | 繰り返し |
| xlLeft | 左詰め | xlJustify | 両端揃え |
| xlCenter | 中央揃え | xlCenterAcrossSelection | 選択範囲内で中央 |
| xlRight | 右詰め | xlDistributed | 均等割り付け |
| xlFillValues | 書式なしコピー | xlGrowthTrend | 乗算 |
| xlFillYears | 年単位 | xlFlashFill | フラッシュフィル |

## VerticalAlignmentプロパティ

### 構文

```
Rangeオブジェクト.VerticalAlignment = 垂直方向の配置
```

**解説**：指定したセル内の文字の垂直方向（縦方向）の配置を取得・設定する。垂直方向の配置は定数を使って指定する。

### 垂直方向の配置の定数

| 定　数 | 内　容 | 定　数 | 内　容 |
|---|---|---|---|
| xlTop | 上詰め | xlJustify | 両端揃え |
| xlCenter | 中央揃え | xlDistributed | 均等割り付け |
| xlBottom | 下詰め | | |

### 使用例:セル内の配置を設定し、表の列幅を調整する Sample 22_文字配置.xlsm

```
Sub 文字配置調整()
    Range("A1").VerticalAlignment = xlBottom ——①
    Range("A1:D1").HorizontalAlignment = xlCenterAcrossSelection —②
    With Range("A3:D7") ——③
        .Columns.AutoFit ——④
        .Rows(1).HorizontalAlignment = xlCenter ——⑤
    End With
End Sub
```

**解説**：①セルA1の縦方向の配置を下詰めにする。②セル範囲A1～D1の横方向の配置を選択範囲内で中央揃えにする。③セル範囲A3～D7について以下の処理を実行する。④セル範囲内のすべての列幅を文字長にあわせて自動調整する。⑤セル範囲内の1行目の横方向の配置を中央揃えにする。

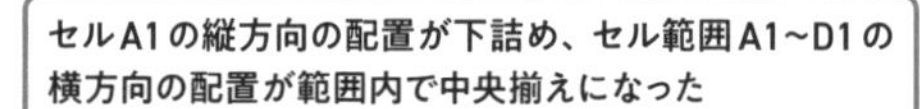


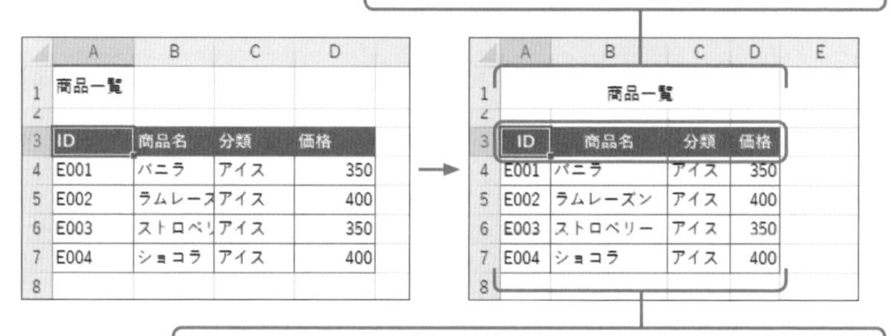

## Tips 文字配置の主なプロパティ

文字配置の主なプロパティは、[セルの書式設定] 画面の [配置] タブの設定項目と対応しています。項目に対応するプロパティを確認してください。詳細はヘルプなどで確認してください。

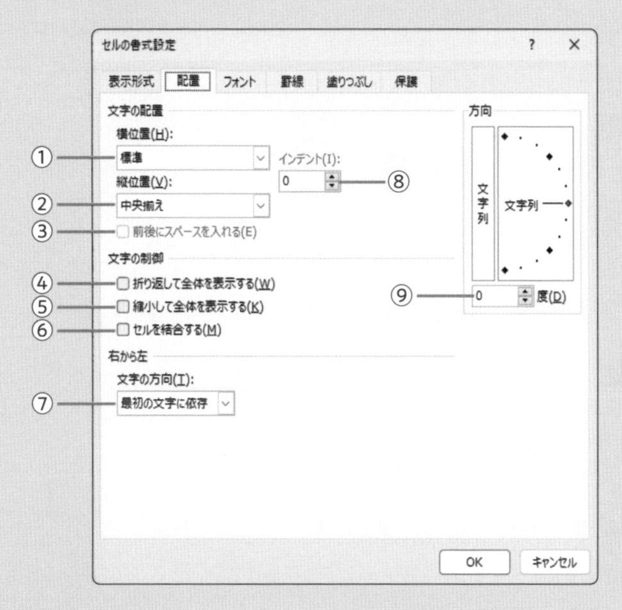


### ● 配置設定の詳細

| プロパティ | 説　明 |
|---|---|
| ①HozirontalAlignment | 水平方向の位置（定数） |
| ②VerticalAlignment | 垂直方向の位置（定数） |
| ③AddIndent | 前後にスペースを入れる（True/False） |
| ④WrapText | 折り返して全体を表示する（True/False） |
| ⑤ShrinkToFit | 文字を縮小して全体を表示（True/False） |
| ⑥MergeCells | セルを結合する（True/False） |
| ⑦ReadingOrder | 文字の方向を指定する |
| ⑧IndentLevel | インデントを設定（0～15） |
| ⑨Orientation | 文字列の角度（-90～90） |

Lesson 23

# 表内の文字について書式を設定する

365・2021・2019・2016 対応

文字を太字にしたり下線を引いたり、セル内の文字に書式を設定して表の見栄えを整える方法が知りたいです。

セル内の文字に対して書式を設定するには、Fontオブジェクトの各種プロパティを使います。まとめて確認しましょう。

## Fontオブジェクトを使って文字書式を設定する

文字に書式を設定するには、Fontオブジェクトのプロパティを使います。Fontオブジェクトは、RangeオブジェクトのFontプロパティで取得できます。

● 構文

```
Rangeオブジェクト.Fontプロパティ
```

**意味**：指定したセルのFontオブジェクトを取得する。

## 太字・斜体・下線を設定する

文字に太字、斜体、下線を設定するには、それぞれFontオブジェクトのBoldプロパティ、Italicプロパティ、Underlineプロパティを使います。

### ● Bold・Italic・Underlineプロパティ

● 構文

```
Fontオブジェクト.Bold = True/False
Fontオブジェクト.Italic = True/False
Fontオブジェクト.Underline = True/False
```

**解説**：太字はBoldプロパティ、斜体はItalicプロパティ、下線はUnderlineプロパティで取得・設定する。いずれもTrueにすると設定、Falseにすると設定解除する。なお、Underlineプロパティは定数で下線の種類を指定できる。

### ● 下線の定数

| 定数 | 内容 | 定数 | 方向 |
|---|---|---|---|
| xlUnderlineStyleNone | 下線なし | xlUnderlineStyleSingleAccounting | 下線（会計） |
| xlUnderlineStyleSingle | 下線 | xlUnderlineStyleDoubleAccounting | 二重下線（会計） |
| xlUnderlineStyleDouble | 二重下線 | | |

### ● 使用例：いろいろなセルの参照方法で書式を設定する　Sample 23_文字書式.xlsm

```
Sub 文字書式()
    Range("A1").Font.Underline = True ──────────①
    Range("A3").CurrentRegion.Rows(1).Font.Italic = True─②
End Sub
```

**解説**：①セルA1に下線を設定する。②セルA3を含むアクティブセル領域（表全体）の1行目を斜体に設定する。

| | A | B | C | D |
|---|---|---|---|---|
| 1 | 商品一覧 | | | |
| 2 | | | | |
| 3 | ID | 商品名 | 分類 | 価格 |
| 4 | E001 | バニラ | アイス | 350 |
| 5 | E002 | ラムレーズン | アイス | 400 |
| 6 | E003 | ストロベリー | アイス | 350 |
| 7 | E004 | ショコラ | アイス | 400 |
| 8 | | | | |

→

| | A | B | C | D |
|---|---|---|---|---|
| 1 | 商品一覧 | | | |
| 2 | | | | |
| 3 | *ID* | *商品名* | *分類* | *価格* |
| 4 | E001 | バニラ | アイス | 350 |
| 5 | E002 | ラムレーズン | アイス | 400 |
| 6 | E003 | ストロベリー | アイス | 350 |
| 7 | E004 | ショコラ | アイス | 400 |
| 8 | | | | |

セルA1に下線が設定され、表の1行目が斜体に設定された

**➡ ためしてみよう**

使用例のセルA1と表の1行目を太字の設定に変更してみましょう。解答は「23_文字書式2.xlsm」をご参照ください。

**セルに入力されている文字に書式を設定するには、Fontオブジェクトを使うところがポイントなんですね。**

**そうですね。ここでは太字、斜体、下線を紹介しましたが、次ページのTipsを参考に他の書式も確認してください。**

Tips **Fontオブジェクトの主なプロパティ**

［セルの書式設定］画面の［フォント］タブの設定項目と対応するプロパティを、以下にまとめます。

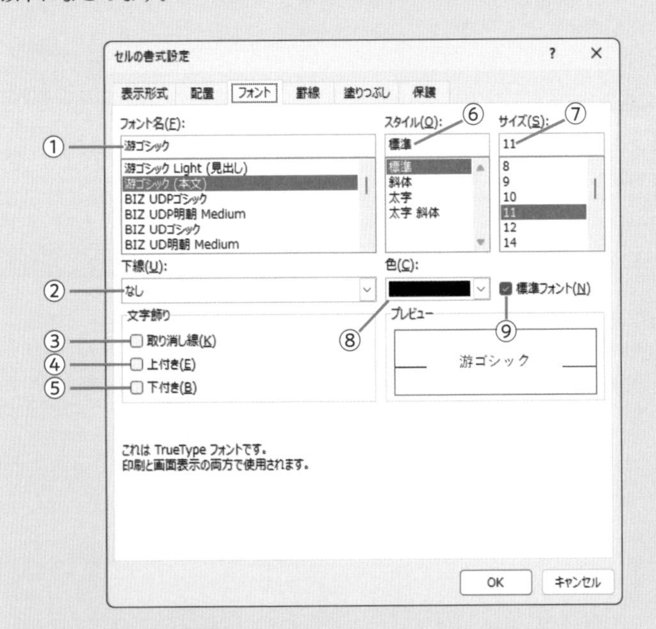


### ● フォント設定の詳細

| プロパティ | 説　明 |
| --- | --- |
| ①Name プロパティ | フォント名（例："游ゴシック"） |
| ②Underline プロパティ | 下線（True/False、定数） |
| ③Strikethrough プロパティ | 取り消し線（True/False） |
| ④Superscript プロパティ | 上付き文字（True/False） |
| ⑤Subscript プロパティ | 下付文字（True/False） |
| ⑥FontStyle プロパティ | フォントスタイル（例："太字 斜体"） |
| Bold・Italic プロパティ | 太字・斜体（True/False） |
| ⑦Size プロパティ | 文字サイズ（ポイント） |
| ⑧Color・ColorIndex プロパティ | 文字色を設定（RGB値、インデックス値） |
| ⑨StandardFont プロパティ | 標準フォント |

Lesson 24

# 売上個数によってセルに色を付ける

365・2021・2019・2016対応

売上個数によってセルを色分けしたいです。色の濃淡で数値の大小を比較するヒートマップが作れないかな。

なるほど、データ分析するためにセルに書式を設定したいんですね。では、色の設定方法とヒートマップの作り方を紹介します。



## セルの内部を参照するInteriorオブジェクト

セルに色を設定するなど内部に書式を設定するには、Interiorオブジェクトのプロパティを使います。Interiorオブジェクトは、**Rangeオブジェクト**のInteriorプロパティで取得できます。

● **構文**

```
Rangeオブジェクト.Interiorプロパティ
```

**意味**：指定したセルのInteriorオブジェクトを取得する。

## セルに色を設定する

色を設定するプロパティは、いろいろなものがありますが、ここではColorプロパティ、ColorIndexプロパティ、TintAndShadeプロパティを紹介します。

### Colorプロパティ

● **構文**

```
オブジェクト.Color=RGB値
```

**解説**：RGB値に対応する色を取得・設定する。RGB値はRGB関数によって作成するか、RGB値を表す定数を使って指定することができる。

## RGB関数

### 構文

**RGB(赤の割合, 緑の割合, 青の割合)**

**解説**：引数「赤の割合」、引数「緑の割合」、引数「青の割合」をそれぞれ0～255の整数で指定して色を作成する。例えば、「RGB(0,0,0)」は黒、「RGB(255,255,255)」は白となる。

### カラーパレットの標準の色

| RGB | 色 | 名称 |
|---|---|---|
| RGB(192,0,0) | | 濃い赤 |
| RGB(255,0,0) | | 赤 |
| RGB(255,192,0) | | オレンジ |
| RGB(146,208,80) | | 薄い緑 |
| RGB(0,176,80) | | 緑 |
| RGB(0,176,240) | | 薄い青 |
| RGB(0,112,192) | | 青 |
| RGB(0,32,96) | | 濃い青 |
| RGB(112,48,160) | | 紫 |

### 主な定数（XlRgbColor列挙）

| 定数 | 色 | 名称 |
|---|---|---|
| rgbBlack | | 黒 |
| rgbBrown | | 茶 |
| rgbLightPink | | 薄いピンク |
| rgbOrangeRed | | オレンジレッド |
| rgbGreen | | 緑 |
| rgbLawnGreen | | 若草色 |
| rgbAqua | | 水色 |
| rgbBlue | | 青 |
| rgbDarkViolet | | 濃い紫 |

**✓ここがポイント！**

**定数で設定できる色を調べたい場合は、VBAのヘルプで「XlRgbColor列挙」をキーワードにして検索してください。**

## ColorIndexプロパティ

### 構文

**オブジェクト.ColorIndex = 1～56**

**解説**：色のインデックス番号に対応した色を取得・設定する。色は1～56の範囲で指定する。なお、セルの塗りつぶしをなしにするには、xlColorIndexNone、文字の色を元に戻すにはxlColorIndexAutomaticで自動にする。

### ColorIndexの色番号

| 番号 | 色 | 番号 | 色 | 番号 | 色 | 番号 | 色 | 番号 | 色 | 番号 | 色 | 番号 | 色 |
|---|---|---|---|---|---|---|---|---|---|---|---|---|---|
| 1 | | 9 | | 17 | | 25 | | 33 | | 41 | | 49 | |
| 2 | | 10 | | 18 | | 26 | | 34 | | 42 | | 50 | |
| 3 | | 11 | | 19 | | 27 | | 35 | | 43 | | 51 | |
| 4 | | 12 | | 20 | | 28 | | 36 | | 44 | | 52 | |
| 5 | | 13 | | 21 | | 29 | | 37 | | 45 | | 53 | |
| 6 | | 14 | | 22 | | 30 | | 38 | | 46 | | 54 | |
| 7 | | 15 | | 23 | | 31 | | 39 | | 47 | | 55 | |
| 8 | | 16 | | 24 | | 32 | | 40 | | 48 | | 56 | |

## TintAndShadeプロパティ

### 構文

**オブジェクト.TintAndShade=-1～1**

**意味**：0を明暗を設定していない中間値として、最も暗い-1から最も明るい1の範囲の小数で明暗を指定する。

### TintAndShadeの色見本

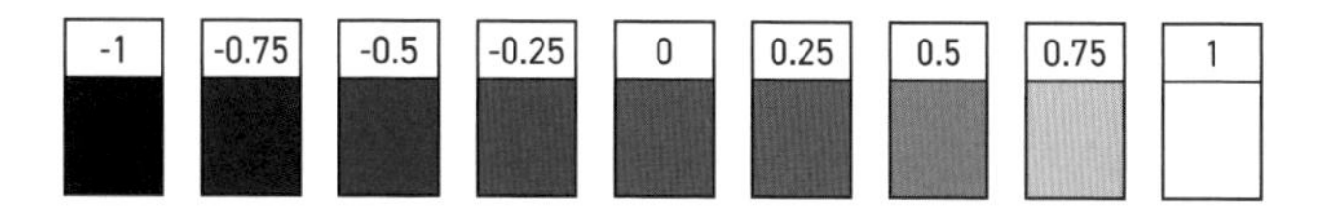


### 使用例：売上数によって色の濃淡を変更する

Sample 24_色設定.xlsm

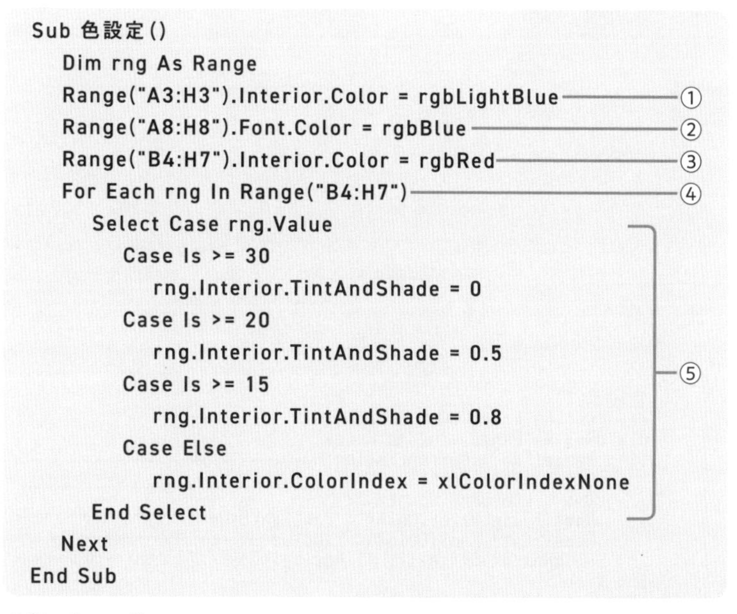

```
Sub 色設定()
    Dim rng As Range
    Range("A3:H3").Interior.Color = rgbLightBlue ―①
    Range("A8:H8").Font.Color = rgbBlue ―②
    Range("B4:H7").Interior.Color = rgbRed ―③
    For Each rng In Range("B4:H7") ―④
        Select Case rng.Value
            Case Is >= 30
                rng.Interior.TintAndShade = 0
            Case Is >= 20
                rng.Interior.TintAndShade = 0.5
            Case Is >= 15
                rng.Interior.TintAndShade = 0.8
            Case Else
                rng.Interior.ColorIndex = xlColorIndexNone
        End Select ―⑤
    Next
End Sub
```

**解説**：①セル範囲A3～H3のセルの色を薄い青に設定する。②セル範囲A8～H8の文字の色を青色に設定する。③セル範囲B4～H7のセルの色を赤色に設定する。④セル範囲B4～H7のセルを変数rngに順番に代入しながら以下の処理を繰り返す。⑤変数rngの値について、30以上の場合はセルの濃淡を0、20以上の場合はセルの濃淡を0.5、15以上の場合はセルの濃淡を0.8、いずれでもない場合は、セルの塗りつぶしの色をなしに設定する。

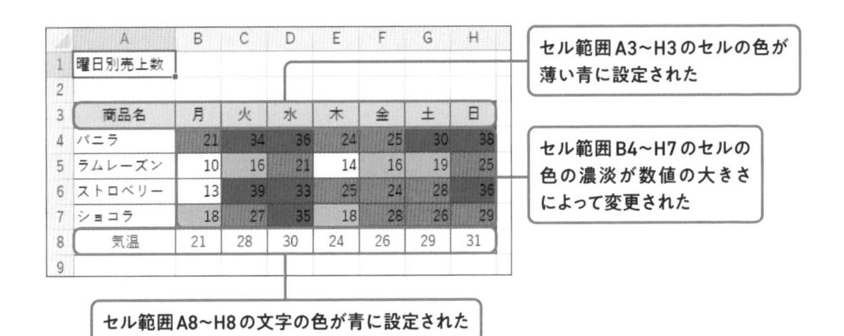


| | A | B | C | D | E | F | G | H |
|---|---|---|---|---|---|---|---|---|
| 1 | 曜日別売上数 | | | | | | | |
| 2 | | | | | | | | |
| 3 | 商品名 | 月 | 火 | 水 | 木 | 金 | 土 | 日 |
| 4 | バニラ | 21 | 34 | 36 | 24 | 25 | 30 | 38 |
| 5 | ラムレーズン | 10 | 16 | 21 | 14 | 16 | 19 | 25 |
| 6 | ストロベリー | 13 | 39 | 33 | 25 | 24 | 28 | 36 |
| 7 | ショコラ | 18 | 27 | 35 | 18 | 28 | 26 | 29 |
| 8 | 気温 | 21 | 28 | 30 | 24 | 26 | 29 | 31 |
| 9 | | | | | | | | |

**✓ここがポイント!**

**売上数のセル範囲B4～H7の色を赤色に設定しておき、For Eachステートメントで各セルについて、Select Caseステートメントで値の大きさを判定し、TintAndShadeプロパティで色の濃淡を変更してヒートマップを作成しています。**

**Tips　汎用性のある表参照にして書き換える**

行数や列数が変わっても対応できるように書き換えると、下図のようになります。①セルA3を含む表について、②変数rCntに表の行数、変数cCntに表の列数を代入し、③表の1行目のセルの色を薄い青、④表の最下行の文字の色を青に設定しています。⑤表全体をOffsetプロパティで1行下、1列右に移動し、表の行数を「rCnt-2」、列数を「cCnt-1」に変更することで売上数のセル範囲を参照し、変数dRngに代入しています。⑥変数dRngについて、セルの色を赤にしたのち、各セルの値の大きさによって色の濃淡を変更しています。

```
Sub 色設定2()
    Dim rCnt As Long, cCnt As Long
    Dim dRng As Range, rng As Range
    With Range("A3").CurrentRegion                          ①
        rCnt = .Rows.Count                                  ②
        cCnt = .Columns.Count
        .Rows(1).Interior.Color = rgbLightBlue              ③
        .Rows(rCnt).Font.Color = rgbBlue                    ④
        Set dRng = .Offset(1, 1).Resize(rCnt - 2, cCnt - 1) ⑤
    End With
    dRng.Interior.Color = rgbRed                            ⑥
    For Each rng In dRng
        Select Case rng.Value
            Case Is >= 30
                rng.Interior.TintAndShade = 0
            Case Is >= 20
                rng.Interior.TintAndShade = 0.5
            Case Is >= 15
                rng.Interior.TintAndShade = 0.8
            Case Else
                rng.Interior.ColorIndex = xlColorIndexNone
        End Select
    Next
End Sub
```

Lesson 25

# 表の中から数値だけ削除する

365・2021・2019・2016対応

納品書のシートでデータを一覧表に転記したら、数値データだけを削除するにはどうすればいいですか？

計算式が設定されているセルではなくて、数値が入力されているセルっていうことですね。わかりました。紹介しましょう。



## 指定した種類のセルを参照する

指定した種類のセルを参照するには、RangeオブジェクトのSpecialCellsメソッドを使います。SpecialCellsメソッドは、引数で指定した種類のデータが入力されたセルを参照するRangeオブジェクトを取得します。

### SpecialCellsメソッド

#### 構文

```
Rangeオブジェクト.SpecialCells(Type, [Value])
```

**解説**：指定したセル範囲内で、引数「Type」で指定した種類のセルを取得する。引数Typeの値がxlCellTypeConstants(定数)または、xlCellTypeFormulas(数式)の場合は、引数「Value」を指定して特定の種類の定数や数式を含むセルだけを取得できる。省略した場合はすべての定数および数式が対象になる。なお、指定した種類のセルが見つからなかった場合は、実行時エラーになる。

#### 引数Typeの主な定数

| 定　数 | 内　容 |
|---|---|
| xlCellTypeAllFormatConditions | 条件付き書式が設定されているセル |
| xlCellTypeAllValidation | 入力規則が設定されているセル |
| xlCellTypeBlanks | 空白セル |
| xlCellTypeComments | メモ（コメント）が含まれているセル |
| xlCellTypeConstants | 定数（数式以外の値）が含まれているセル（※） |
| xlCellTypeFormulas | 数式が含まれているセル（※） |
| xlCellTypeLastCell | 使われたセル範囲内の最後のセル |
| xlCellTypeVisible | すべての可視セル |

※どちらかの定数の場合は、引数Valueでデータの種類を指定できる

● 引数Valueの定数

| 定　数 | 内　容 | 定　数 | 内　容 |
|---|---|---|---|
| xlNumbers | 数値 | xlErrors | エラー値 |
| xlTextValues | 文字 | xlLogical | 論理値 |

## セルの内容を削除する

セルの内容を削除するには、RangeオブジェクトのClearメソッド、ClearFormatsメソッド、ClearContentsメソッドなどを使います。

### Clearメソッド・ClearFormatsメソッド・ClearContentsメソッド

● 構文

```
Rangeオブジェクト.Clear
Rangeオブジェクト.ClearFormats
Rangeオブジェクト.ClearContents
```

**解説**：Clearメソッドはセルに設定されている書式とデータを削除し、ClearFormatsメソッドは書式だけを削除し、ClearContestsメソッドはデータだけを削除する。

● 使用例：表から数値のみを削除する　Sample 25_数値のみ削除.xlsm

```
Sub 数値のみ削除()
    Range("A3").CurrentRegion. _
        SpecialCells(xlCellTypeConstants, xlNumbers). _    ─①
        ClearContents
End Sub
```

**解説**：①セルA3を含む表全体の中で数値データを含むセルのデータのみ削除する。

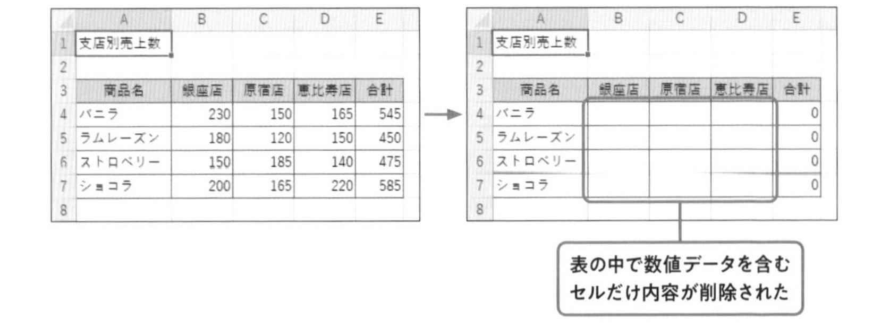

Lesson 26

# 空白セルに「－」を入力する

365・2021・2019・2016対応

**表内の空白セルに「－」を入れたいんだけど、1つずつ入れるのは面倒です。マクロで簡単にできないかな。**

前レッスンで学んだSpecialCellsメソッドを使う方法がありますね。試してみましょう。



## 空白セルの参照

空白セルをまとめて参照するには、RangeオブジェクトのSpecialCellsメソッドで引数「Type」を「xlCellTypeBlanks」に指定します（P103参照）。

● **使用例:空白セルに「－」を入力する**　Sample 26_空白セル参照.xlsm

```
Sub 空白セル参照()
    Range("A3").CurrentRegion. _
        SpecialCells(xlCellTypeBlanks).Value = "－"    ①
End Sub
```

**解説**：①セルA3を含む表全体の中にある空白セルに「－」を入力する。

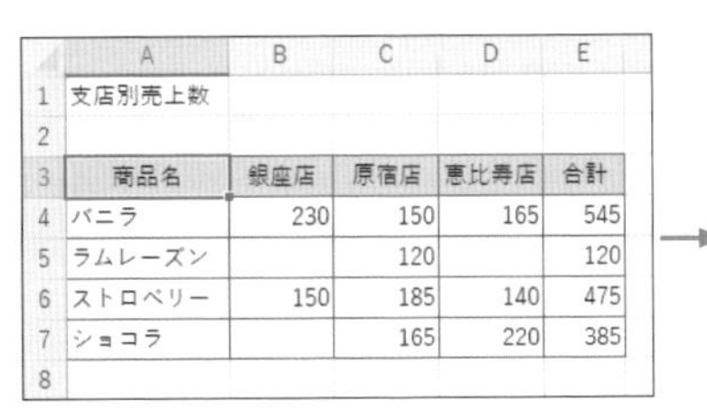

| | A | B | C | D | E |
|---|---|---|---|---|---|
| 1 | 支店別売上数 | | | | |
| 2 | | | | | |
| 3 | 商品名 | 銀座店 | 原宿店 | 恵比寿店 | 合計 |
| 4 | バニラ | 230 | 150 | 165 | 545 |
| 5 | ラムレーズン | | 120 | | 120 |
| 6 | ストロベリー | 150 | 185 | 140 | 475 |
| 7 | ショコラ | | 165 | 220 | 385 |
| 8 | | | | | |

→

| | A | B | C | D | E |
|---|---|---|---|---|---|
| 1 | 支店別売上数 | | | | |
| 2 | | | | | |
| 3 | 商品名 | 銀座店 | 原宿店 | 恵比寿店 | 合計 |
| 4 | バニラ | 230 | 150 | 165 | 545 |
| 5 | ラムレーズン | － | 120 | － | 120 |
| 6 | ストロベリー | 150 | 185 | 140 | 475 |
| 7 | ショコラ | － | 165 | 220 | 385 |
| 8 | | | | | |

表の中で空白セルに「－」が入力された

### ためしてみよう

空白セルに「0」を入力するマクロを作成してみましょう。ヒントは「－」の代わりに「0」を指定します。

Lesson 27

# 単語間の空白は1つ残して余分な空白を削除する

365・2021・2019・2016 対応

他のファイルからコピーした氏名で姓と名の間は1スペース残して余分な空白を削除したいです。

余分なスペースを削除するVBA関数もありますが、姓と名の間に1スペース残すなら、TRIM関数を使うと便利です。

## ワークシート関数のTRIM関数を利用する

ワークシート関数のTRIM関数は、文字列内にあるスペースを単語間のスペース1つ残して削除します。姓と名の間のスペースを1スペースだけ残したい場合に便利です。ワークシート関数のTRIM関数は、WorksheetFunctionオブジェクトのTrimメソッドとして用意されています。

### Trimメソッド

#### 構文

```
WorksheetFunction.Trim(文字列)
```

解説：引数「文字列」の前後のスペースと、文字間にあるスペースは1つ残して削除する。

#### 使用例：氏名の姓と名の間の1スペースを残して余白を削除

Sample 27_空白削除.xlsm

```
Sub 空白削除()
    Dim i As Long
    i = 2
    Do While Cells(i, 1).Value <> ""  ―――①
        Cells(i, 2).Value = _  ―――②
            WorksheetFunction.Trim(Cells(i, 2).Value)
        i = i + 1  ―――③
    Loop  ―――④
End Sub
```

**解説**：①i行1列目のセルが空白でない間以下の処理を繰り返す。②i行2列目の値に、i行2列目の値から文字間の空白を1つ残して残りの空白をすべて削除した値を代入する。③変数iに1を加算し、④Doの行に戻る。

| | A | B | C |
|---|---|---|---|
| 1 | NO | 氏名 | 住所 |
| 2 | 1 | 斎藤　　良子 | 大阪府岸和田市上町x-x-x |
| 3 | 2 | 山崎　　太郎 | 東京都調布市柴崎x-x-x |
| 4 | 3 | 佐藤　すみか | 千葉県市川市香取x-x-x |
| 5 | 4 | 杉山　　純一 | 埼玉県さいたま市浦和区高 |
| 6 | | | |
| 7 | | | |

→

| | A | B | C |
|---|---|---|---|
| 1 | NO | 氏名 | 住所 |
| 2 | 1 | 斎藤　良子 | 大阪府岸和田市上町x-x-x |
| 3 | 2 | 山崎　太郎 | 東京都調布市柴崎x-x-x |
| 4 | 3 | 佐藤　すみか | 千葉県市川市香取x-x-x |
| 5 | 4 | 杉山　純一 | 埼玉県さいたま市浦和区高 |
| 6 | | | |
| 7 | | | |

氏名列の各セルの文字間にある空白を1つ残して余分な空白が削除された

## Tips 文字列内のスペースを削除するその他の方法

文字列内のスペースを削除するのに、VBA関数のTrim関数を使うと、文字列の前後にあるスペースを削除し、文字列内のスペースは削除しません。また、文字列内のすべてのスペースを削除したい場合は、Replaceメソッドを使うと便利です。

### ● VBA関数のTrim関数を使って文字列前後のスペースを削除

**Trim(文字列)**

**解説**：引数「文字列」の前と後ろにある空白を削除する。

```
Sub 空白削除2()
    Dim i As Long
    i = 2
    Do While Cells(i, 1).Value <> ""
        Cells(i, 2).Value = Trim(Cells(i, 2).Value)
        i = i + 1
    Loop
End Sub
```

| | A | B | |
|---|---|---|---|
| 1 | NO | 氏名 | |
| 2 | 1 | 斎藤　　良子 | 大阪府岸 |
| 3 | 2 | 山崎　　太郎 | 東京都調 |
| 4 | 3 | 佐藤　すみか | 千葉県市 |
| 5 | 4 | 杉山　　純一 | 埼玉県さ |

### ● Replaceメソッドを使って文字列内のすべてのスペースを削除

**Rangeオブジェクト.Replace(What:=検索文字列, Replacement:=置換文字列)**

**解説**：指定したセル範囲にある「検索文字列」を「置換文字列」に置換。

```
Sub 空白削除3()
    Range("B2:B5").Replace What:=" ", Replacement:=""
End Sub
```

| | A | B | |
|---|---|---|---|
| 1 | NO | 氏名 | |
| 2 | 1 | 斎藤良子 | 大阪府岸 |
| 3 | 2 | 山崎太郎 | 東京都調 |
| 4 | 3 | 佐藤すみか | 千葉県市 |
| 5 | 4 | 杉山純一 | 埼玉県さ |

Lesson 28

# いろいろな罫線を使って表を作成する

365・2021・2019・2016対応

セルに罫線を引いて表の形に整えたいんだけど、どうすればいいですか？

VBAでは、罫線はBorderオブジェクトとして扱います。そして、種類や太さなどを指定して罫線を引くことができます。

## 罫線の位置を参照するBorderオブジェクト

セルに罫線を設定するには、Borderオブジェクトのプロパティを使います。Borderオブジェクトは、RangeオブジェクトのBordersプロパティで取得できます。

### ● 構文

```
Rangeオブジェクト.Borders([罫線の位置])
```

**解説**：指定したセルまたはセル範囲で引数「罫線の位置」で指定したBorderオブジェクトを取得する。引数は下表の定数で指定する。省略した場合は、各セルの上下左右の罫線を参照する。

### ● 罫線の位置を指定する定数

| 定　数 | 内　容 | 定　数 | 内　容 |
|---|---|---|---|
| xlEdgeTop | 上端の横線 | xlInsideHorizontal | 内側の横線 |
| xlEdgeBottom | 下端の横線 | xlInsideVertical | 内側の縦線 |
| xlEdgeLeft | 左端の縦線 | xlDiagonalDown | 右下がりの斜線 |
| xlEdgeRight | 右端の縦線 | xlDiagonalUp | 右上がりの斜線 |

## 線種や太さを指定する

罫線の線種はBorderオブジェクトのLineStyleプロパティ、罫線の太さはBorderオブジェクトのWeightプロパティで取得・設定します。

## LineStyleプロパティ

### 構文

```
Borderオブジェクト.LingStyle=罫線の種類
```

**解説**：指定した罫線の種類を、定数を使って取得・設定する。

### 記述例1

```
Range("A1:C3").Borders.LineStyle=xlContinuos
```

**意味**：セル範囲A1～C3に上下左右の罫線（格子線）を細実線で設定する。

### 記述例2

```
Range("A1:C3").Rows(1).Borders(xlEdgeBottom).LineStyle=xlDot
```

**意味**：セル範囲A1～C3の1行目の下罫線を点線で設定する。

### 罫線の種類を指定する定数

| 定数 | 内容 | 定数 | 内容 |
|---|---|---|---|
| xlContinuous | 実線 | xlDot | 点線 |
| xlDash | 破線 | xlDouble | 二重線 |
| xlDashDot | 一点鎖線 | xlSlantDashDot | 斜め破線 |
| xlDashDotDot | 二点鎖線 | xlLineStyleNone | なし |

## Weightプロパティ

### 構文

```
Borderオブジェクト.Weight=罫線の太さ
```

**解説**：指定した罫線の太さを、定数を使って取得・設定する。

### 記述例

```
Range("A1:C3").Border(xlEdgeRight).Weight=xlMedium
```

**意味**：セル範囲A1～C3の右端の縦罫線の太さを中に設定する。

● 罫線の太さを指定する定数

| 定　数 | 内　容 | 定　数 | 内　容 |
|---|---|---|---|
| xlHairLine | 極細 | xlMedium | 中(普通) |
| xlThin | 細 | xlThick | 太 |

## 表の外枠に罫線を設定する

BorderAroundメソッドは、指定したセル範囲の周囲に、線種や太さ、色を指定して罫線を引くことができます。表の外枠に罫線を引きたいときに役立ちます。

### BorderAroundメソッド

● 構文

```
Rangeオブジェクト.BorderAround([LineStyle], [Weight],
[ColorIndex], [Color], [ThemeColor])
```

**解説**：引数「LineStyle」はLineStyleプロパティの設定値の定数、引数「Weight」はWeightプロパティの設定値の定数、引数「ColorIndex」、引数「Color」、引数「ThemeColor」はいずれか1つをそれぞれのプロパティの設定値で指定する（なお、本書ではThemeColorプロパティについては紹介していない）。

● 使用例：いろいろな設定で表に罫線を設定する　Sample 28_罫線設定.xlsm

```
Sub 罫線の設定()
  With Range("A3").CurrentRegion ――――――――――――――――①
    .Borders.LineStyle = xlContinuous ――――――――――――②
    .Borders.Color = rgbDarkGreen ―――――――――――――――③
    .Rows(1).Borders(xlEdgeBottom).Weight = xlMedium ――④
    .Rows(.Rows.Count).Borders(xlEdgeTop).LineStyle = xlDouble ―⑤
    .Columns(1).Borders(xlEdgeRight).Weight = xlMedium ―⑥
    .BorderAround LineStyle:=xlContinuous, _  ┐
       Weight:=xlThick, Color:=rgbDarkGreen   ┘―――⑦
  End With
End Sub
```

**解説**：①セルA3を含む表全体について以下の処理を実行する。②表の各セルの上下左右に実線の罫線を設定する。③表の各セルの上下左右の罫線の色を濃い緑に設定する。④表の1行目の下端の横線の太さを中に設定する。⑤表の最下行の上端の横線の線種を二重線に設定する。⑥表の1列目の右端の縦線の太さを中に設定する。⑦表の外周りに、実線、太線、濃い緑で罫線を設定する。

| | A | B | C | D | E |
|---|---|---|---|---|---|
| 1 | 商品別月別売上表 | | | | |
| 2 | | | | | |
| 3 | 商品名 | 1月 | 2月 | 3月 | 合計 |
| 4 | バニラ | 568 | 620 | 740 | 1,928 |
| 5 | ラムレーズン | 334 | 358 | 449 | 1,141 |
| 6 | ストロベリー | 483 | 517 | 579 | 1,579 |
| 7 | ショコラ | 512 | 483 | 519 | 1,514 |
| 8 | 合計 | 1,897 | 1,978 | 2,287 | 6,162 |
| 9 | | | | | |

→

| | A | B | C | D | E |
|---|---|---|---|---|---|
| 1 | 商品別月別売上表 | | | | |
| 2 | | | | | |
| 3 | 商品名 | 1月 | 2月 | 3月 | 合計 |
| 4 | バニラ | 568 | 620 | 740 | 1,928 |
| 5 | ラムレーズン | 334 | 358 | 449 | 1,141 |
| 6 | ストロベリー | 483 | 517 | 579 | 1,579 |
| 7 | ショコラ | 512 | 483 | 519 | 1,514 |
| 8 | 合計 | 1,897 | 1,978 | 2,287 | 6,162 |
| 9 | | | | | |

セルA3を含む表全体にいろいろな種類の罫線が設定された

## ✓ここがポイント!

表の上下左右全体をまとめて設定したい場合は、Bordersプロパティで引数を指定しないで、Bordersコレクションに対してLineStyleプロパティやWeightプロパティを設定します。また、④は「表のセル範囲.Rows(1)」で表の1行目を参照し、⑤は「表のセル範囲.Rows(表の行数)」で表の最下行を参照しています。ここの「.Rows.Count」は、Withステートメントでオブジェクトが省略されているので、「Range("A3").CurrentRegion.Rows.Count」という意味になり、表の行数を取得しています。

## ためしてみよう

セルA3を含む表全体の罫線をまとめて削除するマクロを作成してみましょう。ヒントは、BordersコレクションのLineStyleプロパティに対して罫線を削除する定数を設定します。解答は「28_罫線設定2.xlsm」をご参照ください。

ここでは、CurrentRegionプロパティを使っているから、表の大きさが変わっても常に同じ形式で罫線が引けますね。

そうですね。表設定パターンのマクロを1つ用意しておくと便利ですね。また、BordersコレクションにColorプロパティを使えば、罫線に色を設定できることも併せて確認してください。

Lesson 29

# 数値に桁区切りカンマを設定する

365・2021・2019・2016対応

マクロを使って数値にまとめて桁区切りカンマを設定したいんだけど、表示形式の設定方法を覚えたいです。

セルの表示形式の設定方法を覚えると、桁区切りカンマだけでなく、日付の表示形式など、いろいろな設定ができますね。

## セルに表示形式を設定する

セルの日付や数値に表示形式を設定するには、RangeオブジェクトのNumberFormatLocalプロパティを使います。

### NumberFormatLocalプロパティ

#### 構文

```
Rangeオブジェクト.NumberFormatLocal="表示形式"
```

**解説**：表示形式は、書式記号を使って「"」(ダブルクォーテーション)で囲んだ文字列で指定する(P116コラム参照)。

#### 使用例:日付、数値に表示形式を設定する

Sample 29_表示形式.xlsm

```
Sub 表示形式の設定()
    Range("E1").NumberFormatLocal = "yyyy年m月d日"——①
    Range("B2").NumberFormatLocal = "00000"——②
    Range("B5:E9").NumberFormatLocal = "#,##0"——③
End Sub
```

**解説**：①セルE1に表示形式「yyyy年m月d日」を設定する。②セルB2に表示形式「00000」を設定する。③セル範囲B5～E9に表示形式「#,##0」を設定する。

| | A | B | C | D | E |
|---|---|---|---|---|---|
| 1 | 支店名 | 新宿 | | 作成日 | 2023/7/5 |
| 2 | 支店コード | 123 | | | |
| 3 | | | | | |
| 4 | 商品名 | 1月 | 2月 | 3月 | 合計 |
| 5 | バニラ | 56800 | 62000 | 74000 | 192800 |
| 6 | ラムレーズン | 33400 | 35800 | 44900 | 114100 |
| 7 | ストロベリー | 48300 | 51700 | 57900 | 157900 |
| 8 | ショコラ | 51200 | 48300 | 51900 | 151400 |
| 9 | 合計 | 189700 | 197800 | 228700 | 616200 |

↓

| | A | B | C | D | E |
|---|---|---|---|---|---|
| 1 | 支店名 | 新宿 | | 作成日 | 2023年7月5日 |
| 2 | 支店コード | 00123 | | | |
| 3 | | | | | |
| 4 | 商品名 | 1月 | 2月 | 3月 | 合計 |
| 5 | バニラ | 56,800 | 62,000 | 74,000 | 192,800 |
| 6 | ラムレーズン | 33,400 | 35,800 | 44,900 | 114,100 |
| 7 | ストロベリー | 48,300 | 51,700 | 57,900 | 157,900 |
| 8 | ショコラ | 51,200 | 48,300 | 51,900 | 151,400 |
| 9 | 合計 | 189,700 | 197,800 | 228,700 | 616,200 |

セルE1、セルB2、セル範囲B5~E9にそれぞれ表示形式が設定された

**ためしてみよう**

表示書式を解除してみましょう。ヒントは、セルの表示形式の初期設定は「"G/標準"」です。なお、日付・時刻の場合は表示形式を「"G/標準"」にするとシリアル値という数値になってしまうため、最初に表示されていた表示形式（ここでは「yyyy/m/d」）に設定します。

**Tips ユーザー定義の表示形式を使って設定する**

NumberFormatLocalプロパティは、Excelの［セルの書式設定］画面の［表示形式］タブにある［ユーザー定義］の表示形式をそのまま使えます。ユーザー定義では、「書式記号」（P116参照）という記号を組み合わせて表示形式を設定します。例えば、「#,##0」は「"#,##0"」と前後を「"」で囲んでNumberFormatLocalプロパティに設定します。

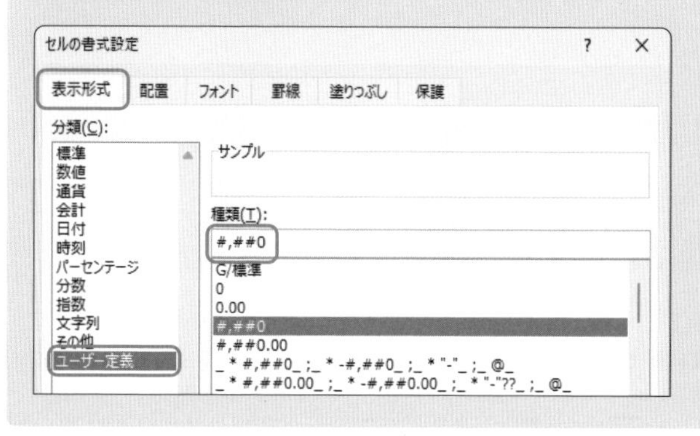

Lesson 30

# 作業用の行や列を非表示にする

365・2021・2019・2016 対応

印刷するときに、計算用に使っている行や列を毎回非表示にするのがとても面倒なんです。

それこそ、マクロの使いどころですよ。ここでは、印刷時だけ指定した行や列を非表示にする方法を紹介します。

## 指定したセルを含む行全体または列全体を参照する

EntireRowプロパティ、EntireColumnプロパティを使うと、指定したセルやセル範囲を含む行全体や列全体を参照するRangeオブジェクトを取得します。離れた複数の行や列を参照したいときに使えます。

### EntireRowプロパティ・EntireColumnプロパティ

**構文**

```
Rangeオブジェクト.EntireRow
Rangeオブジェクト.EntireColumn
```

**解説**：Rangeオブジェクトでは、行や列を参照したいセルやセル範囲を指定する。

## 行や列を非表示にする

行や列を非表示にするには、RangeオブジェクトのHiddenプロパティを使います。

### Hiddenプロパティ

**構文**

```
行や列を参照するRangeオブジェクト.Hidden=True/False
```

**解説**：Trueで指定した行または列を非表示、Falseで再表示する。Rangeオブジェクトでは、行または列を指定する。

### ● 使用例:印刷時のみ指定した列を非表示にする

Sample 30_表示形式.xlsm

```
Sub 列の非表示()
    Range("B4:C4,E4,G4").EntireColumn.Hidden = True ——①
    ActiveSheet.PrintPreview ——②
    Range("B4:C4,E4,G4").EntireColumn.Hidden = False ——③
End Sub
```

**解説**：①セル範囲B4～C4、E4、G4を含む列全体を非表示にする。②アクティブシートの印刷プレビュー（レッスン35）を表示する。③セル範囲B4～C4、E4、G4を含む列全体を再表示する。

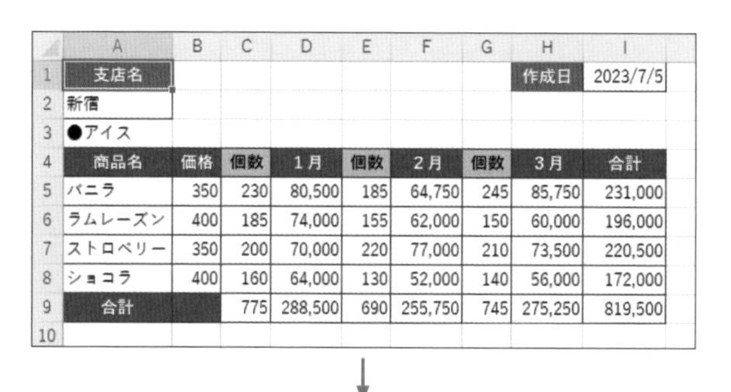

| | A | B | C | D | E | F | G | H | I |
|---|---|---|---|---|---|---|---|---|---|
| 1 | 支店名 | | | | | | | 作成日 | 2023/7/5 |
| 2 | 新宿 | | | | | | | | |
| 3 | ●アイス | | | | | | | | |
| 4 | 商品名 | 価格 | 個数 | 1月 | 個数 | 2月 | 個数 | 3月 | 合計 |
| 5 | バニラ | 350 | 230 | 80,500 | 185 | 64,750 | 245 | 85,750 | 231,000 |
| 6 | ラムレーズン | 400 | 185 | 74,000 | 155 | 62,000 | 150 | 60,000 | 196,000 |
| 7 | ストロベリー | 350 | 200 | 70,000 | 220 | 77,000 | 210 | 73,500 | 220,500 |
| 8 | ショコラ | 400 | 160 | 64,000 | 130 | 52,000 | 140 | 56,000 | 172,000 |
| 9 | 合計 | | 775 | 288,500 | 690 | 255,750 | 745 | 275,250 | 819,500 |
| 10 | | | | | | | | | |

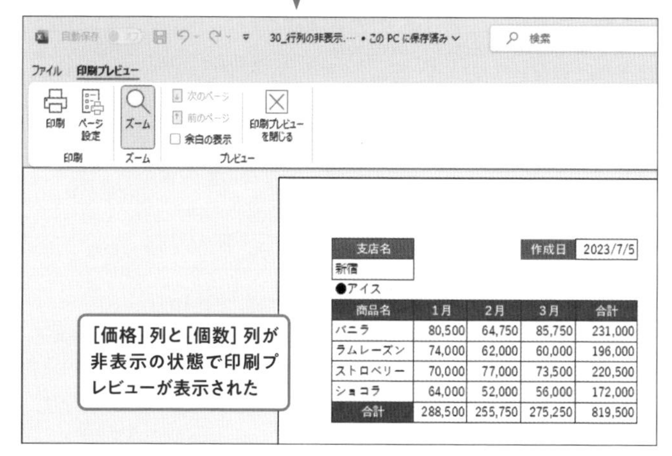


| 支店名 | | | 作成日 | 2023/7/5 |
|---|---|---|---|---|
| 新宿 | | | | |
| ●アイス | | | | |
| 商品名 | 1月 | 2月 | 3月 | 合計 |
| バニラ | 80,500 | 64,750 | 85,750 | 231,000 |
| ラムレーズン | 74,000 | 62,000 | 60,000 | 196,000 |
| ストロベリー | 70,000 | 77,000 | 73,500 | 220,500 |
| ショコラ | 64,000 | 52,000 | 56,000 | 172,000 |
| 合計 | 288,500 | 255,750 | 275,250 | 819,500 |

**✓ ここがポイント!**

Columnsプロパティや Rowsプロパティを使っても列や行を参照して Hiddenプロパティを使えますが、離れた複数の列や行を一度に参照できないため、「Columns("B:C")」「Columns("E")」「Columns("G")」のように別々に指定して記述する必要があります。一方、EntireColumnプロパティの場合、Rangeプロパティで離れたセルをまとめて参照すれば、①、③のように離れた列を参照できます。

COLUMN

# 表示形式で使用する主な書式記号

## 数値

| 書式記号 | 内容 | 表示形式 | セルの値 | 表示結果 |
|---|---|---|---|---|
| 0 | 数値1桁を表す（0で補う） | 00000 | 123 | 00123 |
| # | 数値1桁を表す | ##### | 123 | 123 |
| , | 3桁ごとの桁区切り、または1000単位の省略 | #,##0 | 123456789 | 123,456,789 |
| | | #,##0, | 123456789 | 123,457 |
| . | 小数点 | 0.00 | 12.3 | 12.30 |
| % | パーセント | 0.0% | 0.5678 | 56.8% |
| ¥ | 通貨記号 | ¥#,##0 | 12345 | ¥12,345 |

## 日付

| 書式記号 | 内容 | 表示形式 | セルの値 | 表示結果 |
|---|---|---|---|---|
| yy<br>yyyy | 西暦下2桁で表示<br>西暦4桁で表示 | yy/m/d<br>yyyy/m/d | 2023/7/15 | 23/7/15<br>2023/7/15 |
| g<br>gg<br>ggg | 元号をアルファベットで表示<br>元号を漢字1文字で表示<br>元号を漢字2文字で表示 | ge.m.d<br>gge.m.d<br>ggge年m月d日 | 2023/7/15 | R5.7.15<br>令5.7.15<br>令和5年7月15日 |
| e<br>ee | 和暦を1桁または2桁で表示<br>和暦を2桁で表示 | ggge年<br>gggee年 | 2023/7/15 | 令和5年<br>令和05年 |
| m<br>mm | 月を1桁または2桁で表示<br>月を2桁で表示 | m/d<br>mm/dd | 2023/7/15 | 7/15<br>07/15 |
| d<br>dd | 日を1桁または2桁で表示<br>日を2桁で表示 | m月d日<br>mm月dd日 | 2023/7/15 | 7月15日<br>07月15日 |
| aaa<br>aaaa | 曜日を1文字で表示<br>曜日を「〇曜日」と表示 | aaa<br>aaaa | 2023/7/15 | 土<br>土曜日 |

## 時刻

| 書式記号 | 内容 | 表示形式 | セルの値 | 表示結果 |
|---|---|---|---|---|
| h<br>hh | 時を1桁または2桁で表示<br>時を2桁で表示 | h時<br>hh時 | 14:05:30 | 14時<br>14時 |
| m<br>mm | 分を1桁または2桁で表示<br>分を2桁で表示 | h時m分<br>hh時mm分 | 8:05:30 | 8時5分<br>08時05分 |
| s<br>ss | 秒を1桁または2桁で表示<br>秒を2桁で表示 | m分s秒<br>mm分ss秒 | 08:03:05 | 3分5秒<br>03分05秒 |
| AM/PM | 「AM」「PM」を付けて12時間表示 | AM/PM h:mm | 14:05:30 | PM 2:05 |

※「m」や「mm」は「h」「hh」「s」「ss」と共に使用したときに「分」で扱われる

## 文字

| 書式記号 | 内容 | 表示形式 | セルの値 | 表示結果 |
|---|---|---|---|---|
| @ | セルの文字を表示 | @様 | 山田太郎 | 山田太郎 様 |

第3章

# ワークシートやブックを上手に扱うための実用マクロ

複数のワークシートを切り替えたり、他のブックを扱ったりすることがあるので、それらの扱い方をおさらいしたいです。

はい。ここではワークシート、ブックの扱い方をおさらいしましょう。また、保存されているファイルやフォルダーを操作する方法も併せて説明しますね。

Lesson 31

365・2021・2019・2016 対応

# ワークシートとブックの参照と選択のおさらい

シートとブックをマクロの中で使う場合、対象となるシートやブックを正しく参照できるようにしたいです。

そうですね。ここでシートとブックを参照する方法をおさらいしておきましょう。

## ワークシートを参照するプロパティ

ワークシートを参照するには、Worksheetsプロパティまたは、Active Sheetプロパティを使います。

### Worksheetsプロパティ

#### 構文

```
Workbookオブジェクト.Worksheets([Index])
```

**解説**：引数で指定したワークシートを参照するWorksheetオブジェクトを取得する。引数「Index」では、対象となるワークシートのインデックス番号または、シート名を指定する。省略した場合は、Worksheetsコレクションを参照する。Workbookオブジェクトを省略した場合は、アクティブブックが対象となる。インデックス番号はワークシートの左から順番に1, 2, 3…と番号が振られる（次ページTips参照）。

### ActiveSheetプロパティ

#### 構文

```
Workbookオブジェクト.ActiveSheet
```

**解説**：アクティブシートを参照するWorksheetオブジェクトを取得する。
アクティブシートとは最前面に表示されている作業対象のシートのこと。Workbookオブジェクトを省略した場合は、アクティブブックが対象になる。

## 使用例：シートを参照してシート名の変更と取得

Sample 31_シート参照.xlsm

```
Sub シート参照()
    Worksheets("Sheet3").Name = "ドリンク" ——①
    Worksheets(2).Select ——②
    MsgBox ActiveSheet.Name ——③
End Sub
```

**解説**：①ワークシート「Sheet3」の名前を「ドリンク」に設定する。②2つ目のワークシートを選択し、③アクティブシートのシート名をメッセージ表示する。

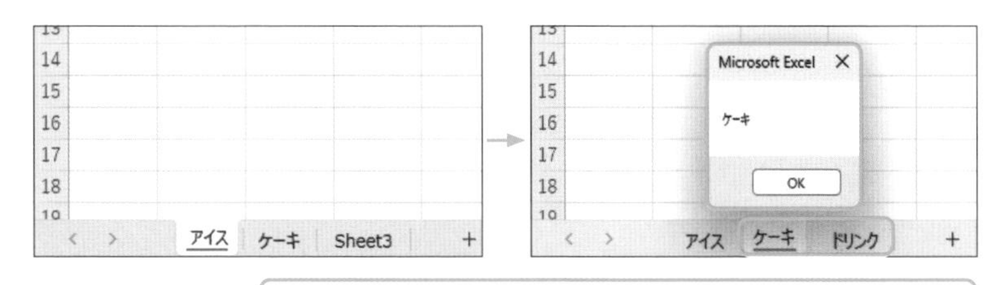


「Sheet3」の名前が「ドリンク」になり、2つ目のシートが選択され、アクティブシートのシート名がメッセージ表示された

### Tips Sheetsプロパティですべてのシートを参照する

Sheetsプロパティは、ブック内のワークシートやグラフシートなどすべてのシートを参照することができるプロパティです。グラフシートはChartオブジェクトであり、Chartsプロパティで取得できます。Sheetsコレクションの中にWorksheetsコレクションとChartsコレクションが含まれます。下図を参考に、それぞれのシートの取得方法を確認してください。

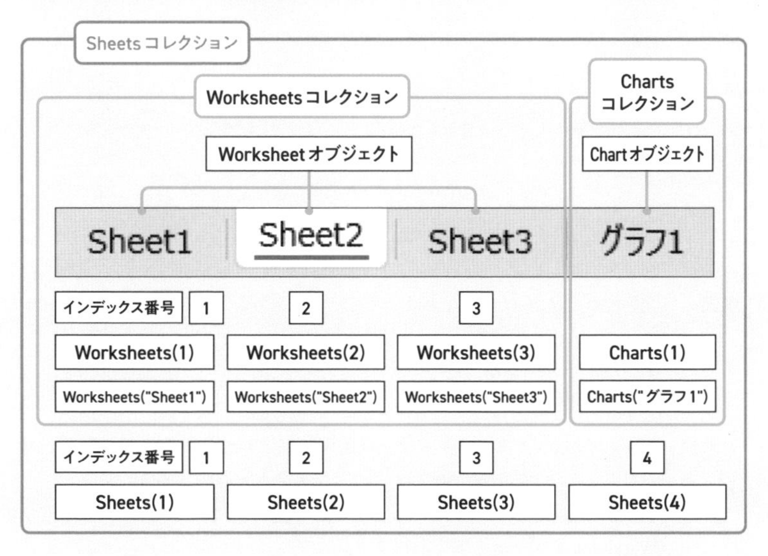

## ブックを参照するプロパティ

ブックを参照するには、Workbooksプロパティ、ActiveWorkbookプロパティ、ThisWorkbookプロパティを使います。

### Workbooksプロパティ

#### 構文

```
Workbooks([Index])
```

**解説**：引数で指定したブックを参照するWorkbookオブジェクトを取得する。
引数「Index」では、対象となるブックのインデックス番号または、ブック名を指定する。省略した場合はWorkbooksコレクションを参照する。インデックス番号はブックを開いた順に1, 2, 3…と番号が振られる。

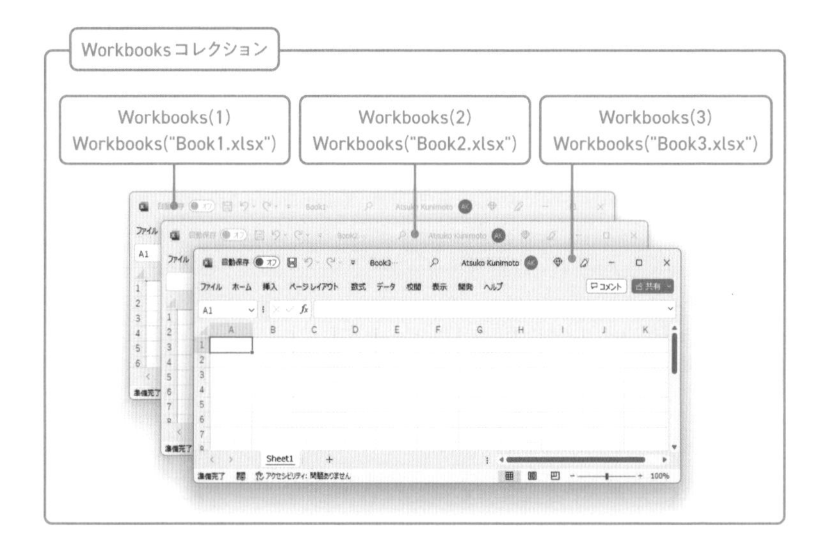


### ActiveWorkbookプロパティ・ThisWorkbookプロパティ

#### 構文

```
ActiveWorkbook
ThisWorkbook
```

**解説**：ActiveWorkbookプロパティは、最前面に表示され、現在作業対象となっているブックを参照するWorkbookオブジェクトを取得する。
ThisWorkbookプロパティは、マクロを実行しているブックを参照するWorkbookオブジェクトを取得する。

## ワークシートやブックを選択するメソッド

ワークシートを選択するにはSelectメソッド、ワークシートやブックをアクティブにするにはActivateメソッドを使います。

### Selectメソッド

**構文**

```
Worksheetオブジェクト.Select
```

**解説**：指定したWorkSheetオブジェクトを選択する。

**記述例1**

```
Worksheets("Sheet1").Select
```

**意味**：[Sheet1] シートを選択する。

**記述例2**

```
Worksheets(Array("Sheet1","Sheet3")).Select
```

**意味**：[Sheet1]シートと[Sheet3]シートを選択する。複数のシートを指定する場合は、Array関数を使って引数にシート名またはインデックス番号を指定する。

### Activateメソッド

**構文**

```
オブジェクト.Activate
```

**解説**：オブジェクトがWorksheetオブジェクトの場合、指定したワークシートをアクティブシートにする。Workbookオブジェクトの場合、指定したブックをアクティブブックにする。Workbookオブジェクトは、Selectメソッドを持たないので、ブックを選択する場合はActivateメソッドを使用する。

**記述例1**

```
Worksheets(2).Activate
```

**意味**：2つ目のワークシートをアクティブにする。

**記述例2**

```
Workbooks("Book1.xlsx").Activate
```

**意味**：[Book1.xlsx] ブックをアクティブにする。

Lesson 32

# セルの値をシート名にしてシートを追加する

365・2021・2019・2016対応

会員一覧の表があるのですが、その表にある会員名ごとにシートを作るにはどうすればいいでしょう？

そのような処理は、マクロが得意とするところです。作ってみましょう。

## ワークシートを追加する

ワークシートを追加するには、Worksheetsコレクションの**Addメソッド**を使います。Addメソッドは、ワークシートを新規追加し、追加したワークシートを参照するWorksheetオブジェクトを取得します。また、追加したワークシートは、アクティブシートになります。

### Addメソッド

#### 構文

```
Worksheetsコレクション.Add([Before],[After],[Count])
```

**解説**：引数「Before」で指定したワークシートの左側、引数「After」で指定したワークシートの右側に追加する。引数「Before」と引数「After」は同時に指定できない。両方の引数を省略した場合は、アクティブシートの前（左側）に追加される。引数「Count」で追加するシートの枚数を指定する。省略した場合は1（省略している引数がある）。

#### 記述例

```
Worksheets.Add Before:=Worksheets(1),Count:=2
```

**意味**：1つ目のシートの前に新規シートを2つ追加する。

## シート名を取得・設定する

シート名は、シート見出しに表示される文字列で、Worksheetオブジェクトの**Nameプロパティ**で取得・設定します。

## Nameプロパティ

### 構文

```
Worksheetオブジェクト.Name="シート名"
```

**解説**：シート名に設定したい文字列を指定する。シート名は31文字以内で、コロン(:)、円記号(¥)、スラッシュ(/)、疑問符(?)、アスタリスク(*)、左角かっこ([)、右角かっこ(])は使えない。

### 使用例：顧客IDと顧客名をシート名にしてシートを追加 Sample 32_シート追加.xlsm

```
Sub シート追加()
    Dim i As Integer, wName As String
    For i = 4 To 7 ―――――――――――――――――――――――――――― ①
        wName = Worksheets(1).Cells(i, 1).Text & _ ┐
            "_" & Worksheets(1).Cells(i, 2).Text   ┘―― ②
        Worksheets.Add After:=Worksheets(Worksheets.Count)―③
        ActiveSheet.Name = wName ――――――――――――――――― ④
    Next
End Sub
```

**解説**：①変数iが4～7になるまで1ずつ加算しながら以下の処理を繰り返す。②1つ目のシートのi行1列目のセルに表示されている文字列、「_」、1つ目のシートのi行2列目のセルに表示されている文字列を連結した文字列を変数wNameに代入する。③ワークシートを右端に1つ追加する。④アクティブシートの名前に変数wNameを設定する。

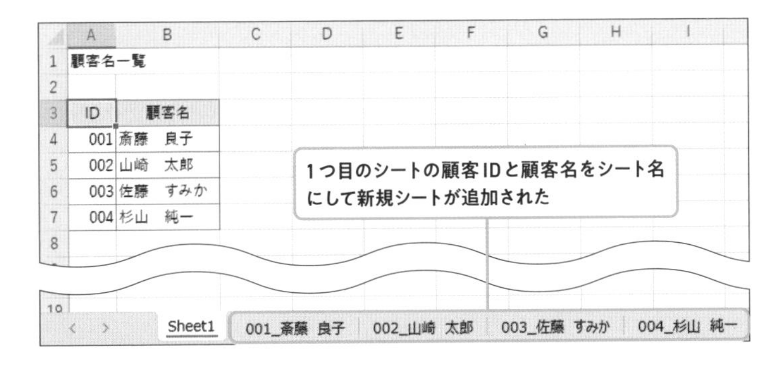


**✓ここがポイント！**

**②のTextプロパティはセルに表示されている値をそのまま取得します。セルA4の「001」は表示形式が「000」の数値なので、Valueプロパティで取得すると実際のセルの値「1」を取得します。「001」をそのまま取得したい場合はTextプロパティを使います。**

Lesson 33

# 一覧表にある名前でひな形シートをコピーする

365・2021・2019・2016対応

ベースとなる表が作成されているシートをひな形として、一覧表の支店分コピーするにはどうすれば？

前のレッスンと同じような構造で追加できますよ。やってみましょう。

## ワークシートをコピーする

ワークシートをコピーするには、WorksheetオブジェクトのCopyメソッドを使います。ワークシートをコピーすると、コピーしたワークシートがアクティブシートになります。

### Copyメソッド

#### 構文

```
Worksheetオブジェクト.Copy([Before], [After])
```

**解説**：ワークシートを引数「Before」で指定したワークシートの前、引数「After」で指定したワークシートの後ろ（右側）にコピーする。引数「Before」と引数「After」のいずれか一方を指定する。両方とも省略すると、新規ブックを追加してシートをコピーする。

#### 記述例1

```
Worksheets("結果").Copy After:=Worksheets(Worksheets.
Count)
```

**意味**：［結果］シートを末尾のシートの後ろにコピーする。

#### 記述例2

```
Worksheets("集計表").Copy
```

**意味**：［集計表］シートを新規ブックにコピーする。

### 使用例:一覧表の値をシート名にしてシートをコピー　Sample 33_シートコピー.xlsm

```
Sub シートコピー()
    Dim i As Integer, wName As String
    For i = 4 To 7 ―――――――――――――――――――――――――――――――――①
        wName = Worksheets(1).Cells(i, 1).Text & _
            "_" & Worksheets(1).Cells(i, 2).Text ―――――――②
        Worksheets("元表").Copy _
            Before:=Worksheets(Worksheets.Count) ――――――――③
        ActiveSheet.Name = wName ――――――――――――――――――――④
    Next
End Sub
```

**解説**：①変数iが4～7になるまで1ずつ加算しながら以下の処理を繰り返す。②1つ目のシートのi行1列目のセルに表示されている文字列、「_」、1つ目のシートのi行2列目のセルに表示されている文字列を連結した文字列を変数wName(シート名)に代入する。③［元表］シートを末尾のシートの前にコピーする。④アクティブシートの名前を変数wNameの値に設定する。

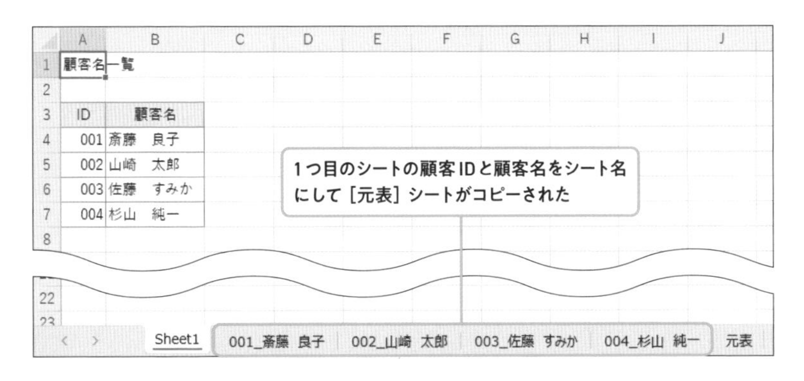

**レッスン32の使用例の③のコードを書き換えるだけで、コピーできた！**

**そうです。意外と簡単ですよね。ここでは、［元表］シートを末尾のシートの前にコピーしています。［元表］シート自体が末尾にあるので、③の「Worksheets.Count」の部分を「"元表"」に書き換えることもできますよ。**

Lesson 34

# シートを名前順に並べ替える

365・2021・2019・2016対応

シートの並び順を変更したいのですが、シートの並べ替えってできます？

シートを移動することで並べ替えます。ここでは、並べ替えたい順番を表にしてその順番にシートを移動する方法を紹介します。

## ワークシートを移動する

ワークシートを移動するには、WorksheetオブジェクトのMoveメソッドを使います。移動したシートがアクティブになります。

### Moveメソッド

#### 構文

```
Worksheetオブジェクト.Move([Before], [After])
```

**解説**：ワークシートを引数「Before」で指定したワークシートの前に移動し、引数「After」で指定したワークシートの後ろに移動する。引数「Before」と引数「After」のいずれか一方を指定する。両方とも省略すると、新規ブックを追加してシートを移動する。

#### 記述例1

```
Worksheets("2月").Move After:=Worksheets("1月")
```

**意味**：[2月] シートを [1月] シートの後ろに移動する。

#### 記述例2

```
Worksheets("集計表").Move
```

**意味**：[集計表] シートを新規ブックに移動する。

#### 使用例：一覧表の順番にシートを並べ替える

Sample 34_シート移動.xlsm

```
Sub シート移動()
    Dim i As Integer, ws As Worksheet
```

```
  For i = 4 To 8 ——————————————————————————————————— ①
    For Each ws In Worksheets ————————————————————————— ②
      If ws.Name = Worksheets(1).Cells(i, "B").Value Then ┐
        ws.Move After:=Worksheets(Worksheets.Count)       ┘ ③
        Exit For ————————————————————————————————————————— ④
      End If
    Next ————————————————————————————————————————————————— ⑤
  Next ——————————————————————————————————————————————————— ⑥
  Worksheets(1).Select ——————————————————————————————————— ⑦
End Sub
```

**解説**：①変数iが4から8になるまで1ずつ加算しながら以下の処理を繰り返す。②変数wsにブック内のすべてのシートを1つずつ代入しながら以下の処理を繰り返す。③もし、変数wsのワークシートの名前が、1つ目のシートのi行B列の値と同じ場合は、変数wsのワークシートを末尾に移動して、④For Eachの繰り返し処理を抜ける。⑤For Eachの行に戻る。⑥Forの行に戻る。⑦1つ目のシートを選択する。

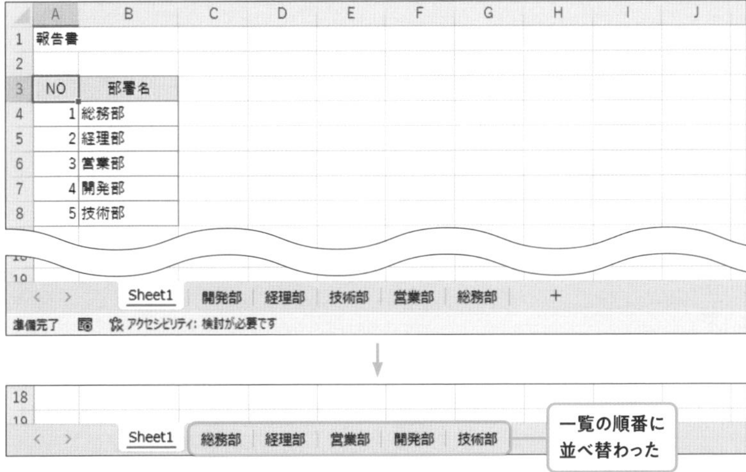


**✓ ここがポイント!**

**ここでは、一覧表の部署のセルを1つずつ下に移動しながら処理する繰り返しと、ブック内のワークシートを順番に処理する繰り返しという、2つの繰り返し処理を使っています。①の「For i = 4 to 8」の変数iは、一覧表のセルの行番号を指定し、「Worksheets(1).Cells(i, "B").Value」で部署名を上から順番に参照します。②の「For Each ws In Worksheets」でブック内のすべてのワークシートを順番に変数wsに代入し、③変数wsのシート名がi行目、B列のセルの値と同じ場合は、変数wsのシートを末尾に移動し、④繰り返し処理を抜けて、①の繰り返しに戻り、iに1を加算し、1つ下の部署について同様の処理をします。**

Lesson 35

# 印刷を実行する

365・2021・2019・2016対応

マクロで印刷するとき、プレビューで確認してから印刷したほうがいいですか？

印刷範囲がよく変わる場合は印刷プレビューを表示し、印刷範囲に変更がない場合はすぐに印刷実行するといいですよ。

## 印刷する

印刷を実行するには、PrintOutメソッドを使います。引数で設定した内容で印刷できます。この場合、用紙の向きなどの印刷設定は、事前に行った設定で印刷が実行されます。

### PrintOutメソッド

#### 構文

```
オブジェクト.PrintOut([From],[To],[Copies],[Preview],
[ActivePrinter],[PrintToFile],[Collate],[PrToFileName],[Ignore
PrintAreas])
```

**解説**：オブジェクトには、Workbookオブジェクト、Worksheetオブジェクト、Chartオブジェクト、Rangeオブジェクトを指定する。主な引数の詳細は下表参照。

#### PrintOutメソッドの主な引数

| 引　数 | 説　明 |
|---|---|
| From | 印刷開始ページの番号を指定。省略時は最初のページ |
| To | 印刷終了ページの番号を指定。省略時は最後のページ |
| Copies | 印刷部数を指定。省略時は１部印刷 |
| Preview | 印刷プレビュー表示。Trueで表示。省略時はFalse |
| Collate | 部単位印刷。Trueで部単位印刷。省略時はFalse |

### 使用例：選択されたシート名の印刷プレビューを表示する

Sample 35_2印刷.xlsm

```
Sub 印刷実行()
    Dim wName As String
    wName = Worksheets(1).Range("B2").Value ———①
    Worksheets(wName).PrintOut Preview:=True ———②
End Sub
```

**解説**：①変数wNameに1つ目のシートのセルB2の値を代入する。②変数wNameに代入されたシート名のシートの印刷プレビューを表示する設定で印刷を実行。

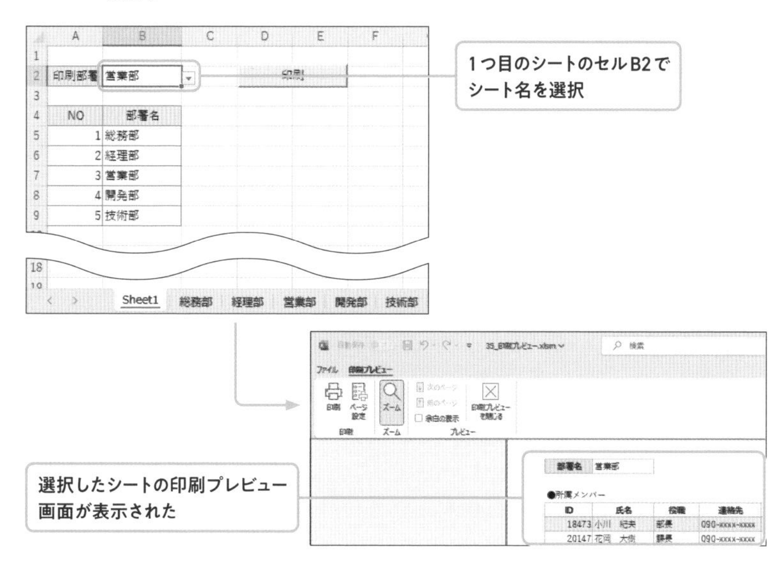


**✓ここがポイント！**

**ここでは、セルB2で指定した部署名と同じ名前のワークシートを、印刷プレビューを表示する設定で印刷実行しています。印刷プレビューが不要な場合は②の「Preview:=True」を削除してください。その場合は、事前の印刷設定で印刷が実行されます。なお、セルB2には、部署名が選択できるように入力規則が設定されています。詳細はP236を参照してください。**

## 印刷プレビューの表示

印刷プレビューを表示するには、PrintPreviewメソッドを使用します。引数の設定により、印刷プレビュー画面から印刷設定ができるかどうかの指定ができます。

## PrintPreviewメソッド

### 構文

```
オブジェクト.PrintPreview([EnableChanges])
```

**解説**：オブジェクトで指定した画面の印刷プレビューを表示する。オブジェクトには、Workbookオブジェクト、Worksheetオブジェクト、Chartオブジェクト、Rangeオブジェクトを指定する。引数「EnableChanges」を省略またはTrueにすると、印刷プレビュー画面から設定変更ができるが、Falseにすると変更できない。

### 使用例：複数のシートの印刷プレビューを表示する

Sample 35_2印刷プレビュー.xlsm

```
Sub 印刷プレビュー()
    Worksheets(Array("総務部", "営業部")). _
      PrintPreview EnableChanges:=False          ①
End Sub
```

**解説**：①［総務部］シートと［営業部］シートを設定変更できない状態で印刷プレビューを表示する。

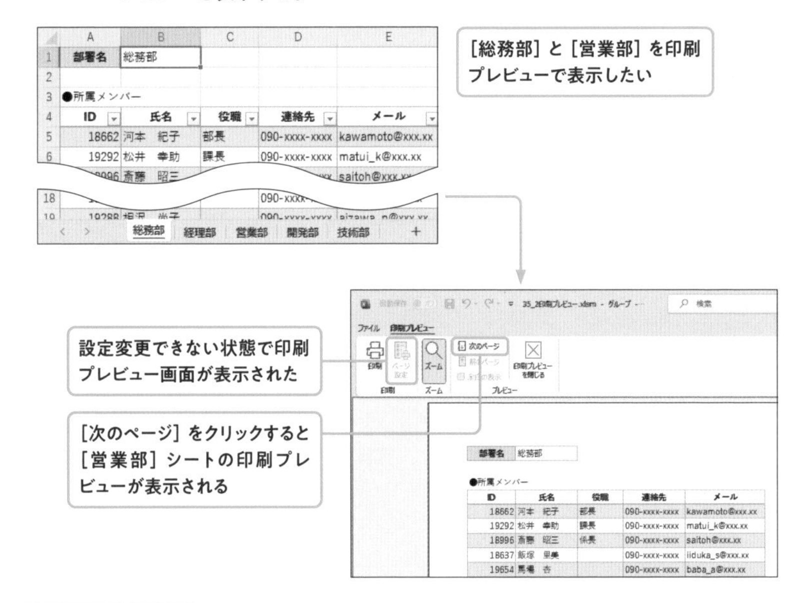


**ここがポイント！**

**複数のシートを印刷対象にする場合は、①のようにArray関数でワークシート名を指定して配列にします。**

Lesson 36

# 1ページに収まるように印刷設定をする

365・2021・2019・2016 対応

印刷するとき、表が横1ページに収まるように、マクロで設定することはできますか？

Excelの［ページ設定］画面で設定できる項目は、マクロで設定することができますよ。

## 印刷設定をする

印刷設定は、PageSetupオブジェクトのプロパティを使います。PageSetupオブジェクトは、Worksheetオブジェクトの**PageSetupプロパティ**で取得します。また、ページに収まるように設定するには、PageSetupオブジェクトの**FitToPagesWideプロパティ**、**FitToPagesTallプロパティ**を使います。

### PageSetupプロパティ

#### 構文

```
Worksheetオブジェクト.PageSetup
```

**解説**：指定したWorksheetオブジェクトのページ設定を含むPageSetupオブジェクトを取得する。

### FitToPagesWideプロパティ・FitToPagesTallプロパティ

#### 構文

```
PageSetupオブジェクト.FitToPagesWide = ページ数
PageSetupオブジェクト.FitToPagesTall = ページ数
```

**解説**：FitToPagesWideプロパティは横方向、FitToPagesTallプロパティは縦方向に指定したページ数に収まるように倍率を自動調整する。なお、このプロパティに設定した値を有効にするには、Zoomプロパティを False にする必要がある。

## PageSetupオブジェクトの主なプロパティ

| プロパティ | 設定項目 | 説明 |
| --- | --- | --- |
| PrintArea | 印刷範囲 | 「"A1:F9"」のようにA1形式で文字列で指定。Rangeオブジェクトを使う場合は、「Range("A1:F9").Address」のようにAddressプロパティを使う |
| CenterHeader・RightHeader・LeftHeader | 中央部のヘッダー・右ヘッダー・左ヘッダー | 文字列または、書式コードで設定。主な書式コード（&D：現在の日付、&P：ページ番号、&N：全ページ数、&F：ファイル名、&A：シート見出し） |
| CenterFooter・RightFooter・LeftFooter | 中央部のフッター・右フッター・左フッター | |
| LeftMargin・RightMargin・TopMargin・BottomMargin | 左余白・右余白・上余白・下余白 | ポイント数で指定。CentimetersToPointsメソッドでセンチ単位に変換できる |
| CenterHorizontally<br>CenterVertically | ページ中央（水平）<br>ページ中央（垂直） | Trueで中央合わせ、Falseで解除 |
| Orientation | 印刷の向き | xlPortrait：縦、xlLandscape：横 |
| PageSize | 用紙サイズ | xlPaperA4：A4サイズ、xlPaperB4：B4サイズ |
| FirstPageNumber | 先頭ページ番号 | 最初のページ番号を指定。省略時はxlAutomaticで先頭ページが設定される |
| Zoom | 拡大縮小 | 印刷倍率を10～400%の範囲で指定。Falseを設定すると、FitToPagesWideプロパティ、FitToPagesTallプロパティの設定が有効になる |

## 使用例：横方向が1ページに収まるように印刷設定をする

Sample 36_印刷設定.xlsm

```
Sub 印刷設定()
    With ActiveSheet
        .PageSetup.Orientation = xlLandscape ――――①
        .PageSetup.Zoom = False ――――――――――②
        .PageSetup.FitToPagesWide = 1 ―――――③
        .PrintPreview False ――――――――――――④
    End With
End Sub
```

**解説**：アクティブシートについて、①用紙の向きを横、②印刷倍率の設定を解除し、③横方向を1ページに収める設定にする。④［ページ設定］と［余白の表示］が無効な状態で印刷プレビューを表示する。

［ページ設定］と［余白の表示］が無効な状態で印刷プレビューが表示された

用紙が横向き、横方向に1ページに収まる設定になった

## Tips 印刷余白をセンチ単位で設定する

PageSetupオブジェクトで上下左右の余白を設定するには、それぞれTopMargin、BottomMargin、LeftMargin、RightMarginプロパティを指定します。これらはポイント単位で指定しなければなりません。ApplicationオブジェクトのCentimetersToPointsメソッドを使えば、センチ単位で余白の設定ができます。下図のマクロは、上下左右の余白を1.5センチに設定し、印刷プレビューで表示します。

```
Sub 余白設定()
    With ActiveSheet.PageSetup
        .TopMargin = Application.CentimetersToPoints(1.5)
        .BottomMargin = Application.CentimetersToPoints(1.5)
        .LeftMargin = Application.CentimetersToPoints(1.5)
        .RightMargin = Application.CentimetersToPoints(1.5)
    End With
    ActiveSheet.PrintPreview
End Sub
```

Lesson 37

# 新規ブックを保存して閉じる

365・2021・2019・2016対応

ブックを新規追加して、シートをコピーしたいのですが、どうすればいいですか？

Copyメソッドだけで処理できます。基本的な新規ブックの追加、保存、閉じるという一連の操作も併せて復習しましょう。

## 名前を付けて保存・上書き保存

ブックに保存場所と名前を指定して保存するにはWorkbookオブジェクトのSaveAsメソッド、ブックを上書き保存するにはWorkbookオブジェクトのSaveメソッドを使います。

### SaveAsメソッド

#### 構文

```
Workbookオブジェクト.SaveAs(FileName,[FileFormat])
```

**解説**：ブックを名前を付けて保存する。引数「FileName」で保存するファイル名を、パスを含めた文字列で指定。ファイル名のみ指定した場合は、カレントフォルダーに保存される。引数「FileFormat」でファイル形式を定数で指定。省略した場合、保存済みの場合は前回指定した形式で保存され、新規ブックの場合はExcelブック（.xlsx）の形式で保存される（一部の引数を省略している）。

#### FileFormatの主な定数（XlFileFormat列挙体）

| 定　数 | 内　容 | 拡張子 |
|---|---|---|
| xlWorkbookDefault | ブックの既定 | .xlsx |
| xlOpenXMLWorkbook | Excelブック | .xlsx |
| xlOpenXMLWorkbookMacroEnabled | マクロ有効ブック | .xlsm |

#### 記述例1

```
ActiveWorkbook.SaveAs "C:¥VBA¥総務部.xlsx"
```

意味：アクティブブックをCドライブの［VBA］フォルダーに「総務部.xlsx」という名前で保存する。

### 記述例2

```
ActiveWorkbook.SaveAs "総務部.xlsm",OpenXMLWorkbookMac
roEnabled
```

意味：アクティブブックをカレントフォルダーに「総務部.xlsm」という名前でマクロ有効ブックとして保存する。

## Saveメソッド

### 構文

```
Workbookオブジェクト.Save
```

解説：指定したブックを上書き保存する。保存済みのブックはそのまま上書き保存されるが、新規ブックの場合はカレントフォルダーに「Book1.xlsx」のような仮のブック名で保存される。

# ブックを閉じる

ブックを閉じるには、WorkbookオブジェクトのCloseメソッドを使います。

## Closeメソッド

### 構文

```
Workbookオブジェクト.Close([SaveChanges],[Filename])
```

解説：引数をすべて省略すると、ブックに変更がない場合はそのまま閉じ、変更がある場合は、保存を確認するメッセージが表示される。引数「SaveChanges」がTrueのときは変更がある場合は上書き保存し、Falseのときは変更を保存しないで閉じる。引数「Filename」は引数「SaveChanges」がTrueのとき、指定したファイル名で保存する。

### 使用例：シートを新規ブックにコピーし名前を付けて保存して閉じる

Sample 37_1新規ブックにシートコピー.xlsm

```
Sub 新規ブックを追加してシートコピー()
    Dim wName As String
    wName = Worksheets(1).Range("B2").Value ―――①
    Worksheets(wName).Copy ―――②
    ActiveWorkbook.SaveAs "C:¥VBA¥" & wName & ".xlsx"―③
```

```
    ActiveWorkbook.Close ──────────────────────④
End Sub
```

**解説**：①1つ目のシートのセルB2の値を変数wNameに代入。②変数wNameと同じ名前のシートを新規ブックにコピー。③アクティブブックをCドライブの［VBA］フォルダーに、変数wNameをブック名にして保存し、④閉じる。

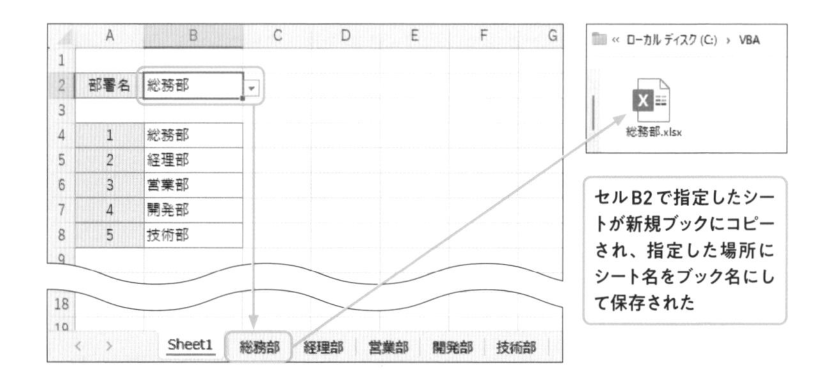


**✓ここがポイント!**

Copyメソッドで引数を省略すると、新規ブックが追加されそこにシートがコピーされることを利用しています。このとき、新規ブックがアクティブブックになるため、ActiveWorkbookオブジェクトに対してSaveAsメソッドで保存しています。ブックのパスを「C:¥VBA¥」、ブック名を変数wNameにして、拡張子「.xlsx」を明示的に付けています。なお、拡張子「.xlsx」を省略することもできます。

## Tips 一覧にあるシートを新規ブックにコピーする

一覧にあるシートを順番に新規ブックにコピーするには以下のように繰り返し処理を使います。変数iを行番号にしてFor Nextステートメントを使ってCellsプロパティで表のセルを順番に参照しながらシートをコピーし保存して閉じます。

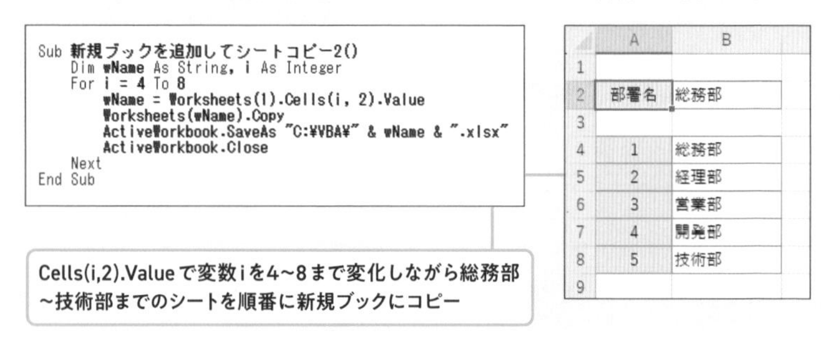

## 新規ブックを追加する

新規のブックを追加するには、WorkbooksコレクションのAddメソッドを使います。Addメソッドは、新規ブックを追加すると同時に追加したWorkbookオブジェクトを取得します。また、追加された新規ブックがアクティブブックになります。

### Addメソッド

#### 構文

```
Workbooksコレクション.Add
```

**解説**：新規ブックを追加する。Addメソッドにより、追加したブックが返るため、使用例のように「Workbooks.Add」をWorkbookオブジェクトとして扱うことができる。

#### 使用例：新規ブックを追加し今日の日付を付けて保存

Sample 37_2新規ブックの追加と保存.xlsm

```
Sub 新規ブック追加し保存()
    Dim bName As String
    bName = "日報_" & Format(Date,"yyyymmdd") & ".xlsx" ──①
    Workbooks.Add.SaveAs bName ──②
End Sub
```

**解説**：①変数bNameに「日報_(今日の日付をyyyymmddの形式にした文字列).xlsx」（Format関数についてはP217を参照）を代入する。②新規ブックを追加し、追加したブックに対して変数bNameをブック名にしてカレントフォルダーに保存する。

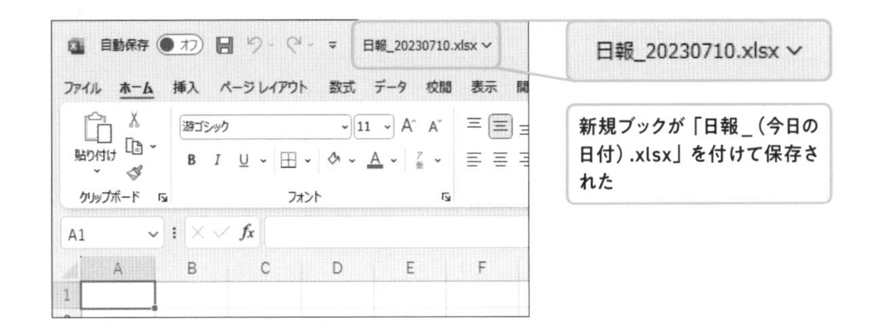

Lesson 38

# 同名ブックがある場合のエラーに対処して保存する

365・2021・2019・2016対応

保存する方法はわかったけど、既に同名ブックが保存されている場合に処理が止まってしまうのですが……。

では、同名ブックが保存されている場合、自動的に上書き保存されるようにする方法を紹介します。

## 同名ブックの確認画面で［いいえ］をクリックした場合はエラーになる

ブックを［名前を付けて保存］する場合、すでに同名ファイルが保存されていると以下のような確認画面が表示され、［はい］をクリックすると上書き保存されますが、［いいえ］または［キャンセル］をクリックすると実行時エラーになってしまいます。ApplicationオブジェクトのDisplayAlertsプロパティを使って確認メッセージを表示しないように設定できます。

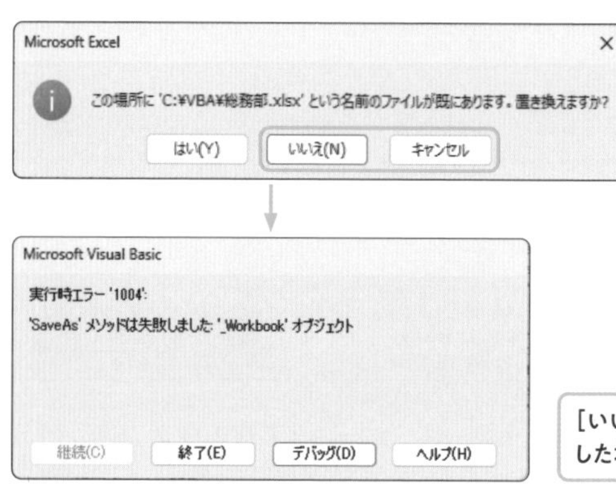


［いいえ］、［キャンセル］をクリックした場合の実行時エラー

### DisplayAlertsプロパティ

#### 構文

```
Applicationオブジェクト.DisplayAlerts=True/False
```

**解説**：DisplayAlertsプロパティの値をFalseにすると、マクロ実行中に注意や警告などのメッセージが非表示になる。Trueにすると表示されるようになる。

### 使用例：保存時に同名ブックがあってもそのまま上書き保存

Sample 38_1同名ブックを上書き保存.xlsm

```
Sub 新規ブックを追加してシートコピー()
  Dim wName As String
  wName = Worksheets(1).Range("B2").Value ―――― ①
  Worksheets(wName).Copy ―――― ②
  Application.DisplayAlerts = False ―――― ③
  ActiveWorkbook.SaveAs "C:¥VBA¥" & wName & ".xlsx" ―― ④
  Application.DisplayAlerts = True ―――― ⑤
  ActiveWorkbook.Close ―――― ⑥
End Sub
```

**解説**：①1つ目のシートのセルB2の値を変数wNameに代入する。②変数wNameと同じ名前のシートを新規ブックにコピーする。③確認メッセージを表示しない設定にする。④アクティブブックをCドライブの［VBA］フォルダーに、シート名をブック名にして保存。⑤確認メッセージを表示する設定にする。⑥アクティブブックを閉じる。

**✓ここがポイント！**

DisplayAlertsプロパティはメッセージが表示される可能性のあるコードの直前に記述し、Falseを設定します。そのコードの後でTrueに戻して、メッセージが表示されるようにします。これにより、SaveAsメソッドで同名ファイルがあった場合、強制的に上書き保存されます。なお、Falseにした場合、マクロが終了すると自動的にTrueに戻りますが、何らかの不具合を防ぐためにも明示的にTrueに戻したほうがいいでしょう。

**ためしてみよう**

P137の使用例［新規ブック追加し保存］マクロにDisplayAlertsプロパティを追加して、同名ファイルがあった場合は上書き保存し、閉じるように設定してみましょう。答えは「38_2新規ブックの追加と保存」サンプルファイルをご参照ください。

**Tips　同名ブックが開いている場合はエラーになる**

ブックに名前を付けて保存する場合、同名ブックが開いている場合は実行時エラーになります。ブックを名前を付けて保存するマクロを実行する場合は、同名ファイルが開いていない状態で実行してください。

Lesson 39

365・2021・2019・2016 対応

# 同名ブックの有無を確認してから保存する

ブックを保存する前に、同名ブックがあるかどうかを確認できないのですか？

Dir関数を使えばできます。ここではDir関数の使い方を学習しましょう。

## フォルダー内のブックを検索する

フォルダー内に指定したファイルがあるかどうかを調べるには、Dir関数を使います。保存前にブックがすでに保存されているかどうかを事前確認することができます。

### Dir関数

#### 構文

**Dir([PathName],[Attributes])**

**解説**：引数「PathName」で指定したファイル名と一致するファイルを検索し、見つかった場合はファイル名を文字列で返し、見つからなかった場合は長さ0の文字列「""」を返す。引数「PathName」には検索したいファイル名をフルパスで指定するか、ファイル名だけを指定する。ファイル名だけにした場合はカレントフォルダ内を調べる。また「*」や「?」のようなワイルドカード文字を使用することもできる。引数「Attributes」には検索条件となる属性を定数で指定する。

#### 引数Attributesの定数

| 定数 | 内容 | 定数 | 内容 |
|---|---|---|---|
| vbNormal | 標準ファイル（既定値） | vbSystem | システムファイル |
| vbReadOnly | 読み取り専用ファイル | vbDirectory | フォルダー |
| vbHidden | 隠しファイル | vbArchive | アーカイブ属性 |

### 使用例：保存前にファイルの有無を確認

Sample 39_保存前ファイル検索.xlsm

```
Sub 新規ブックを追加してシートコピー()
    Dim wName As String, bName As String
    wName = Worksheets(1).Range("B2").Value ———①
    bName = "C:¥VBA¥" & wName & ".xlsx" ———②
    If Dir(bName) = "" Then ———③
        Worksheets(wName).Copy ———④
        ActiveWorkbook.SaveAs bName ┐
        ActiveWorkbook.Close        ┘———⑤
    Else
        MsgBox "同名ファイルが見つかりました" ———⑥
    End If
End Sub
```

**解説**：①1つ目のシートのセルB2の値を変数wNameに代入する。②「C:¥VBA¥」、wName、「.xlsx」を連結した文字列を変数bNameに代入する。③変数bNameに代入されたブック名を検索し、見つからなかった場合、以下の処理を実行する。④変数wNameに代入されたシートを新規ブックにコピーし、⑤アクティブブックを変数bNameに代入された場所と名前で保存して、ブックを閉じる。⑥見つかった場合は、「同名ファイルが見つかりました」とメッセージ表示をする。

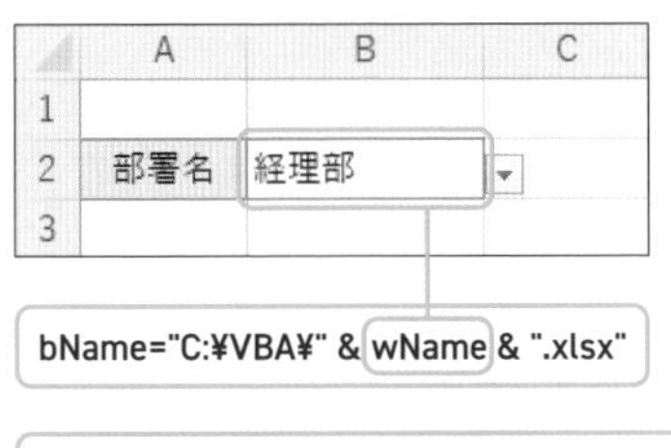


**ブックがなかった場合**

Dir(bName)の戻り値：""（長さ0の文字列）
→wNameシートを新規ブックにコピーし、bNameで保存

**ブックがあった場合**

Dir(bName)の戻り値："経理部.xlsx"(ブック名)
→メッセージ表示

**ここがポイント！**

③でDir関数の引数「PathName」に、変数bNameを指定することで、保存する前に同じブックがあるかどうかを確認しています。見つかった場合、例えば「経理部.xlsx」のようにファイル名が返り、見つからなかった場合は、「""」（長さ0の文字列）が返ります。ここでは、Ifステートメントで見つからなかった場合に保存の処理を実行しています。

Lesson 40

# マクロを実行しているブックと同じ場所にあるブックを開く

365・2021・2019・2016対応

マクロを実行しているブックと同じ場所にあるブックを参照する方法を知りたいです。

ブックが保存されているパスを調べられると、保存や開くときに便利ですよね。ブックの開き方とパスの調べ方を紹介します。

## ブックを開く

ブックを開くには、WorkbooksコレクションのOpenメソッドを使います。Openメソッドにより開いたWorkbookオブジェクトを取得します。

### Openメソッド

**構文**

```
Workbooksコレクション.Open(FileName)
```

**解説**：引数「FileName」で指定したブックを開く。多くの引数が用意されているが、ここでは引数「FileName」のみ紹介している。

**記述例**

```
Workbooks.Open "C:¥VBA¥報告書.xlsx"
```

**意味**：Cドライブの［VBA］フォルダーにある「報告書.xlsx」を開く。

## ブックの保存場所を取得する

ブックの保存場所を調べるには、WorkbookオブジェクトのPathプロパティを使います。取得したパスはブックの保存場所の確認や指定に使えます。

### Pathプロパティ

**構文**

```
Workbookオブジェクト.Path
```

**解説**：指定されたブックの絶対パスを表す文字列を返す。パスの末尾の「¥」とファイル名は含まない。

### ● 使用例：マクロを実行しているブックと同じ場所にあるブックを開く

Sample 40_ブックを開く.xlsm

```
Sub ブックを開く()
    Dim bPath As String
    bPath = ThisWorkbook.Path ――――――①
    Workbooks.Open bPath & "¥納品書.xlsx" ――②
End Sub
```

**解説**：①変数bPathにマクロを実行しているブックの保存先を代入する。②変数bPathと同じ場所に保存されている「納品書.xlsx」を開く。

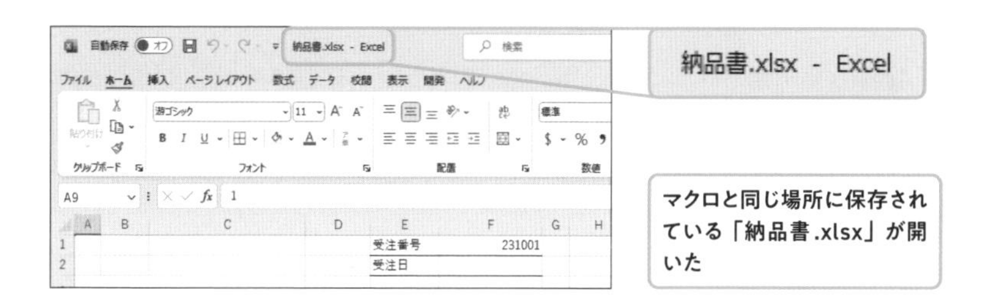


### Tips FullNameプロパティ、Nameプロパティでブック名を調べる

FullNameプロパティは指定したブックのドライブやフォルダーを含めたフルパスでブック名を取得し、Nameプロパティは指定したブック名のみ取得します。Pathプロパティとあわせて取得内容を確認しましょう。

C:¥VBA¥3章¥納品書.xlsx

| | |
|---|---|
| Pathプロパティ | C:¥VBA¥3章¥ |
| FullNameプロパティ | C:¥VBA¥3章¥納品書.xlsx |
| Nameプロパティ | 納品書.xlsx |

Lesson 41

# ユーザーが選択したブックを開いたり保存したりする

365・2021・2019・2016対応

開くブックを選択したり、保存場所や保存名を自分で指定したりできないのでしょうか？

簡単なコードで［ファイルを開く］画面や［名前を付けて保存］画面を表示して、自分で選んで操作することが可能です。

## ［ファイルを開く］画面を表示する

Applicationオブジェクトの**Dialogs**プロパティで引数を**xlDialogOpen**に指定すると、組み込みの［ファイルを開く］画面を表すDialogオブジェクトを取得します。Showメソッドを使って［ファイルを開く］画面を表示します。

### Dialogs(xlDialogOpen)プロパティ

**構文**

```
Applicationオブジェクト.Dialogs(xlDialogOpen).Show
```

**解説**：組み込みの［ファイルを開く］画面を開く。画面を開いたら、通常のExcelの操作でファイルを開くことができる。

**使用例：［ファイルを開く］画面からブックを開く**

Sample 41_1ファイルを開く画面.xlsm

```
Sub ファイルを開く画面からブックを開く()
    Application.Dialogs(xlDialogOpen).Show ——①
End Sub
```

**解説**：①［ファイルを開く］画面を表示する。

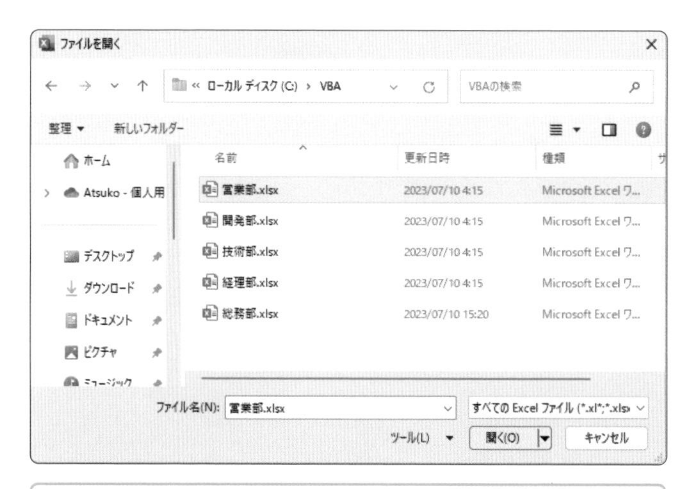


[ファイルを開く] 画面が表示された。開きたいブックを選択し、[開く] ボタンをクリックしてブックを開く

**✓ここがポイント!**

**[ファイルを開く] 画面を使って開いたブックがアクティブになるので、ActiveWorkbook を変数に代入しておけば、開いたブックを正確に参照できます。**

## [名前を付けて保存] 画面を表示する

Applicationオブジェクトの**Dialogsプロパティ**で**引数をxlDialogSaveAs**に**指定する**と、組み込みの[名前を付けて保存]画面を表すDialogオブジェクトを取得します。Showメソッドを使って[名前を付けて保存]画面を表示します。

### Dialogs(xlDialogSaveAs)プロパティ

#### 構文

**Applicationオブジェクト.Dialogs(xlDialogSaveAs).Show**

**解説**：組み込みの[名前を付けて保存]画面を開く。画面を開いたら、通常のExcelの操作でアクティブブックに名前を付けて保存することができる。

## ● 使用例

Sample 41_2名前を付けて保存画面.xlsm

```
Sub 名前を付けて保存画面からブックを保存する()
    Workbooks.Add ─────────────────────①
    Application.Dialogs(xlDialogSaveAs).Show ───②
End Sub
```

**解説**：①新規ブックを追加する。②［名前を付けて保存］画面を表示する。

［名前を付けて保存］画面が表示された。ファイル名を入力して、［保存］ボタンをクリックして保存する

**✓ここがポイント!**

［名前を付けて保存］画面で保存できるのは、最前面に表示されているアクティブブックです。使用例では新規ブックを追加して、そのブックを対象に名前を付けて保存しています。

Lesson 42

365・2021・2019・2016対応

# ファイルの種類や場所を指定して開く

開くファイルの場所を事前に設定するとか、開けるファイルの種類を指定できたら、もっと便利ですよね？

FileDialogオブジェクトを使えば、既定の場所やファイルの種類を指定して［ファイルを開く］画面を表示できますよ。

## 指定した種類のファイルを選択するための画面を表示する

Applicationオブジェクトの**FileDialogプロパティ**で引数を**msoFileDialogOpen**にすると、［ファイルを開く］画面を表すFileDialogオブジェクトを取得します。FileDialogオブジェクトの場合は、ファイルの種類やファイルの場所などをあらかじめ選択した状態で開くことができます。

### FileDialog(msoFileDialogOpen)プロパティ

#### 構文

```
Applicationオブジェクト.FileDialog(msoFileDialogOpen)
```

**解説**：［ファイルを開く］画面を表すFileDialogオブジェクトを取得する。FileDialogオブジェクトのプロパティを使って［ファイルを開く］画面を開いたときの初期設定を指定し、メソッドを使って画面を開いたり、選択したファイルを開いたりする（次ページの表参照）。

#### 使用例：ファイルの種類を「テキストファイル」にして［ファイルを開く］画面を開く

Sample 42_1場所や種類を指定したファイル選択画面.xlsm

```
Sub テキストファイル選択()
    With Application.FileDialog(msoFileDialogOpen) ―①
        .FilterIndex = 6 ―②
        .InitialFileName = "C:¥VBA¥3章¥テキストファイル¥" ―③
        If .Show = -1 Then .Execute ―④
    End With
End Sub
```

**解説**：①［ファイルを開く］画面を表すFileDialogオブジェクトに対して以下の処理を実行する。②ファイルの種類を「6」（テキストファイル）にする。③既定のパスを「C:¥VBA¥3章¥テキストファイル」にする。④［ファイルを開く］画面を表示し、［開く］ボタンがクリックされたら、選択されたファイルを開く。

パスが「C:¥VBA¥3章¥テキストファイル」、ファイルの種類が「テキストファイル」の状態で［ファイルを開く］画面が表示された

## ● FileDialogオブジェクトの主なプロパティ

| プロパティ | 内　容 |
|---|---|
| AllowMultiSelect | Trueの場合、複数ファイルの選択ができる。Falseの場合はできない |
| FilerIndex | 既定で表示するファイルの種類を数値で指定する。［ファイルを開く］画面の［ファイルの種類］の［∨］をクリックして、リストの上から順番に1, 2, 3となる。既定値は1（すべてのファイル）。［テキストファイル］にするには6、［すべてのExcelブック］にするには2を指定する（次ページTips参照） |
| InitialFileName | 既定のパスやファイル名を文字列で指定する |
| Title | タイトルバーに表示する文字列を指定する |

## ● FileDialogオブジェクトの主なメソッド

| メソッド | 内　容 |
|---|---|
| Show | ［ファイルを開く］の画面を表示し、アクションボタン（［開く］ボタンや［保存］ボタン）をクリックすると「-1」、［キャンセル］ボタンをクリックすると「0」を返す |
| Execute | 指定したファイルの表示やファイルの保存を実行する |

FileDialogオブジェクトを使うと、ファイルの種類や既定のパスを指定できるのは、便利ですね。

はい。前レッスンに比べて多少複雑ですが、覚えてしまえば簡単です。必要に応じて使い分けられるといいですね。

## Tips FilterIndexプロパティの設定値の確認

FilterIndexプロパティの設定値は、表示した画面の［ファイルの種類］の一覧で上からの順番を数値で指定します。［ファイルを開く］画面と［名前を付けて保存する］画面の順番を下図で確認してください。また、ブックを開く、ブックに名前を付けて保存するサンプルもあわせて確認してください。

Sample 42_2場所や種類を指定したファイル選択画面.xlsm

### ● ［ファイルを開く］画面

2番目

［ファイルを開く］画面を、ファイルの種類を上から2番目の［すべてのExcelファイル］、既定のフォルダーを「C:¥VBA¥3章」にして開く

```
Sub ブックを選択して開く()
    With Application.FileDialog(msoFileDialogOpen)
        .FilterIndex = 2
        .InitialFileName = "C:¥VBA¥3章¥"
        If .Show = -1 Then .Execute
    End With
End Sub
```

### ● ［名前を付けて保存］画面

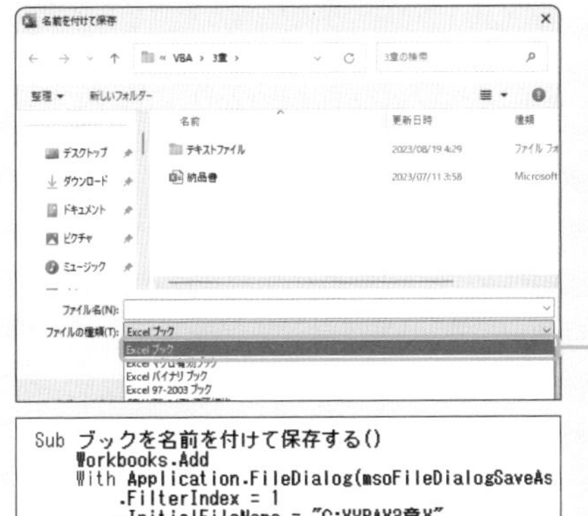


1番目

［名前を付けて保存］画面を、ファイルの種類を上から1番目の［Excelブック］、既定のフォルダーを「C:¥VBA¥3章」にして開く

```
Sub ブックを名前を付けて保存する()
    Workbooks.Add
    With Application.FileDialog(msoFileDialogSaveAs
        .FilterIndex = 1
        .InitialFileName = "C:¥VBA¥3章¥"
        If .Show = -1 Then .Execute
    End With
End Sub
```

Lesson 43

# 作業対象とするフォルダーをユーザーが選択する

365•2021•2019•2016対応

集計するブックが保存されているフォルダー名が変わることがあるから、フォルダーを自分で選びたいです。

前レッスンで紹介したFileDialogオブジェクトを使うと、フォルダーを選択する画面を表示することができますよ。

## フォルダー選択画面の表示

Applicationオブジェクトの**FileDialogプロパティで引数に「msoFileDialogFolderPicker」を指定する**と、フォルダーを選択するための画面を表すFileDialogオブジェクトを取得します。ユーザーに対象となるフォルダーを選択させたいときに利用できます。

### FileDialog(msoFileDialogFolderPicker)プロパティ

**構文**

**Applicationオブジェクト.FileDialog(msoFileDialogFolderPicker)**

**解説**：フォルダーを選択する画面を表すFileDialogオブジェクトを取得する。FileDialogオブジェクトのShowメソッドで画面を表示し、フォルダーを選択して［OK］ボタンをクリックすると-1、［キャンセル］ボタンをクリックすると0を返す。また、［OK］ボタンをクリックすると、選択したフォルダーのパスを取得する。取得したパスはSelectedItems(1)で取得できる。

**使用例:フォルダーを選択し、選択したフォルダーのパスをメッセージ表示する**

Sample 43_1フォルダー選択画面.xlsm

```
Sub フォルダー選択()
    With Application.FileDialog(msoFileDialogFolderPicker)—①
        If .Show = -1 Then ——————————————————————————②
            MsgBox .SelectedItems(1) ————————————————③
        End If
    End With
End Sub
```

**解説**：①フォルダーを選択するダイアログボックスを表すFileDialogオブジェクトに対して、以下の処理を実行する。②フォルダーを選択する画面を開き、［OK］ボタンをクリックしたら、③選択したフォルダーをメッセージ表示する。

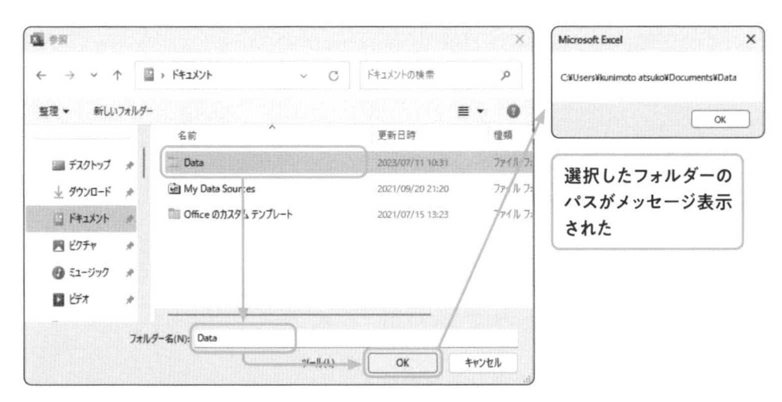

選択したフォルダーのパスが取得できるなら、それをブックの保存先とか読み込み先に指定できますね。

そうです。ユーザーに作業対象となるフォルダーを選択させることができるので、状況に合わせて処理ができますよ。

## Tips ユーザーが選択したフォルダーにブックを保存

レッスン39の使用例で、選択したフォルダーを保存先に指定した内容に書き替えると下図のようになります。①［OK］がクリックされたらユーザーに選択されたフォルダーを変数myFolderに代入し、②［キャンセル］がクリックされたら処理を終了します。そして、③変数bNameに「myFolder & "¥" & wName & ".xlsx"」を代入して保存するブック名をフルパスで指定しています。

Sample 43_2場所や種類を指定したファイル選択画面.xlsm

```
Sub 新規ブックを追加してシートコピー2()
    Dim wName As String, bName As String
    Dim myFolder As String
    wName = Worksheets(1).Range("B2").Value
    With Application.FileDialog(msoFileDialogFolderPicker)
        If .Show = -1 Then
            myFolder = .SelectedItems(1) ――――― ①
        Else
            Exit Sub ――――――――――――――――――――― ②
        End If
    End With
    bName = myFolder & "¥" & wName & ".xlsx" ―― ③
    If Dir(bName) = "" Then
        Worksheets(wName).Copy
        ActiveWorkbook.SaveAs bName
        ActiveWorkbook.Close
    Else
        MsgBox "同名ファイルが見つかりました"
    End If
End Sub
```

Lesson 44

# シートをPDFファイルで保存する

365・2021・2019・2016対応

Excelで作成した表をブックではなく、PDF形式で保存できるようにマクロを作成できますか？

Excelでエクスポートの機能を使ってPDF形式で保存できますから、これはマクロからでも実行できますよ。

## PDFファイルでエクスポートする

ブックやシートをPDF形式で保存するには、**ExportAsFixedFormat**メソッドを使います。

### ExportAsFixedFormatメソッド

#### 構文

```
オブジェクト.ExportAsFixedFormat(Type,[FileName],,,,,[Open
AfterPublish])
```

**解説**：オブジェクトには、Workbookオブジェクト、Worksheetオブジェクト、Chartオブジェクト、Rangeオブジェクトを指定する。引数「Type」はxlTypePDFにしてPDF形式を指定する。引数「FileName」でファイル名を、パスを含めた文字列で指定する。パスを省略した場合は、カレントフォルダーに保存される。省略した場合は、ブック名と同じ名前になる。引数「OpenAfterPublish」をTrueにすると保存後ファイルを開く。ここでは、一部の引数を省略しているので、引数を指定する場合は名前付き引数で指定する。

#### 使用例：アクティブシートをPDFファイルで保存する

Sample 44_PDFでエクスポート.xlsm

```
Sub シートをPDF形式で保存()
    ActiveSheet.ExportAsFixedFormat Type:=xlTypePDF, _      ①
        Filename:="売上表.pdf", OpenAfterPublish:=True
End Sub
```

**解説**：①アクティブシートをPDF形式で、カレントフォルダーに「売上表.pdf」という名前で、保存後ファイルを開く設定で保存する。

売上表.pdf

C:/Users/kunimoto%20atsuko/Documents/売上表.pdf

5月売上表

| NO | 売上日 | 商品名 | 単価 | 数量 | 金額 |
|---|---|---|---|---|---|
| 1 | 2023/05/01 | フルーツサンド | 550 | 14 | 7,700 |
| 2 | 2023/05/01 | 卵サンド | 350 | 22 | 7,700 |
| 3 | 2023/05/01 | ツナサンド | 450 | 10 | 4,500 |
| 4 | 2023/05/01 | カツサンド | 600 | 4 | 2,400 |
| 5 | 2023/05/02 | フルーツサンド | 550 | 3 | 1,650 |
| 6 | 2023/05/02 | レタスサンド | 300 | 12 | 3,600 |
| 7 | 2023/05/02 | カツサンド | 600 | 8 | 4,800 |
| 8 | 2023/05/03 | フルーツサンド | 550 | 14 | 7,700 |
| 9 | 2023/05/04 | フルーツサンド | 550 | 21 | 11,550 |
| 10 | 2023/05/04 | ツナサンド | 450 | 15 | 6,750 |
| 11 | 2023/05/04 | カツサンド | 600 | 9 | 5,400 |
| 12 | 2023/05/08 | 卵サンド | 350 | 7 | 2,450 |
| 13 | 2023/05/08 | レタスサンド | 300 | 11 | 3,300 |
| 14 | 2023/05/10 | ミックスサンド | 450 | 10 | 4,500 |
| 15 | 2023/05/11 | 卵サンド | 350 | 22 | 7,700 |
| 16 | 2023/05/11 | レタスサンド | 300 | 9 | 2,700 |
| 17 | 2023/05/15 | ミックスサンド | 450 | 13 | 5,850 |
| 18 | 2023/05/23 | ツナサンド | 450 | 14 | 6,300 |
| 19 | 2023/05/29 | ミックスサンド | 450 | 17 | 7,650 |

| 行ラベル | 合計 / 数量 | 合計 / 金額 |
|---|---|---|
| カツサンド | 21 | 12,600 |
| ツナサンド | 39 | 17,550 |
| フルーツサンド | 52 | 28,600 |
| ミックスサンド | 40 | 18,000 |
| レタスサンド | 32 | 9,600 |
| 卵サンド | 60 | 21,000 |
| 総計 | 244 | 107,350 |

アクティブシートがPDF形式のファイルで保存された

**✓ここがポイント!**

PDF形式で保存する場合、印刷イメージが保存されます。PDF形式で保存する前に、印刷プレビューで確認し必要なページ設定を行ってください。または、レッスン36を参照しPageSetupプロパティを使って印刷設定のコードを保存の前に記述します。なお、ファイル名の拡張子「.pdf」は省略しても自動的に付加されます。引数「OpenAfterPublish」をTrueにしているので保存後Webブラウザーが起動し、PDFファイルが開きます。不要の場合は省略してください。また、すでに保存場所に同名のファイルが存在した場合、自動的に上書き保存されます。

**ためしてみよう**

使用例で、セル範囲H4～J11を出力対象としてPDF形式で任意のファイル名を付けて保存してみましょう。

PDF形式で保存するのはたった1つの命令文でできてしまうんですね。

そうですよ。このメソッドは引数が多いのですが、基本的に「Type」「FileName」「OpenAfterPublish」だけ覚えておけばいいでしょう。より詳しく知りたい場合はヘルプを参照してください。

Lesson 45

365・2021・2019・2016対応

# フォルダー内のファイルを一覧表にする

各店舗から提出されたブックを一覧表にして、提出状況の確認や、一覧を使ってブックを開くことはできますか？

それならDir関数が使えます。繰り返し処理と組み合わせて同じフォルダーの中にあるブックを書き出すことができますよ。

## Dir関数を使ってフォルダー内のファイル一覧を作成する

Dir関数は、指定したファイルを検索し、最初に見つかったファイル名を返します（レッスン39参照）。フォルダー内のすべてのファイルに対して同じ条件で検索を続けるには、**引数を省略したDir()とDo While…Loopのような繰り返し処理**を使います。

### ● 構文

```
Dir()
```

**解説**：2回目以降、同じ条件で検索する。繰り返し処理の中で同じ条件で検索する場合に使用する。

### ● 使用例：ファイル一覧を作成する

Sample 45_1ファイル検索.xlsm

```
Sub ファイル一覧作成()
    Dim myFile As String, i As Integer
    myFile = Dir(Range("A2").Value & "¥*.xlsx") ―――①
    i = 5
    Do While myFile <> "" ―――②
        Cells(i, 1).Value = myFile ―――③
        myFile = Dir() ―――④
        i = i + 1 ―――⑤
    Loop
End Sub
```

**解説**：①セルA2で指定したフォルダー内にあるすべてのExcelファイルを検索し、最初に見つかったファイルを変数myFileに代入する。②変数myFileが「""」でない間（ファイル名が代入されている間）以下の処理を繰り返す。③i行1列目のセルに変数myFileの値を入力する。④同じ条件で次のファイルを検索する。④変数iに1を加算してDo While行に戻り、繰り返す。

セルA2で指定されたフォルダー内にあるExcelファイルの一覧が表示された

**✓ここがポイント！**

**フォルダー内の指定したExcelファイルを検索するには、ファイルを指定する際に、複数文字の代用をするワイルドカード文字の「*」を使って「*.xlsx」と記述します。こうすることで、すべてのExcelファイルを意味します。例えば、「Dir("C:¥VBA¥*.xlsx")」は、「Cドライブの［VBA］フォルダーの中のすべてのExcelファイル」という意味になります。使用例では、セルに入力した値をフォルダーに指定しています。なお、マクロを含むファイル（.xlsm）も含める場合は「*.xls?」のように末尾を1文字の代用をするワイルドカードの「?」を組み合わせます。**

## Tips ユーザーが選択したフォルダー内にあるファイル一覧を作成する

レッスン43で紹介したフォルダー選択画面を表示するマクロと組み合わせると、より便利に使えます。下図の①のように、フォルダー選択画面で選択したフォルダーのパスを変数myFolderに代入し、②でDir関数のファイルの場所の指定で使用します。

Sample 45_2ファイル検索.xlsm

```
Sub ファイル一覧作成2()
    Dim myFile As String, i As Integer
    Dim myFolder As String
    With Application.FileDialog(msoFileDialogFolderPicker)
        If .Show = -1 Then
            myFolder = .SelectedItems(1)──────①
        Else
            Exit Sub
        End If
    End With
    myFile = Dir(myFolder & "¥*.xlsx")──────②
    i = 5
    Do While myFile <> ""
        Cells(i, 1).Value = myFile
        myFile = Dir()
        i = i + 1
    Loop
End Sub
```

Lesson 46

# フォルダーの有無を調べ、ない場合は作成する

365・2021・2019・2016対応

ブックの保存先に指定したフォルダーがあるかどうか調べたいんですけど、調べられますか？

Dir関数で調べられますよ。あと、フォルダーを作る方法も併せて紹介しますね。

## Dir関数を使ってフォルダー有無を調べる

Dir関数は、第2引数をvbDirectoryにすると指定したフォルダーを検索し、見つかったフォルダー名を取得します（レッスン39参照）。

### 構文

```
Dir(フォルダー名,vbDirectory)
```

**解説**：引数「フォルダー名」では、検索するフォルダーをパスも含めて指定する。フォルダー名のみ指定した場合はカレントフォルダー内で検索する。見つかった場合はフォルダー名が返り、見つからなかった場合は長さ0の文字列「""」が返る。

### 記述例

```
Dir("C:¥VBA¥集計",vbDirectory)
```

**意味**：Cドライブの［VBA］フォルダーの中に［集計］フォルダーがある場合はフォルダー名「集計」が返り、ない場合は「""」が返る。

## フォルダーを作成する

指定した場所にフォルダーを作成するには、MkDirステートメントを使います。例えば、保存先のフォルダーがない場合にフォルダーを作成し、保存するという処理ができます。

## MkDirステートメント

### 構文

```
MkDir フォルダー名
```

解説：フォルダー名には、作成するフォルダーを文字列で指定する。作成するフォルダーはパスの中で最後に指定したフォルダーで、ドライブと最後のフォルダーの間にあるフォルダーは存在する必要がある。

### 使用例:フォルダーを検索し、ない場合は作成する　Sample 46_フォルダー検索.xlsm

```
Sub フォルダー検索と作成()
    Dim myFolder As String
    myFolder = ThisWorkbook.Path & "¥5月"                ①
    If Dir(myFolder, vbDirectory) = "" Then              ②
        MkDir myFolder                                   ③
    End If
    Workbooks.Add                                        ④
    ActiveWorkbook.SaveAs myFolder & "¥新宿.xlsx"
End Sub
```

解説：①変数myFolderにマクロを実行しているブックが保存されているパスと「¥5月」を連結した文字列を代入する。②変数myFolderで指定したフォルダー（マクロを実行しているブックが保存されているフォルダーにある［5月］フォルダー）を検索し、なかった場合、③変数myFoderで指定した［5月］フォルダーを作成する。④新規ブックを追加し、アクティブブックを変数myFolderで指定したフォルダーに「新宿.xlsx」という名前で保存する。

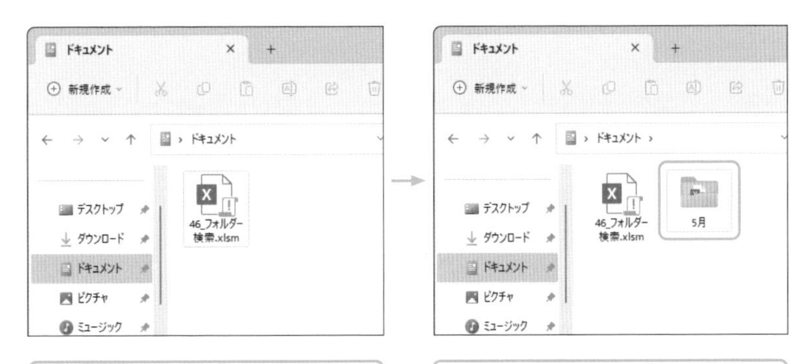


マクロを実行しているブックと同じ場所にある［5月］フォルダーを検索

なかった場合は、［5月］フォルダーを作成し、その中に新規ブックを「新宿.xlsx」と名前を付けて保存する

## Tips フォルダーやファイルを削除する

RmDirステートメントを使うと指定したフォルダーを削除できます。ただしフォルダー内にファイルがあるとエラーになります。

**● 構文:RmDirステートメント**

```
RmDir フォルダー名
```

また、ファイルを削除するには、Killステートメントを使います。削除したファイルは、ごみ箱には入らずに直接削除されますので注意してください。「*」のようなワイルドカードを使えるので、複数のファイルを一度に削除できます。

**● 構文:Killステートメント**

```
Kill ファイル名
```

**● 記述例**

```
Kill "C:¥VBA¥*.xlsx"
```

**意味**:Cドライブの［VBA］フォルダー内にあるすべてのExcelブック（.xlsx）を削除する。

Lesson 47

365・2021・2019・2016対応

# カレントフォルダーを変更して作業環境を整える

ブックの保存場所をマクロ内で毎回記述するのが面倒です。効率のよい方法は？

パスの指定が面倒なときは、作業中だけファイルの保存場所をカレントフォルダーに変更する方法で対処できますよ。

## カレントフォルダーを調べる

カレントフォルダーとは、現在作業対象となっているフォルダーです。カレントフォルダーを調べるには**CurDir関数**を使います。

### CurDir関数

#### 構文

```
CurDir([ドライブ名])
```

**解説**：指定したドライブのカレントフォルダーを返す。引数「ドライブ名」にはカレントフォルダーを調べたいドライブ名を文字列で指定する。ドライブ名を省略した場合は現在のカレントドライブのカレントフォルダーが返る。

#### 記述例1

```
CurDir("C")
```

**意味**：Cドライブのカレントフォルダーを調べる。

#### 記述例2

```
CurDir
```

**意味**：カレントドライブのカレントフォルダーを調べる。

## カレントドライブ・カレントフォルダーを変更する

カレントドライブとは、現在作業対象となっているドライブのことです。カレントドライブを変更するには**ChDriveステートメント**を使います。また、カレントフォルダーを変更するには**ChDirステートメント**を使います。異なるドライブにあるフォルダーを作業対象にする場合は、ChDriveステートメントでカレントドライブを変更し、ChDirステートメントでカレントフォルダーを変更します。ChDirステートメントでは、カレントドライブを変更できません。

## ChDriveステートメント

### 構文

```
ChDrive "ドライブ名"
```

**解説**：引数「ドライブ名」には変更後のドライブ名を文字列で指定する。2文字以上の文字列を指定しても最初の1文字がカレントドライブ名として認識される。

### 記述例1

```
ChDrive "D"
```

**意味**：カレントドライブをDドライブに変更する。

### 記述例2

```
ChDrive ActiveWorkbook.Path
```

**意味**：カレントドライブをアクティブブックが保存されているドライブに変更する。アクティブブックの保存先が「D:¥Data」の場合、ChDriveは最初の1文字をドライブ名とするため、ここでは、Dドライブに変更される。

## ChDirステートメント

### 構文

```
ChDir "フォルダー名"
```

**解説**：引数「フォルダー名」には変更後のフォルダーを、パスを含めて指定する。フォルダー名のみ指定した場合は、カレントフォルダー内のフォルダーがカレントフォルダーになる。また、ドライブ名を省略するとカレントドライブとみなされる。

### 記述例1

```
ChDir "C:¥VBA"
```

**意味**：カレントフォルダーをCドライブの［VBA］フォルダーに変更する。

### 記述例2

```
ChDir ActiveWorkbook.Path
```

**意味**：カレントフォルダーを現在アクティブブックが保存されているパスに変更する。

### 使用例：カレントドライブとカレントフォルダーを変更する

Sample 47_カレントフォルダーの変更.xlsm

```
Sub カレントフォルダーの取得と変更()
    Dim myDir As String
    myDir = CurDir                    ─┐
    Range("A2").Value = myDir         ─┘①
    ChDrive "E"                       ─┐
    ChDir "E:¥Data"                    │②
    Range("A5").Value = CurDir        ─┘
    ChDrive myDir                     ─┐
    ChDir myDir                        │③
    Range("A8").Value = CurDir        ─┘
End Sub
```

※ここではEドライブに変更していますが、環境によっては適切なドライブに書き換えて動作確認してください

**解説**：①変数myDirにカレントフォルダーを代入し、代入されたカレントフォルダーをセルA2に入力する。②カレントドライブをEドライブ、カレントフォルダーをEドライブの［Data］フォルダーに変更し、セルA5にカレントフォルダーを入力する。③カレントドライブを変数myDirの1文字目に変更し、カレントフォルダーを変数myDirに変更して、セルA8にカレントフォルダーを入力する。

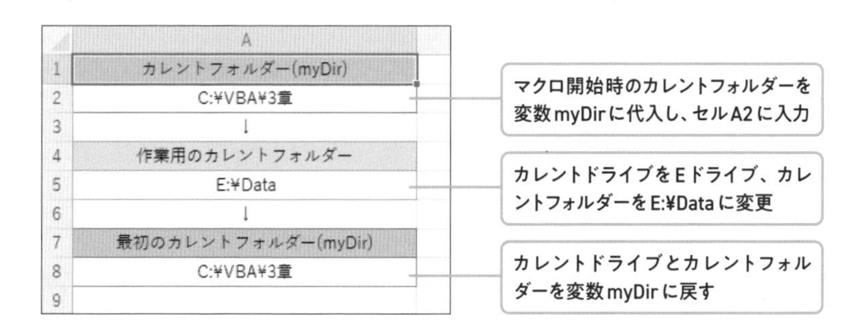

**✓ここがポイント!**

マクロ開始時のカレントフォルダーを変数myDirに代入しておき、作業で使用するフォルダー(ここではEドライブの［Data］フォルダー）をカレントフォルダーに変更しています。ドライブを変更しているため、ChDriveステートメントでカレントドライブを変更し、ChDirステートメントでカレントフォルダーを変更している点に注目してください。このように作業中に使用するフォルダーをカレントフォルダーに変更することでファイル名だけを指定すればよくなります。そして、作業が終わったら、カレントフォルダーを変数myDirにすることで、最初の状態に戻しています。

**Tips　開いたブックの保存場所を作業用のカレントフォルダーに変更**

作業用のカレントフォルダーを開いたブックの保存場所にするには、ブックを開いた直後は、そのブックがアクティブブックになるので、「ChDrive ActiveWorkbook.Path」、「ChDir ActiveWorkbook.Path」として開いたブックが保存されている場所をカレントフォルダーに設定し、処理を行います。例えば、以下の例は、①Eドライブの［Data］フォルダーにある「納品書テンプレート.xlsx」を開き、②その保存場所をカレントフォルダーに変更し、③同じ場所に「納品書５月.xlsx」と名前を付けて保存し、ブックを閉じたら、④変数myDirを使ってカレントドライブとカレントフォルダーを最初の状態に戻しています。

```
Sub カレントフォルダーの取得と変更2()
    Dim myDir As String
    myDir = CurDir

    Workbooks.Open "E:¥Data¥納品書テンプレート.xlsx"  ―①
    ChDrive ActiveWorkbook.Path                      ┐
    ChDir ActiveWorkbook.Path                        ┘―②
    ActiveWorkbook.SaveAs "納品書５月.xlsx"           ┐
    ActiveWorkbook.Close                             ┘―③

    ChDrive myDir                                    ┐
    ChDir myDir                                      ┘―④
End Sub
```

なるほど、カレントフォルダーとカレントドライブを作業用に変更することでブックの保存先指定がシンプルになりますね。

そうなんです。こういう使い方を覚えておくと便利ですよ。

Lesson 48

# ファイルを支店数分コピーする

365・2021・2019・2016対応

ブックをコピーする方法として、ブックを開いて別の名前で保存し直すという方法しか知らないのですが。

ブックが開いていない状態で、保存されているファイルを直接操作する方法もありますので、ここで説明しますね。

## ファイルのコピー

ファイルをコピーするには、**FileCopyステートメント**を使用します。閉じているファイルを対象とし、コピー先に同名のファイルが存在している場合は、上書きされます。なお、Excelブックだけでなく、そのほかのファイルもコピーできます。

### FileCopyステートメント

#### 構文

```
FileCopy Source,Destination
```

**解説**：引数「Source」にはコピー元のファイル名をフルパスで指定し、引数「Destination」にはコピー後のファイル名をフルパスで指定する。引数「Source」でファイル名のみ指定した場合はカレントフォルダー内のファイルを対象とし、引数「Destination」でファイル名のみ指定した場合はカレントフォルダーにファイルがコピーされる。

#### 記述例

```
FileCopy "C:¥VBA¥シフト表.xlsx","C:¥VBA¥シフト¥新宿.xlsx"
```

**意味**：Cドライブの［VBA］フォルダーにある「シフト表.xlsx」を、［VBA］フォルダーの中の［シフト］フォルダーに「新宿.xlsx」という名前にしてコピーする。

#### 使用例：ブックを支店数分コピーする

Sample 48_ファイルのコピー.xlsm

```
Sub ファイルを支店数分コピー()
```

Chapter 3 ワークシートやブックを上手に扱うための実用マクロ

```
    Dim fromFile As String, toFolder As String
    Dim i As Integer, r As Integer
    fromFile = "C:¥VBA¥3章¥VBA¥シフト表.xlsx" ――――――①
    toFolder = "C:¥VBA¥3章¥VBA¥シフト¥" ――――――②
    r = Range("A1").End(xlDown).Row ――――――③
    For i = 2 To r ――――――④
        FileCopy fromFile, toFolder & Cells(i, 1).Value & ".xlsx" ―⑤
    Next
End Sub
```

**解説**：①変数fromFileに「"C:¥VBA¥3章¥VBA¥シフト表.xlsx"」とコピー元のファイルをフルパスで指定した文字列を代入する。②変数toFolderに「"C:¥VBA¥3章¥VBA¥シフト¥"」とコピー先のフォルダーを指定した文字列を代入する。③セルA1から下方向に終端のセルの行番号を取得し、変数rに代入する（支店名の最後の行番号を取得している）。④変数iが2から変数rになるまで1ずつ加算しながら以下の処理を繰り返す。⑤変数fromFileに代入されたファイルを、変数toFolderのi行、1列目のセルの値をブック名としてコピーする。

● **コピー後ファイル名（支店名）の取得**

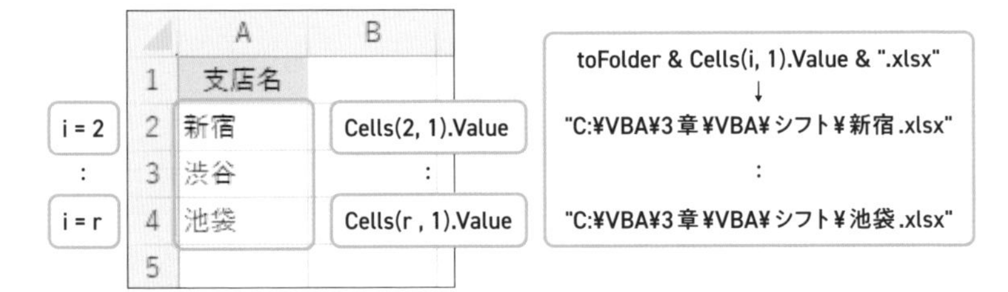


● **コピーの流れ**

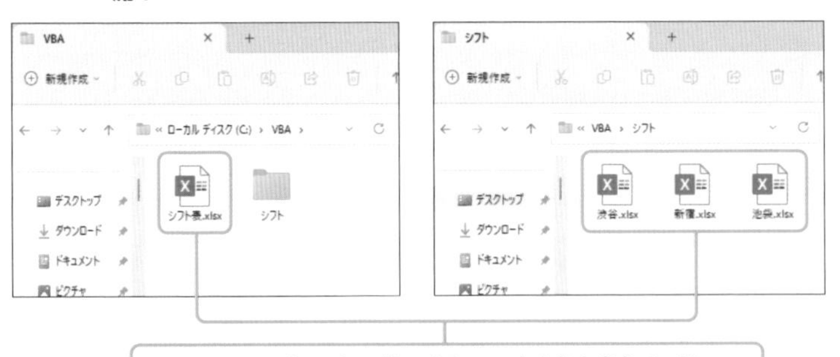


**✓ここがポイント!**

**FileCopyステートメントは閉じているファイルが対象です。ファイルが開いていたり、存在しなかったりした場合は、実行時エラーになります。**

Lesson 49

365・2021・2019・2016対応

# ファイルを別の場所に移動する

マクロでファイルのコピーができるなら、ファイルの移動もできるのかな。

当然そう思いますよね。もちろん移動するステートメントも用意されています。

## ファイル名を変更・ファイルを移動する

Name Asステートメントはファイル名やフォルダー名を変更します。変更後の名前でフォルダー名を変更すると、ファイルの保存先が変わることから、ファイルの移動ができます。

### Name Asステートメント

#### 構文

```
Name Oldpathname As Newpathname
```

**解説**：引数「Oldpathname」には変更元のファイル名をフルパスで指定し、引数「Newpathname」には変更後のファイル名をフルパスで指定する。変更後のファイル名が既に存在している場合は実行時エラーになる。また引数「Newpathname」でフォルダーを変更すればファイルが移動になる。また、対象をフォルダーにするとフォルダー名の変更ができる。

#### 記述例1

```
Name "C:¥作業中¥5月.xlsx" As "C:¥作業中¥5月集計.xlsx"
```

**意味**：Cドライブの［作業中］フォルダーにある「5月.xlsx」を、「5月集計.xlsx」と名前を変更する。

#### 記述例2

```
Name "C:¥作業中" As "C:¥完了"
```

**意味**：Cドライブの［作業中］フォルダーの名前を［完了］に変更する。

## 使用例：ファイルを別フォルダーに移動する

Sample 49_ファイルの移動.xlsm

```
Sub ファイルを別フォルダーに移動()
    Name "C:¥VBA¥3章¥作業中¥5月集計.xlsx" _
        As "C:¥VBA¥3章¥処理済¥5月集計_済.xlsx"   ―①
End Sub
```

**意味**：①Cドライブの［3章］フォルダーの［VBA］フォルダーの中で、［作業中］フォルダーにある「5月集計.xlsx」を、［処理済］フォルダーの「5月集計_済.xlsx」と名前を変えて移動する。

［作業中］フォルダーの「5月集計.xlsx」が［処理済］フォルダーに「5月集計_済」に名前を変更して移動した

**✓ここがポイント！**

**Name Asステートメントは、閉じているファイルが対象です。ファイルが開いていたり、存在しなかったりした場合は、実行時エラーになります。また、変更後のファイルの名前がすでに存在している場合も実行時エラーになります。**

フォルダーを変えるだけで移動ができてしまいますね。でも、ファイルが開いていたり、同名ファイルがあったりすると、すぐに実行時エラーになってしまうのが気になります。

そうね。エラーにならないように指定することが大切ですけど、エラー処理コードで、実行時エラーが発生したときの処理を記述するといいですね。詳細はレッスン92を参照してください。

COLUMN

# PDFファイルの表をワークシートに取り込む

PDFファイルの表をExcelで使用したい場合は、Excelに付属するPower Queryを使うとマクロを作成することなく簡単に取り込めます。ここでは、簡単な手順を紹介します。なお、ここでは参考までにとどめ、Power Query内での編集方法については解説していません。

## ● Power Queryを使って取り込む

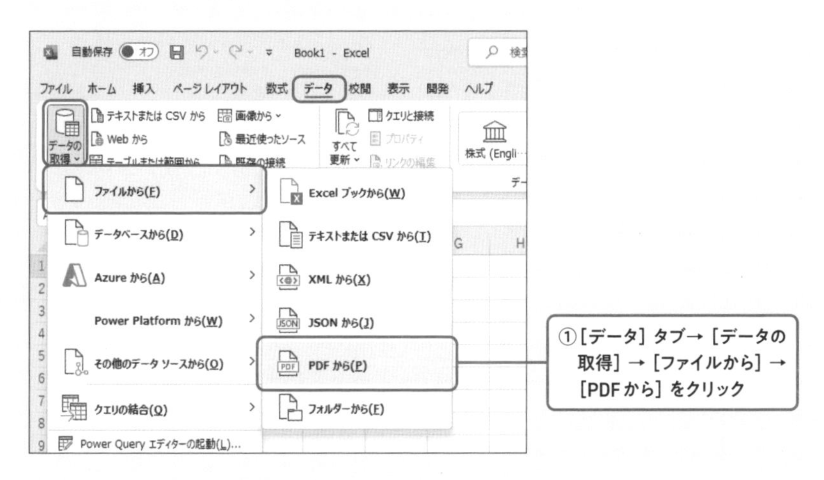

④[ナビゲーター] 画面で [Table001] を選択

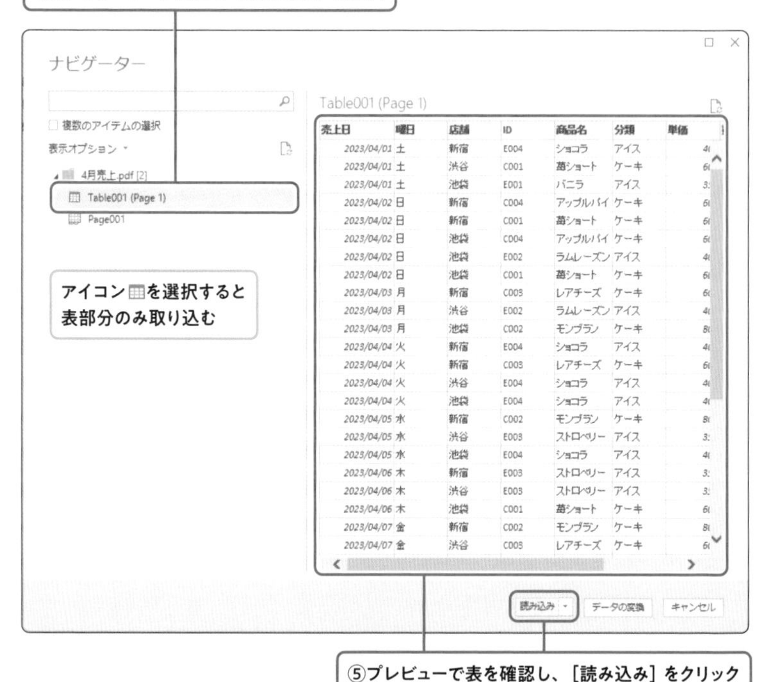


⑥[クエリ] タブ→ [削除] をクリックし、確認画面が表示されたら、[削除] をクリック

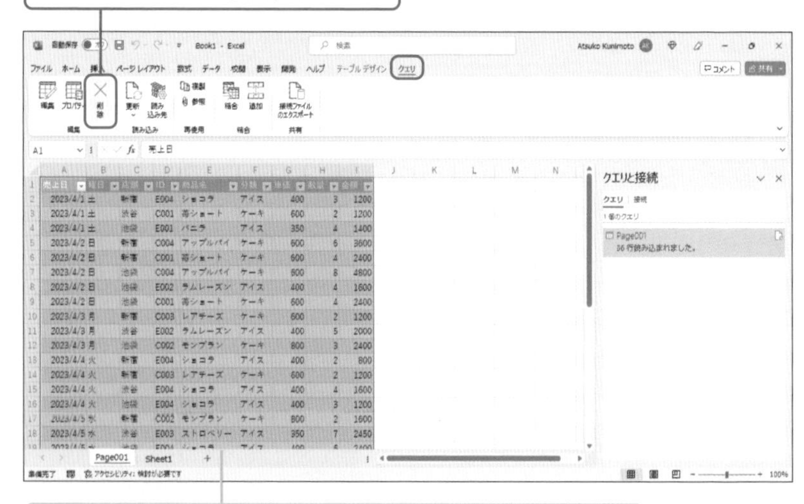


PDFの表が取り込まれた。取り込み元のPDFファイルと関連付けされるので、ここでは、⑥で関連付けを削除し、データを自由に編集できるようにしている

第4章

# 表などデータ操作のための実用マクロ

集めたデータを並べ替えたり、抽出したり、検索したりとデータを操作するのにマクロが使えると便利ですよね。

そうですね。データをいろいろ操作できると便利ですよね。この章では、テキストファイルの取り込みやデータの並べ替えと抽出、データのまとめや分割などいろいろな処理の例を紹介します。

# 何のために行う？データ操作のおさらい

365・2021・2019・2016対応

外部データをExcelに取り込んで集計や分析に使うことがよくあるのですが、マクロで自動化できますか？

ある程度はできますよ。マクロを使ったデータ操作にどのようなものがあるか、基本的な機能をまとめておきますね。

## 分析できるようにデータを整える

例えばテキストファイルを取り込んだ場合、フリガナを設定したり、不要なスペースを削除したり、文字を全角に統一したりと、正しく集計・分析できるようにデータを整えることが、必要となる場合があります。

### テキストファイルの取り込み

テキストファイルを、各列の値をデータの形式を指定して取り込むメソッドが用意されています。

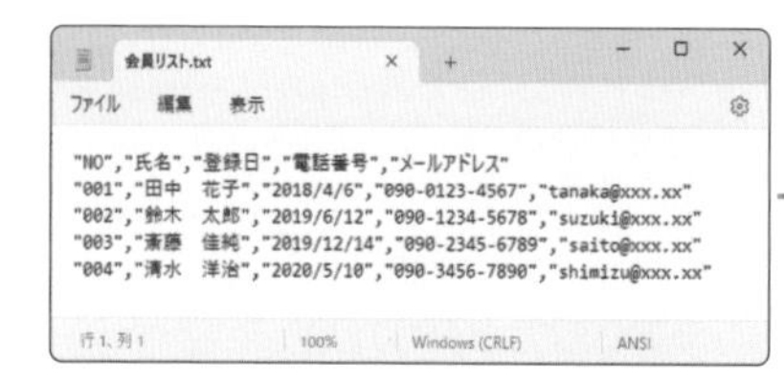

● テキストファイルの取り込みのためのメソッド

| 機　能 | 内　容 |
|---|---|
| OpenTextメソッド | テキストファイルの各列の値を指定したデータ型に変換して取り込む |

### データの整形

データを整えるためのメソッドや関数が用意されています。これらを利用しデータを整えていきます。

● データの整形のための主なメソッドと関数

| 機　能 | 内　容 |
|---|---|
| SetPhoneticメソッド | フリガナ情報を持たない文字にフリガナを設定する |
| StrConv関数 | 住所を全角文字に統一するなど、文字種を変換する |
| TextToColumnsメソッド | [氏名] 列の姓と名で列を分割するなど、指定した区切り文字で列を分割する |
| &（アンパサント） | [姓] 列と [名] 列をまとめて [氏名] 列にするなど、列と列を結合する |
| Replace関数 | 空白を削除するなど、文字列を別の文字列に置換する |

## 集めたデータを利用する

売上表などデータを日付順とか、商品順とか、見たい順に並べ替える機能、必要なデータだけを絞り込んで表示する機能、指定した値を検索する機能、別のデータに置き換える置換機能が用意されています。

### 並べ替えと抽出

● 並べ替え

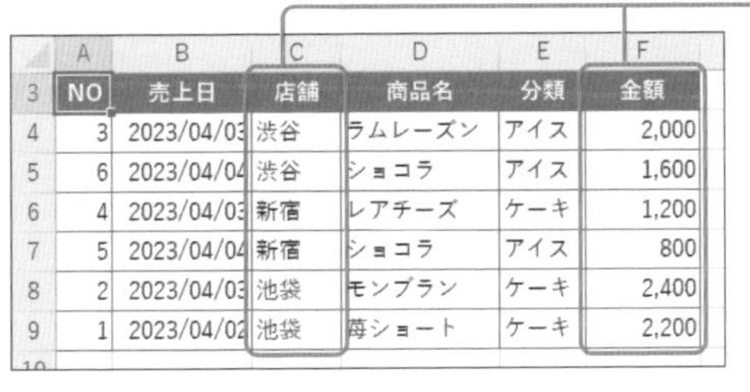

| | A | B | C | D | E | F |
|---|---|---|---|---|---|---|
| 3 | NO | 売上日 | 店舗 | 商品名 | 分類 | 金額 |
| 4 | 3 | 2023/04/03 | 渋谷 | ラムレーズン | アイス | 2,000 |
| 5 | 6 | 2023/04/04 | 渋谷 | ショコラ | アイス | 1,600 |
| 6 | 4 | 2023/04/03 | 新宿 | レアチーズ | ケーキ | 1,200 |
| 7 | 5 | 2023/04/04 | 新宿 | ショコラ | アイス | 800 |
| 8 | 2 | 2023/04/03 | 池袋 | モンブラン | ケーキ | 2,400 |
| 9 | 1 | 2023/04/02 | 池袋 | 苺ショート | ケーキ | 2,200 |

店舗順・金額順に並べ替える

● 抽出

| | A | B | C | D | E | F |
|---|---|---|---|---|---|---|
| 1 | | | 商品 | アップルパイ | | |
| 2 | | | | | | |
| 3 | NO | 売上日 | 店舗 | 商品名 | 分類 | 金額 |
| 7 | 4 | 2023/04/02 | 新宿 | アップルパイ | ケーキ | 3,600 |
| 9 | 6 | 2023/04/02 | 池袋 | アップルパイ | ケーキ | 4,800 |

商品名が「アップルパイ」のみ表示

● 並べ替えと抽出のメソッドとオブジェクト

| 機　能 | 内　容 |
|---|---|
| Sortメソッド・Sortオブジェクト | データの並べ替えを行う |
| AutoFilterメソッド | データを絞り込んで表示する |

## 検索と置換

### 検索

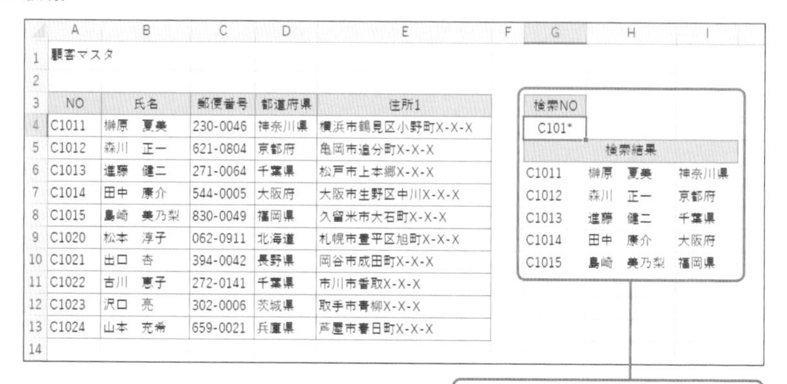

顧客マスタ

| NO | 氏名 | 郵便番号 | 都道府県 | 住所1 |
|---|---|---|---|---|
| C1011 | 榊原　夏美 | 230-0046 | 神奈川県 | 横浜市鶴見区小野町X-X-X |
| C1012 | 森川　正一 | 621-0804 | 京都府 | 亀岡市追分町X-X-X |
| C1013 | 進藤　健二 | 271-0064 | 千葉県 | 松戸市上本郷X-X-X |
| C1014 | 田中　康介 | 544-0005 | 大阪府 | 大阪市生野区中川X-X-X |
| C1015 | 島崎　美乃梨 | 830-0049 | 福岡県 | 久留米市大石町X-X-X |
| C1020 | 松本　淳子 | 062-0911 | 北海道 | 札幌市豊平区旭町X-X-X |
| C1021 | 出口　杏 | 394-0042 | 長野県 | 岡谷市成田町X-X-X |
| C1022 | 古川　恵子 | 272-0141 | 千葉県 | 市川市香取X-X-X |
| C1023 | 沢口　亮 | 302-0006 | 茨城県 | 取手市青柳X-X-X |
| C1024 | 山本　充希 | 659-0021 | 兵庫県 | 芦屋市春日町X-X-X |

| 検索NO |
|---|
| C101* |

| 検索結果 | | |
|---|---|---|
| C1011 | 榊原　夏美 | 神奈川県 |
| C1012 | 森川　正一 | 京都府 |
| C1013 | 進藤　健二 | 千葉県 |
| C1014 | 田中　康介 | 大阪府 |
| C1015 | 島崎　美乃梨 | 福岡県 |

NOが「C101」で始まるデータを検索

### 置換

講座一覧

| 講座NO | 講座名 | 定員 | 開催日 |
|---|---|---|---|
| 1001 | Word2021 基礎 | 35 | 7月13日 |
| 1002 | Excel2021 基礎 | 35 | 7月14日 |
| 1003 | PowerPoint2021 基礎 | 35 | 7月18日 |
| 1004 | Word2021 応用 | 30 | 7月19日 |
| 1005 | Excel2021 応用 | 30 | 7月20日 |
| 1006 | PowerPoint2021 応用 | 30 | 7月21日 |

講座名の「2019」を「2021」に置換

### 検索と置換のメソッド

| 機　能 | 内　容 |
|---|---|
| Findメソッド | 指定した条件を満たすセルを検索する |
| FindNextメソッド | Findメソッドと同じ条件で検索を続ける |
| Replaceメソッド | 文字をまとめて別の文字に置換する |

いろいろな機能を使うんですね。すべて覚えられるでしょうか。

すぐに覚える必要はありませんよ。これらの機能を使った使用例を基にして自分用に書き換えて使ってください。

Lesson
# 51 テキストファイルを開く

365・2021・
2019・2016
対応

外部アプリなどから書き出したテキストをExcelで集計したいのですが、テキストファイルを開くには？

開き方はいくつかありますが、ここでは各列のデータの種類を指定して開く方法を紹介しますね。

## 指定したテキストファイルを開く

WorkbooksコレクションのOpenTextメソッドを使うと、列の区切りの記号や取り込み開始行、データ形式などを指定して新規ブックにテキストファイルを開くことができます。例えば「001」のような文字列を「1」と変換せずに、そのまま「001」と表示したいような場合にこのメソッドが使えます。

### OpenTextメソッド

#### 構文

```
Workbooksコレクション.OpenText(FileName, [StartRow],
[DataType], [TextQualifier], [Tab], [Comma], [FieldInfo])
```

解説：OpenTextメソッドは、全部で18の引数を持つ。ここでは主なもののみ紹介する。詳細はヘルプを参照。

#### OpenTextメソッドの主な引数

| 引　数 | 内　容 |
|---|---|
| FileName | テキストファイルの名前をパスを含めて文字列で指定 |
| StartRow | 読み込み開始行を指定。省略時は1 |
| DataType | 列の区切りの形式を定数で指定（次ページ表参照） |
| TextQualifier | 文字列の引用符を定数で指定（次ページ表参照）。省略時は、ファイルを開いたときに自動的に決められる |
| Tab | 区切り文字がタブの場合にTrue。省略時はFalse |
| Comma | 区切り文字が「,」（カンマ）の場合にTrue。省略時はFalse |
| FieldInfo | データ読み込み時に変換するデータ形式をArray関数を使って指定（P175のTips参照）。省略時は各列のデータが標準形式で読み込まれる。なお、固定長フィールド形式の場合は省略できない |

### 引数DataTypeの定数（XlTextParsingType列挙型）

| 定　数 | 解　説 |
| --- | --- |
| xlDelimited | カンマやタブなどの区切り文字で列が区切られている（既定値） |
| xlFixedWidth | 固定長フィールド（固定された文字数で列が区切られている） |

### 引数TextQualifierの定数（XlTextQualifier列挙型）

| 定　数 | 解　説 |
| --- | --- |
| xlTextQualifierDoubleQuote | 二重引用符「"」（既定値） |
| xlTextQualifierSingleQuote | 一重引用符「'」 |
| xlTextQualifierNone | 引用符なし |

## 取り込み元となるテキストファイル

取り込み元となるテキストファイルは、メモ帳などで開いて、データの形式や取り込む列、区切り文字、引用符などを確認しておきます。

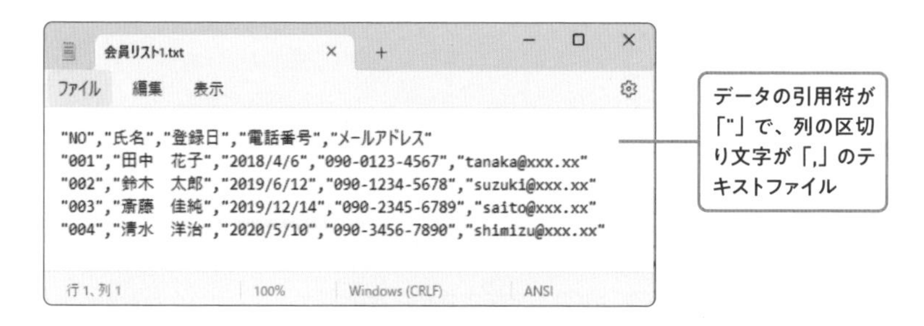


### 使用例：列ごとのデータ形式を指定してテキストファイルを開く

Sample 51_1テキストファイルを開く.xlsm／会員リスト1.txt

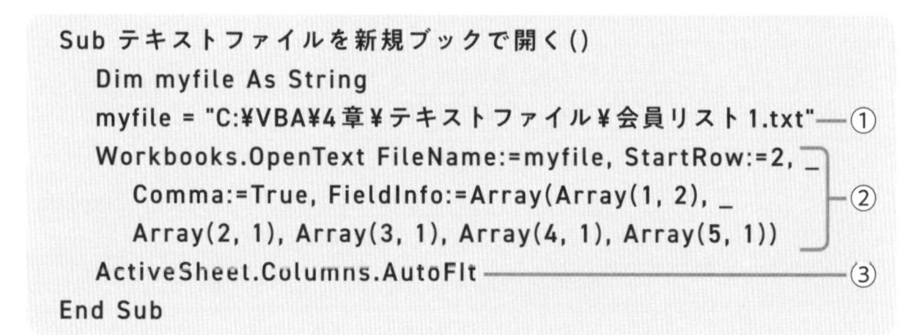

```
Sub テキストファイルを新規ブックで開く()
    Dim myfile As String
    myfile = "C:¥VBA¥4章¥テキストファイル¥会員リスト1.txt"  ―①
    Workbooks.OpenText FileName:=myfile, StartRow:=2, _    ┐
        Comma:=True, FieldInfo:=Array(Array(1, 2), _       ├②
        Array(2, 1), Array(3, 1), Array(4, 1), Array(5, 1)) ┘
    ActiveSheet.Columns.AutoFit  ―③
End Sub
```

**解説**：①変数myfileに「C:¥VBA¥4章¥テキストファイル¥会員リスト1.txt」を代入する。②ファイル名を変数myfile、開始行を2行目、区切り文字をカンマ、1列目を文字列、2～5列目を標準のデータ形式にして新規ブックにテキストファイルを開く。③アクティブシートの全列の列幅を自動調整する。

| | A | B | C | D | E |
|---|---|---|---|---|---|
| 1 | 001 | 田中　花子 | 2018/4/6 | 090-0123-4567 | tanaka@xxx.xx |
| 2 | 002 | 鈴木　太郎 | 2019/6/12 | 090-1234-5678 | suzuki@xxx.xx |
| 3 | 003 | 斎藤　佳純 | 2019/12/14 | 090-2345-6789 | saito@xxx.xx |
| 4 | 004 | 清水　洋治 | 2020/5/10 | 090-3456-7890 | shimizu@xxx.xx |
| 5 | | | | | |

会員リスト1

1列目が文字列、2~5列目は標準、2行目以降が新規ブックに開き、列幅が自動調整された

**✓ここがポイント!**

**OpenTextメソッドでは、引数「FileName」でファイル名、引数「Comma」や引数「Tab」などで区切り文字、引数「FieldInfo」で取り込み後のデータ形式を指定する方法を最低限覚えてください。ここでは、既定の設定で問題ないものについては引数を省略しています。なお、引数「StartRow」を2としているため、見出し行を除くデータ部分のみ取り込んでいます。**

### Tips 引数「FieldInfo」の設定方法

引数「FieldInfo」は、データを取り込むときの、各列のデータ形式を指定します。列のデータ形式はArray関数を使って「Array(列番号,データ形式)」で指定し、すべての列について指定したものをArray関数で配列にしてまとめます。データ形式は数値で指定できます（下表参照）。例えば、1列目が文字列、2～4列目は標準、5列目は取り込まない場合は、下図のように指定します。

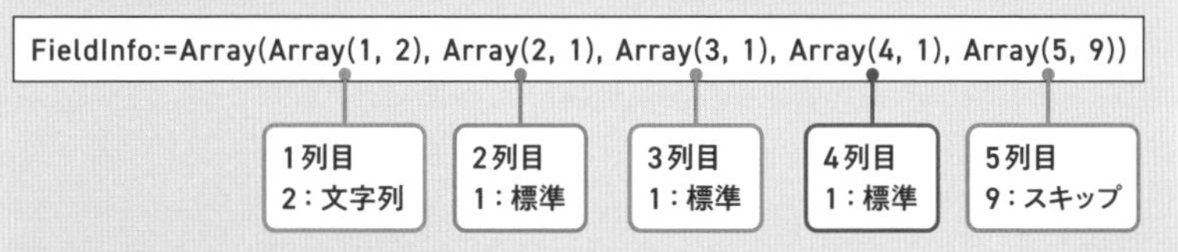


● **引数FieldInfoの主なデータ形式**

| 数　値 | データ形式 |
|---|---|
| 1 | 標準 |
| 2 | 文字列 |
| 8 | YDM(年月日)形式の日付 |
| 9 | 列を取り込まない |

## 開くテキストファイルをユーザーが選択する

レッスン42で紹介したように、FileDialogオブジェクトを使うと、ファイルの種類やファイルの場所を指定して［ファイルを開く］画面を表示することができます。この［ファイルを開く］画面で［開く］ボタンをクリックすると、**「SelectedItems(1)」に選択したファイルのパスが格納**されます。ここでは、SelectedItems(1)にファイルのパスが格納されているかどうかを確認してみましょう。

**● 使用例：ファイルを選択する画面を開く**　Sample 51_2ファイル選択画面表示.xlsm

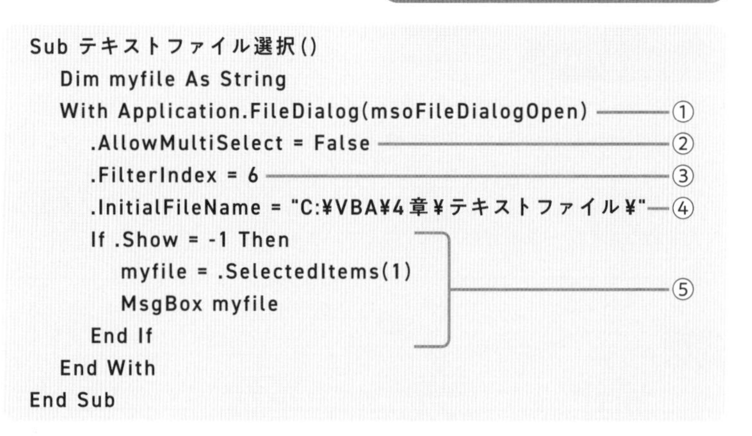

```
Sub テキストファイル選択()
    Dim myfile As String
    With Application.FileDialog(msoFileDialogOpen) ──①
        .AllowMultiSelect = False ──②
        .FilterIndex = 6 ──③
        .InitialFileName = "C:¥VBA¥4章¥テキストファイル¥" ──④
        If .Show = -1 Then
            myfile = .SelectedItems(1)
            MsgBox myfile                ──⑤
        End If
    End With
End Sub
```

**解説**：①［ファイルを開く］画面を表すFileDialogオブジェクトに対して以下の処理を実行する。②ファイルの複数選択を不可とする。③ファイルの種類を「6」（テキストファイル）にする。④既定のパスを「C:¥VBA¥4章¥テキストファイル」にする。⑤［ファイルを開く］画面を表示し、［開く］ボタンがクリックされたら、選択されたファイルのパスを変数myfileに代入し、変数myfileの値をメッセージ表示する。

**Tips　SelectedItems(1)の意味**

SelectedItems(1)は、FileDialogSelectedItemsコレクションのメンバーです。FileDialogSelectedItemsコレクションは、FileDialogオブジェクトのShowメソッドで表示されたファイルの選択画面で、選択されたファイルのパスの一覧を含みます。このコレクションを取得するのに、FileDialogオブジェクトのSelected Itemsプロパティを使います。ここでは、ファイルを一つだけ選択しているのでSelectedItems(1)と指定することで、選択されたファイルのパスを取得できます。

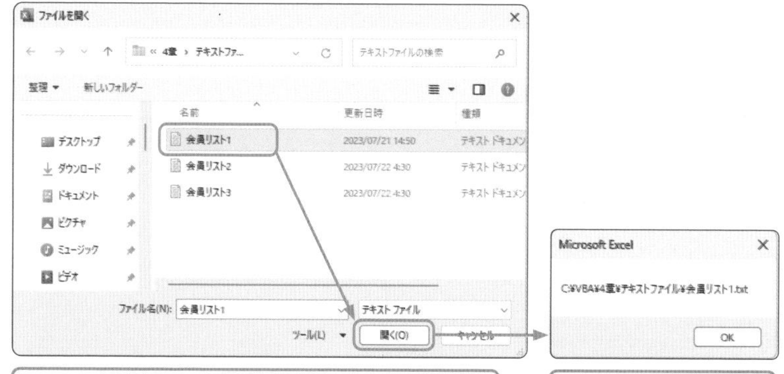


**✓ここがポイント！**

**FileDialogオブジェクトのShowメソッドで［ファイルを開く］画面が開き、ファイルを選択して［開く］ボタンをクリックすると戻り値として「-1」が返ります（レッスン42参照）。それを利用し、Ifステートメントで［開く］ボタンがクリックされた場合、FileDialogオブジェクトのSelectedItems(1)で取得したファイルのパスを変数myfileに代入しています。**

## 選択したテキストファイルを開き、データを転記する

SelectedItems(1)にファイルのパスが格納されたことが確認できたので、今までの処理をつなぎ合わせて以下の処理を行うマクロを作ってみましょう。

① **［ファイルを開く］画面でテキストファイルを選択する**（［テキストファイル選択］マクロ参照：P176）

② **OpenTextメソッドを使い、①で選択したテキストファイルのデータ部分のみ読み込んで新規ブックで開く**（［テキストファイルを新規ブックで開く］マクロ参照：P174）

③ **開いたテキストファイルのデータをマクロを実行しているブックのシートに転記し、テキストデータを表示しているブックを閉じる**

ここでは、データを転記するのに、RangeオブジェクトのCopyメソッドを使います。

## Copyメソッド

### 構文

```
Rangeオブジェクト.Copy([Destination])
```

**解説**：指定したセル範囲をコピーし、引数「Destination」で指定したセルを先頭にして貼り付ける。引数を省略した場合は、クリップボードに保管される。

### 記述例

```
Range("A1:C3").Copy Range("E1")
```

**意味**：セル範囲A1〜C3をコピーし、セルE1を先頭として貼り付ける。

### 使用例：選択したテキストファイルのデータを転記する

Sample 51_3テキストデータの転記.xlsm

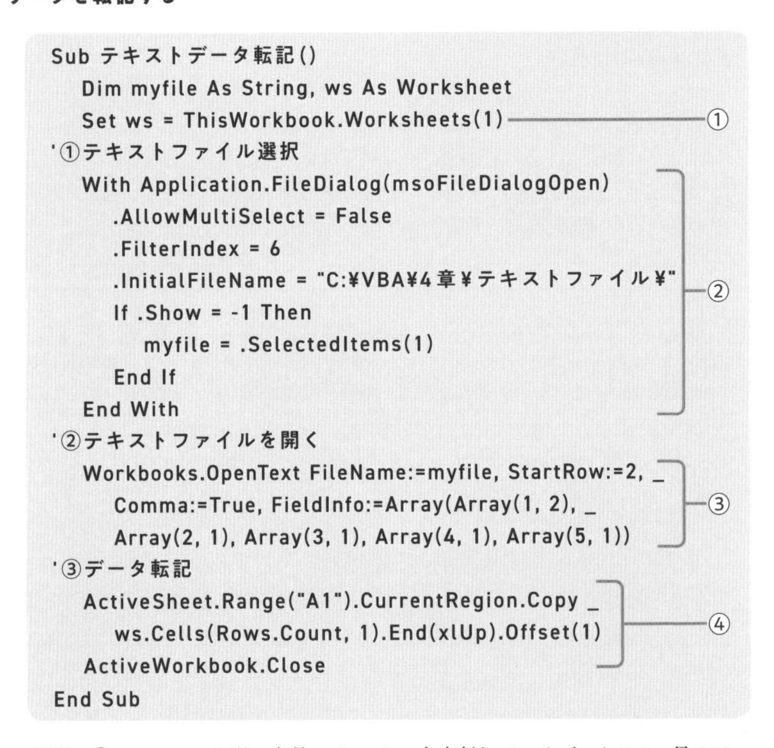

```
Sub テキストデータ転記()
    Dim myfile As String, ws As Worksheet
    Set ws = ThisWorkbook.Worksheets(1) ──①
'①テキストファイル選択
    With Application.FileDialog(msoFileDialogOpen)
        .AllowMultiSelect = False
        .FilterIndex = 6
        .InitialFileName = "C:¥VBA¥4章¥テキストファイル¥"   ──②
        If .Show = -1 Then
            myfile = .SelectedItems(1)
        End If
    End With
'②テキストファイルを開く
    Workbooks.OpenText FileName:=myfile, StartRow:=2, _
        Comma:=True, FieldInfo:=Array(Array(1, 2), _      ──③
        Array(2, 1), Array(3, 1), Array(4, 1), Array(5, 1))
'③データ転記
    ActiveSheet.Range("A1").CurrentRegion.Copy _
        ws.Cells(Rows.Count, 1).End(xlUp).Offset(1)       ──④
    ActiveWorkbook.Close
End Sub
```

**解説**：①ワークシート型の変数wsにマクロを実行しているブックの1つ目のワークシートを代入する。②［ファイルを開く］画面を指定した設定で開き、選択したファイルを変数myfileに代入する（詳細はP176参照）。③変数myfileに代入されたテキストファイルを、データ形式を指定して新規ブックで開く（詳細はP174参照）。④アクティブシート（新規ブックで開いたシートがアクティブになっているため）のセルA1を含むアクティブセル領域をコピーし、変数

wsのA列の新規入力行のセル（最下行、1列目（A列）のセルから上端のセルの1つ下のセル）に貼り付け、アクティブブックを閉じる。

**✓ここがポイント!**

**使用例の「③データ転記」について、下図のような仕組みになっています。**

**● テキストファイルを開いた新規ブック**

**● マクロを実行しているブックの1つ目のシート**

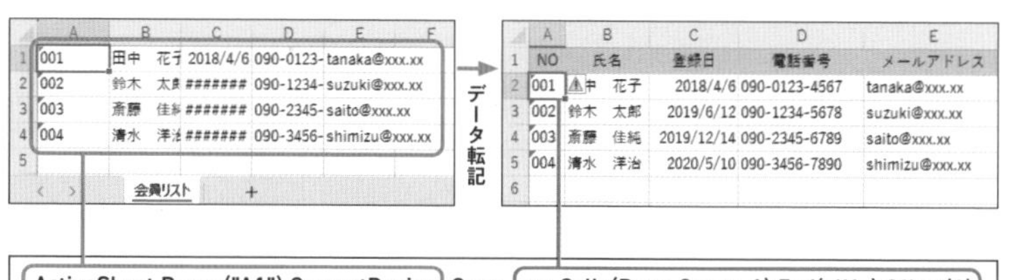


ActiveSheet.Range("A1").CurrentRegion.Copy ws.Cells(Rows.Count, 1).End(xlUp).Offset(1)

アクティブシートのセルA1を含むアクティブセル領域**をコピーし、**変数wsのA列（1列目）の最下行のセルから上端のセルの1つ下のセル**に貼り付ける**

## Tips 複数のテキストファイルのデータをまとめてブックに取り込む

同じ形式のテキストファイルが複数ある場合、複数ファイルを選択してまとめてブックに取り込むようにするには、上の使用例をベースに下図のように変更します。ポイントは(A)でテキストファイルのパスを代入する変数myfileのデータ型をバリアント型にします。これは、For Eachステートメントの繰り返しで配列の値を使う場合は、代入する変数のデータ型をバリアント型にする必要があるためです。また、(B)で「.AllowMultiSelect = True」とすることで［ファイルを開く］画面で複数ファイルを選択できる設定にしています。最後に(C)で「For Each myfile In .SelectedItems」として、選択した複数のテキストファイルのパスについて、1つずつ変数myfileに代入して、OpenTextメソッドでファイルを開き、開いたファイルのデータをマクロを実行している1つ目のシートに転記します（51_4テキストデータの転記_複数.xlsm）。

```
Sub テキストデータ転記()
    Dim myfile As Variant  '(A)バリアント型
    Dim ws As Worksheet
    Set ws = ThisWorkbook.Worksheets(1)
    '①テキストファイル選択
    With Application.FileDialog(msoFileDialogOpen)
        .AllowMultiSelect = True  '(B)複数選択可
        .FilterIndex = 6
        .InitialFileName = "C:\VBA\4章\テキストファイル\"
        If .Show = -1 Then
            For Each myfile In .SelectedItems  '(C)選択された各ファイルの処理
                '②テキストファイルを開く
                Workbooks.OpenText Filename:=myfile, StartRow:=2, _
                    Comma:=True, FieldInfo:=Array(Array(1, 2), _
                    Array(2, 1), Array(3, 1), Array(4, 1))
                '③データの転記
                ActiveSheet.Range("A1").CurrentRegion.Copy _
                    ws.Cells(Rows.Count, 1).End(xlUp).Offset(1)
                ActiveWorkbook.Close
            Next
        End If
    End With
End Sub
```

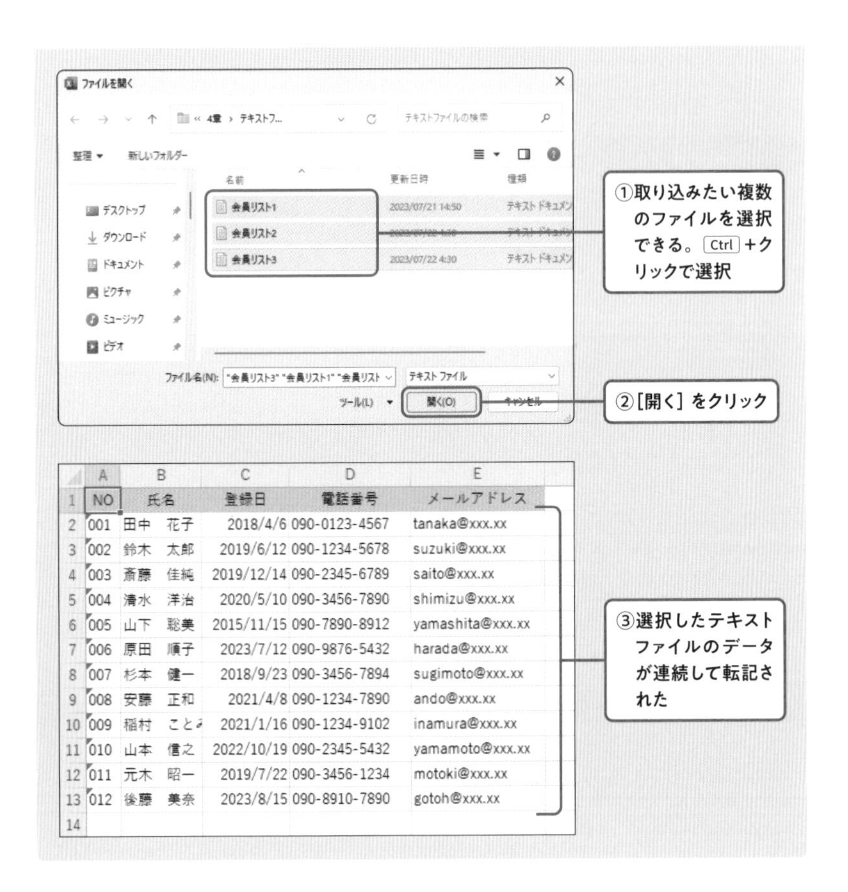


| | A | B | C | D | E |
|---|---|---|---|---|---|
| 1 | NO | 氏名 | 登録日 | 電話番号 | メールアドレス |
| 2 | 001 | 田中　花子 | 2018/4/6 | 090-0123-4567 | tanaka@xxx.xx |
| 3 | 002 | 鈴木　太郎 | 2019/6/12 | 090-1234-5678 | suzuki@xxx.xx |
| 4 | 003 | 斎藤　佳純 | 2019/12/14 | 090-2345-6789 | saito@xxx.xx |
| 5 | 004 | 清水　洋治 | 2020/5/10 | 090-3456-7890 | shimizu@xxx.xx |
| 6 | 005 | 山下　聡美 | 2015/11/15 | 090-7890-8912 | yamashita@xxx.xx |
| 7 | 006 | 原田　順子 | 2023/7/12 | 090-9876-5432 | harada@xxx.xx |
| 8 | 007 | 杉本　健一 | 2018/9/23 | 090-3456-7894 | sugimoto@xxx.xx |
| 9 | 008 | 安藤　正和 | 2021/4/8 | 090-1234-7890 | ando@xxx.xx |
| 10 | 009 | 稲村　こと | 2021/1/16 | 090-1234-9102 | inamura@xxx.xx |
| 11 | 010 | 山本　信之 | 2022/10/19 | 090-2345-5432 | yamamoto@xxx.xx |
| 12 | 011 | 元木　昭一 | 2019/7/22 | 090-3456-1234 | motoki@xxx.xx |
| 13 | 012 | 後藤　美奈 | 2023/8/15 | 090-8910-7890 | gotoh@xxx.xx |
| 14 | | | | | |

# 氏名にフリガナを設定し、フリガナ列に表示する

365•2021•
2019•2016
対応

取り込んだテキストファイルに［フリガナ］列がないと、手入力しないといけないので大変です。

外部データの場合は、フリガナ情報を持ちませんから。漢字の情報からフリガナを設定するメソッドを利用しましょう。

## フリガナを設定する

RangeオブジェクトのSetPhoneticメソッドを使うと、セルに入力されている文字にフリガナを設定することができます。

### SetPhoneticメソッド

#### 構文

```
Rangeオブジェクト.Setphonetic
```

**解説**：指定したセル範囲にフリガナを設定する。

## フリガナを表示する

［氏名］などに設定されているフリガナ情報を取り出すには、ExcelのPHONETIC関数をそのまま入力する方法がいいでしょう。セルにPHONETIC関数を入力しておけば、フリガナに修正を加えた場合、すぐに反映されるためです。セルに関数を入力するには、RangeオブジェクトのFormulaプロパティを使います（レッスン19参照）。

### PHONETIC関数

#### 構文

```
Rangeオブジェクト.Formula="=PHONETIC(セル番地)"
```

**解説**：指定したセル範囲に関数「=PHONETIC(セル番地)」を入力する。引数「セル番地」でふりがな情報を取り出したいセルまたはセル範囲を指定する。

## セルを挿入する

フリガナ用の列を追加したい場合は、RangeオブジェクトのInsertメソッドを使って、指定した範囲にセルを挿入します。

### Insertメソッド

#### 構文

```
Rangeオブジェクト.Insert([Shift], [CopyOrigin])
```

**解説**：引数「Shift」でセルを挿入後、元の位置にあったセルを移動する方向を定数を使って指定する。引数「CopyOrigin」で挿入後のセルに隣接するどのセルの書式を適用するかを定数で指定する。どちらの引数も省略した場合はExcelが自動で判断する。

#### 引数Shiftの設定値

| 定　数 | 内　容 |
|---|---|
| xlShitToRight | 右方向にシフト |
| xlShiftDown | 下方向にシフト |

#### 引数CopyOriginの設定値

| 定　数 | 内　容 |
|---|---|
| xlFormatFromLeftOrAbove | 隣接した左または上の書式を適用 |
| xlFormatFromRightOrBelow | 隣接した右または下のセルの書式を適用 |

#### 使用例：氏名にフリガナを設定し、フリガナ列を追加する

Sample 52_フリガナ設定.xlsm

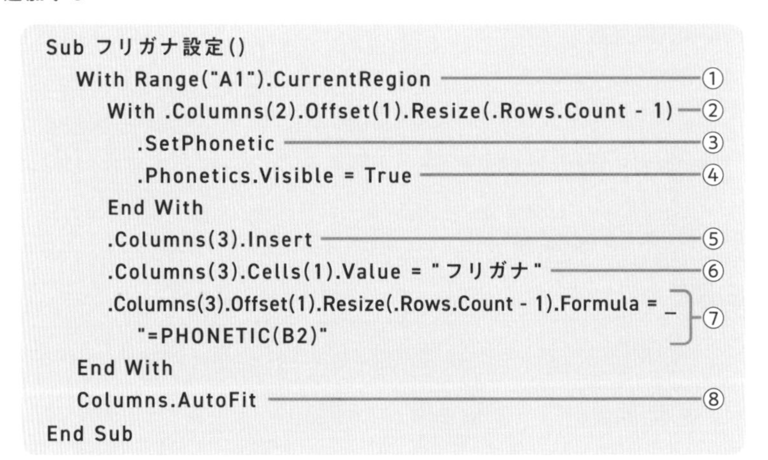

```
Sub フリガナ設定()
    With Range("A1").CurrentRegion                          ①
        With .Columns(2).Offset(1).Resize(.Rows.Count - 1)  ②
            .SetPhonetic                                    ③
            .Phonetics.Visible = True                       ④
        End With
        .Columns(3).Insert                                  ⑤
        .Columns(3).Cells(1).Value = "フリガナ"              ⑥
        .Columns(3).Offset(1).Resize(.Rows.Count - 1).Formula = _  ⑦
            "=PHONETIC(B2)"
    End With
    Columns.AutoFit                                         ⑧
End Sub
```

**解説**：①セルA1を含むアクティブセル領域について以下の処理を実行する。②2列目のデータ部分に以下の処理を実行する。③フリガナを設定し、④フリガナを表示する。⑤3列目にセルを挿入する。⑥挿入された3列目の1つ目のセルに「フリガナ」と入力する。⑦3列目のデータ部分に関数「=PHONETIC(B2)」を入力する。⑧ワークシートの列全体の列幅を文字長に合わせて自動調整する。

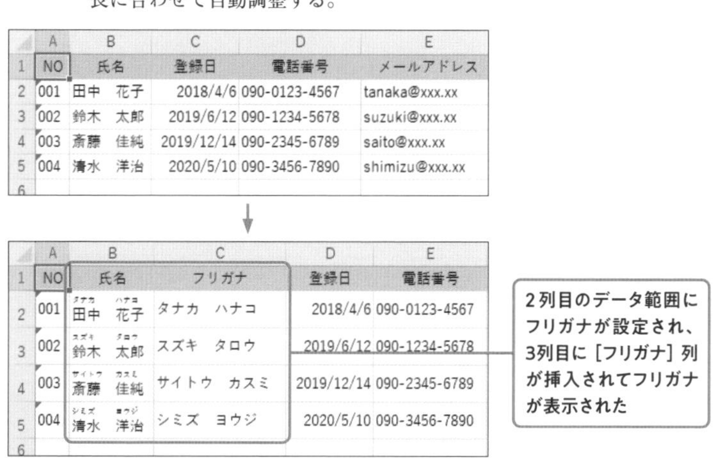


## ✓ここがポイント!

**2列目のデータ範囲にフリガナを設定したり、3列目のデータ範囲にPHONETIC関数を入力してフリガナを表示するのに、データの件数に合わせて自動的に範囲を調整しています。見出し行を除く列のデータ範囲を参照するのに、Columnsプロパティ、Offsetプロパティ、Resizeプロパティを使っています。それぞれの詳細は第2章を参照してください。**

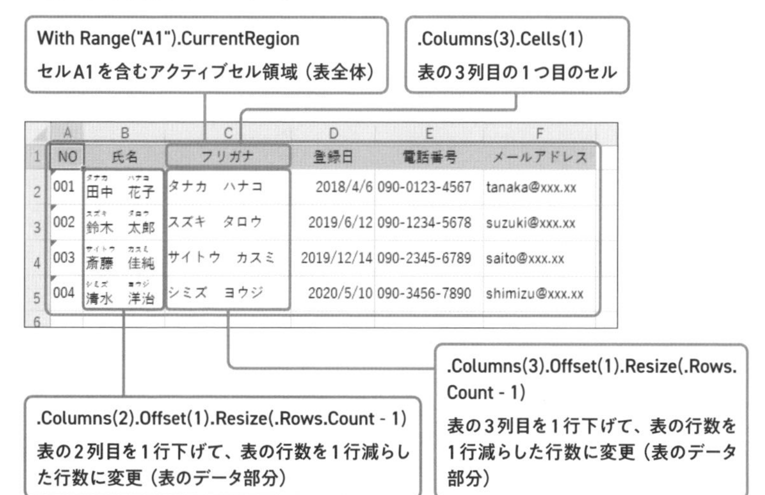

## Tips　フリガナの表示・非表示の切り替えと修正方法

使用例の④で「Rangeオブジェクト.Phonetics.Visible=True」の書式で2列目のデータ範囲にフリガナを表示する設定にしています。表示する必要がなければ省略してください。なお、手動でフリガナの表示・非表示を切り替えるには、セル範囲を選択し、［ホーム］タブ→［ふりがなの表示/非表示］をクリックします。フリガナの修正は手入力で行います。セルを選択し、Shift+Alt+↑キーでフリガナを編集状態にして、必要な修正を加えたらEnterキーで確定してください。

### ● フリガナの表示・非表示

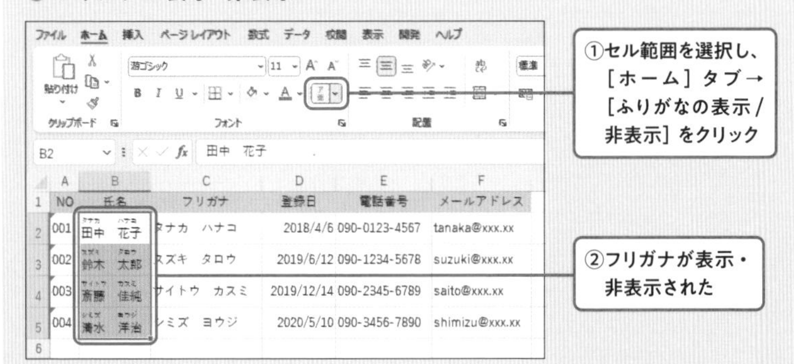


### ● フリガナの修正

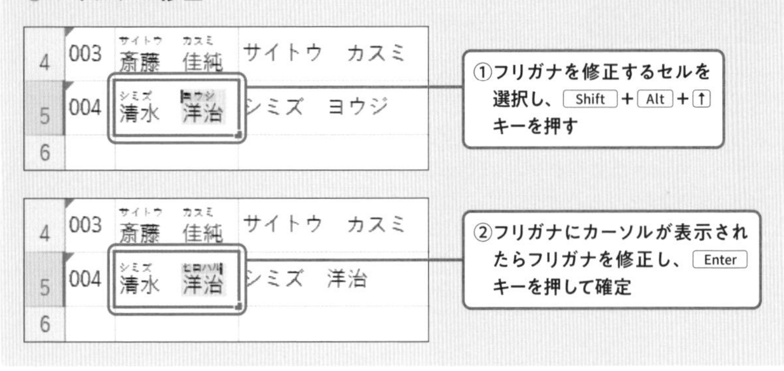

# 住所などの表記の揺れを統一する

365・2021・2019・2016対応

住所データで数字や建物名にカタカナやアルファベットの全角と半角が混在しているので統一したいです。

それなら、文字の種類を変換する関数を使って一気に修正してしまいましょう。

## 文字の種類を変換する

半角を全角に統一するとか、小文字を大文字に統一するなど、文字種を変更するにはStrConv関数を使います。

### StrConv関数

#### 構文

```
StrConv(文字列, 変換形式)
```

**解説**：引数「文字列」で指定した文字列を、引数「変換形式」で指定した種類に変換する。変換形式は下表の定数で指定し、互いに矛盾しなければ「vbUpperCase+vbNarrow」または値を合計して「9」のように記述して組み合わせることができる。

#### 変換形式の定数（VbStrConv列挙型）

| 定　数 | 値 | 内　容 |
|---|---|---|
| vbUpperCase | 1 | 大文字に変換 |
| vbLowerCase | 2 | 小文字に変換 |
| vbProperCase | 3 | 各単語の先頭の文字を大文字に変換 |
| vbWide | 4 | 半角文字を全角文字に変換 |
| vbNarrow | 8 | 全角文字を半角文字に変換 |
| vbKatakana | 16 | ひらがなをカタカナに変換 |
| vbHiragana | 32 | カタカナをひらがなに変換 |
| vbUnicode | 64 | 文字コードを Unicode に変換（Mac不可） |
| vbFromUnicode | 128 | 文字列をUnicode からシステムの既定のコードに変換（Mac不可） |

## 使用例：住所の表記を全角に統一する

Sample 53_表記ゆれ修正.xlsm

```
Sub 表記ゆれ修正()
    Dim i As Integer
    i = 2 ―――――――――――――――――――――――――――――― ①
    Do While Cells(i, 1).Value <> "" ―――――――――――― ②
        Cells(i, 4).Value = StrConv(Cells(i, 4).Value, vbWide) ―― ③
        i = i + 1 ―――――――――――――――――――――――――― ④
    Loop ――――――――――――――――――――――――――――――― ⑤
End Sub
```

**解説**：①変数iに2を代入する。②i行、1列目のセルの値が空欄でない間以下の処理を繰り返す。③i行4列目の値を全角文字に変換した文字列を、i行4列目の値に設定する。④変数iに1を加算する。⑤Doの行に戻る。

| | A | B | C | D |
|---|---|---|---|---|
| 1 | NO | 氏名 | 郵便番号 | 住所 |
| 2 | 1001 | 沢田　佳純 | 302-0006 | 茨城県取手市青柳1-1-xx |
| 3 | 1002 | 野原　加奈子 | 182-0014 | 東京都調布市柴崎２－３－ｘ |
| 4 | 1003 | 近藤　俊介 | 271-0065 | 千葉県松戸市南花島110　ﾊｲﾂ花島205 |
| 5 | 1004 | 崎山　紀子 | 830-0045 | 福岡県久留米市小頭町5-4- x |
| 6 | 1005 | 和田　北斗 | 596-0077 | 大阪府岸和田市上町８－ｘ プラザ○○105 |
| 7 | 1006 | 斉藤　恵一 | 157-0076 | 東京都世田谷区岡本2-12 |
| 8 | 1007 | 本城　勉 | 892-0816 | 鹿児島県鹿児島市山下町４－１０ |

↓

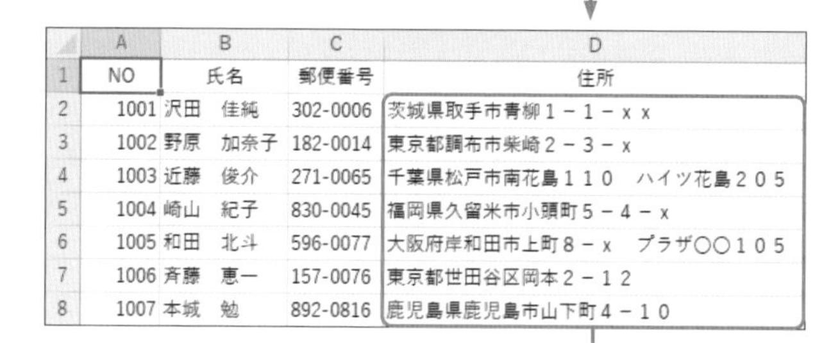

| | A | B | C | D |
|---|---|---|---|---|
| 1 | NO | 氏名 | 郵便番号 | 住所 |
| 2 | 1001 | 沢田　佳純 | 302-0006 | 茨城県取手市青柳１－１－ｘｘ |
| 3 | 1002 | 野原　加奈子 | 182-0014 | 東京都調布市柴崎２－３－ｘ |
| 4 | 1003 | 近藤　俊介 | 271-0065 | 千葉県松戸市南花島１１０　ハイツ花島２０５ |
| 5 | 1004 | 崎山　紀子 | 830-0045 | 福岡県久留米市小頭町５－４－ｘ |
| 6 | 1005 | 和田　北斗 | 596-0077 | 大阪府岸和田市上町８－ｘ　プラザ○○１０５ |
| 7 | 1006 | 斉藤　恵一 | 157-0076 | 東京都世田谷区岡本２－１２ |
| 8 | 1007 | 本城　勉 | 892-0816 | 鹿児島県鹿児島市山下町４－１０ |

4列目の［住所］列の文字列が全角に統一された

### ためしてみよう

［住所］列で数値やカタカナなど半角に変換できる文字列を半角に統一してみましょう。ヒントは、変換形式を「vbNarrow」に指定します。

**繰り返し処理でセルを移動しながら、順番にStrConv関数で変換するんですね。**

**はい。変数iを行番号にして、表を1行ずつ下に移動しながら、［NO］列の値が空欄でない間、［住所］列の値をStrConv関数で変換し、設定し直しています。**

Lesson 54

# [氏名]をスペースを区切りに[姓]列と[名]列に分割する

365・2021・2019・2016対応

[氏名] 列を [姓] 列と [名] 列で管理したいのですが、間にあるスペースを区切りに列を分割するには？

スペースのように、明確に列の区切り文字として指定できる文字がある場合は、TextToColumnsメソッドを使うと便利です。

## 指定した区切り文字で区切って列を分割する

Rangeオブジェクトの TextToColumnsメソッドを使うと、セル内に入力されている文字列がスペース、カンマ、タブなどで区切られている場合、それを区切り文字として複数の列に分割します。例えば［氏名］列で姓と名がスペースで区切られている場合は、スペースを区切りに2つの列に分割することができます。

### TextToColumnsメソッド

#### 構文

```
Rangeオブジェクト.TextToColumns([Destination], [Space])
```

**解説**：引数「Destination」で分割した結果を表示するセルを指定。省略した場合は、分割元のセルが表示先のセルとなる。分割元のセルは1列のみ指定できる。また、表示先のセルにデータが入力されているとメッセージが表示され、上書きされる。そのため、分割される列数だけ空白の列を用意しておく。引数「Space」をTrueにすると、スペースを区切りとして列が分割される。なお、TextToColumnsメソッドは全部で14の引数が用意されている。主な引数は下表のとおり。詳細はヘルプを参照。

#### TextToColumnsの主な引数

| 引　数 | 内　容 |
|---|---|
| Destination | 結果表示先セル。省略時は分割元のセルを表示先の先頭列として表示される |
| DataType | データ形式。区切り文字形式の場合：xlDelimited(既定値)、固定長フィールド：xlFixedWidth |
| TextQualifier | 引用符「"」の場合：xlTextQualiferDoubleQuote(既定値)、「'」の場合：xlTextQualifierSingleQuote、なし：xlTextQualifierNone |

| Tab | 区切り文字がタブの場合：True。既定値はFalse |
|---|---|
| Semicolon | 区切り文字がセミコロン「;」の場合：True。既定値はFalse |
| Comma | 区切り文字がカンマ「,」の場合：True。既定値はFalse |
| Space | 区切り文字がスペースの場合：True。既定値はFalse |
| Other | 区切り文字を引数「OtherChar」で指定した文字にする場合：True。既定値はFalse |
| OtherChar | 引数「Other」がTrueの場合の区切り文字を指定 |

### ● 使用例：[氏名]列をスペースを区切りに[姓]列と[名]列に分割する

Sample 54_文字列分割.xlsm

```
Sub 文字列分割()
    With Range("A1").CurrentRegion ―――――――――――――――――①
        .Columns(3).Insert ―――――――――――――――――――――――――②
        .Columns(2).TextToColumns Space:=True ―――――――――③
        .Rows(1).Cells(2).Value = "姓" ┐
        .Rows(1).Cells(3).Value = "名" ┘―――――――――――――――④
        .Columns.AutoFit ―――――――――――――――――――――――――――⑤
    End With
End Sub
```

**解説**：①セルA1を含むアクティブセル領域について以下の処理を実行する。②3列目に列を挿入し、③2列目の文字列をスペースを区切りに複数列に分割する。引数「Destination」を省略しているため、2列目を表示列の先頭列としている。④1行目の2つ目のセルに「姓」、3つ目のセルに「名」と入力する。⑤表内のすべての列の列幅を文字数に合わせて自動調整する。

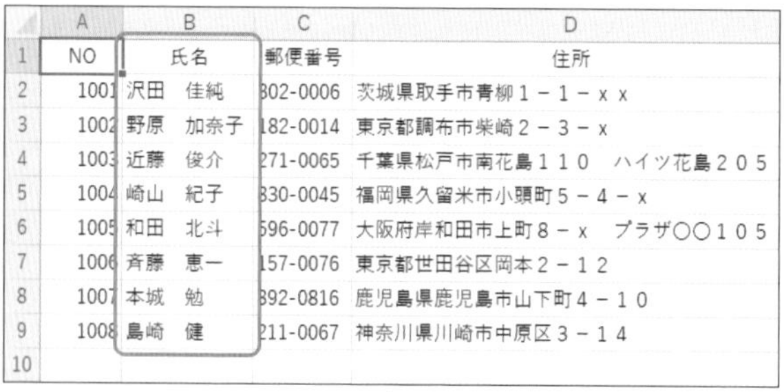

|  | A | B | C | D |
|---|---|---|---|---|
| 1 | NO | 氏名 | 郵便番号 | 住所 |
| 2 | 1001 | 沢田　佳純 | 302-0006 | 茨城県取手市青柳１－１－ｘｘ |
| 3 | 1002 | 野原　加奈子 | 182-0014 | 東京都調布市柴崎２－３－ｘ |
| 4 | 1003 | 近藤　俊介 | 271-0065 | 千葉県松戸市南花島１１０　ハイツ花島２０５ |
| 5 | 1004 | 崎山　紀子 | 830-0045 | 福岡県久留米市小頭町５－４－ｘ |
| 6 | 1005 | 和田　北斗 | 596-0077 | 大阪府岸和田市上町８－ｘ　プラザ○○１０５ |
| 7 | 1006 | 斉藤　恵一 | 157-0076 | 東京都世田谷区岡本２－１２ |
| 8 | 1007 | 本城　勉 | 892-0816 | 鹿児島県鹿児島市山下町４－１０ |
| 9 | 1008 | 島崎　健 | 211-0067 | 神奈川県川崎市中原区３－１４ |
| 10 |  |  |  |  |

↓

| | A | B | C | D | E |
|---|---|---|---|---|---|
| 1 | NO | 姓 | 名 | 郵便番号 | 住所 |
| 2 | 1001 | 沢田 | 佳純 | 302-0006 | 茨城県取手市青柳１－１－ｘｘ |
| 3 | 1002 | 野原 | 加奈子 | 182-0014 | 東京都調布市柴崎２－３－ｘ |
| 4 | 1003 | 近藤 | 俊介 | 271-0065 | 千葉県松戸市南花島１１０　ハイツ花島２０５ |
| 5 | 1004 | 崎山 | 紀子 | 830-0045 | 福岡県久留米市小頭町５－４－ｘ |
| 6 | 1005 | 和田 | 北斗 | 596-0077 | 大阪府岸和田市上町８－ｘ　プラザ○○１０５ |
| 7 | 1006 | 斉藤 | 恵一 | 157-0076 | 東京都世田谷区岡本２－１２ |
| 8 | 1007 | 本城 | 勉 | 892-0816 | 鹿児島県鹿児島市山下町４－１０ |
| 9 | 1008 | 島崎 | 健 | 211-0067 | 神奈川県川崎市中原区３－１４ |
| 10 | | | | | |

［氏名］列がスペースを区切りに［姓］と［名］に分割された

**✓ここがポイント！**

分割されると列方向に分割された値が表示されるため、分割後の列数分の列をあらかじめ用意しておきます。ここでは、引数「Destination」を省略しているため、［氏名］列が表示先の先頭列となります。この列に［姓］、隣の列に［名］が表示されることになるため、②のように3列目に1列挿入して［名］用の列を用意しています。また、分割して値が表示される列に書式が設定されていたり、データが入力されていたりすると、確認メッセージが表示され、そのまま実行するとデータが上書きされます。確認メッセージを表示したくない場合は、Application.DisplayAlertプロパティ（レッスン89）を使って表示されないようにするといいでしょう。

あっという間に分割できましたね！　スペースだけでなく、「,」（カンマ）で区切られた文字列もTextToColumnsメソッドで簡単に列に分割できそうですね。

その場合は、引数に「Space:=True」ではなく、「Comma:=True」に指定しますよ。また、罫線などの書式が設定されていると、表示先のセルにデータが入力されていなくても確認メッセージが表示されますから、表示したくない場合はDisplayAlertプロパティで確認メッセージが表示されないようにすることができますよ。

Lesson 55

# [姓]列と[名]列を[氏名]列にまとめる

365・2021・2019・2016対応

前レッスンでは、1つの列を複数の列に分割しましたが、逆に［姓］列と［名］列を［氏名］列にまとめるには？

複数の列を1つにまとめる方法として、列と列を「&」でつなげるのがシンプルですがいいと思います。

## 複数のセルの値を連結

「&」（アンパサント）を使うと、文字列と文字列を連結させて一続きの文字列にすることができます。列と列を連結するにも「&」を使います。

### & (アンパサント)

#### 構文

```
文字列1 & 文字列2
```

**解説**：引数「文字列1」や引数「文字列2」には、「"商品"」のように「"」で囲んだ文字列を指定したり、セルの値や変数、計算式の結果を指定したりすることができる。

#### 使用例：[姓]と[名]を[氏名]列にまとめる

Sample 55_列結合.xlsm

```
Sub 列結合()
    Dim i As Integer
    With Range("A1").CurrentRegion.Columns(2) ―①
        For i = 1 To .Rows.Count - 1 ―②
            .Cells(1).Offset(i).Value = _
                .Cells(1).Offset(i).Value & "　" & _
                .Cells(1).Offset(i, 1).Value ―③
        Next
        .Offset(, 1).Delete ―④
        .Cells(1).Value = "氏名" ―⑤
    End With
    Range("A1").CurrentRegion.Columns.AutoFit ―⑥
End Sub
```

**解説**：①セルA1を含む表全体（アクティブセル領域）の2列目について以下の処理を実行する。②変数iが1から「表の行数-1」（データ件数）になるまで以下の処理を繰り返す。③2列目の1つ目のセル（[姓] のセル）のi行下のセルに、1つ目のセルのi行下のセルの値、全角のスペース、1つ目のセルのi行下で1列右のセルの値を連結した文字列を代入する（これをデータ件数分繰り返す）。④2列目の1つ右の列（[名] の列）を削除する。⑤2列目の1つ目のセルに「氏名」と入力する。⑥セルA1を含むアクティブセル領域のすべての列の列幅を文字長に合わせて自動調整する。

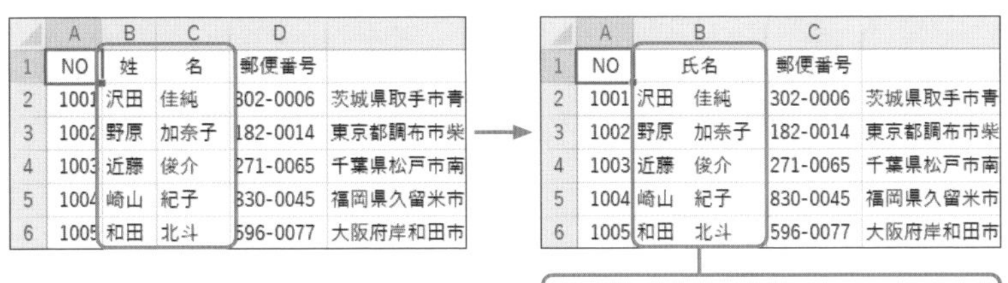


**ここがポイント！**

**使用例では、セルA1を含む表の2列目の1つ目のセルを基準にOffsetプロパティでi行下のセルと全角スペース、i行下で1列右のセルの文字列を連結しています。**

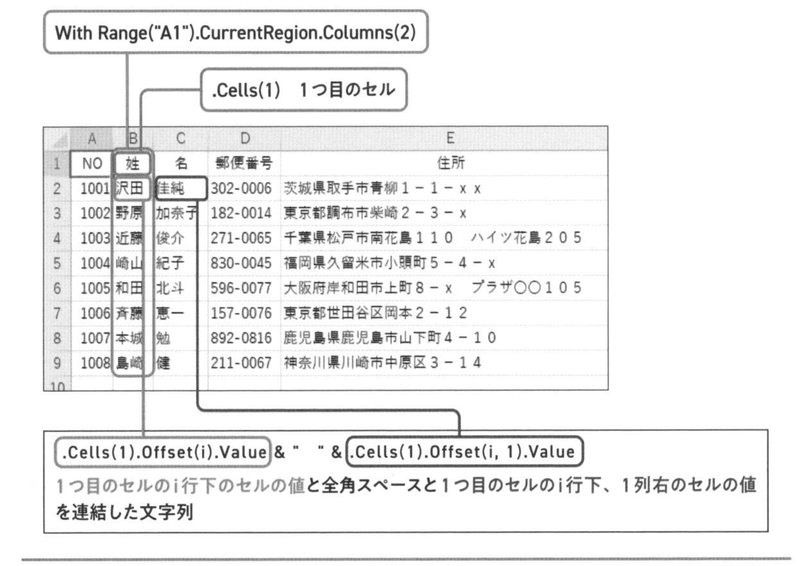

# [住所]列を[都道府県]列と[住所1]列に分割する

365・2021・
2019・2016
対応

[住所] 列から都道府県を取り出して [都道府県] 列と [住所1] 列で分割するには、どうすればいいですか？

都道府県は「神奈川県」「和歌山県」「鹿児島県」の3つの県が4文字で、後の県は3文字であることを使って分割できます。

## 都道府県を取り出す

住所が「神奈川県」「和歌山県」「鹿児島県」のいずれかの場合は左から4文字、それ以外は3文字取り出した文字列が都道府県になります。これは、Left関数を使って取り出せます。また、都道府県を除いた住所はReplace関数を使って住所から都道府県を「""」で置き換えることで取得できます。

### Left関数

#### 構文

```
Left(文字列, 文字数)
```

**解説**：指定した引数「文字列」から左から引数「文字数」分の文字列を取り出す。

### Replace関数

#### 構文

```
Replace(文字列, 検索文字列, 置換文字列)
```

**解説**：指定した引数「文字列」に含まれる引数「検索文字列」を引数「置換文字列」に置換する。ここでは一部の引数を省略している。

#### 使用例：[住所]列から[都道府県]列と[住所1]列に分割する

Sample 56_都道府県分割.xlsm

```
Sub 都道府県分割()
    Dim i As Integer
    Dim str As String, str1 As String, str2 As String
```

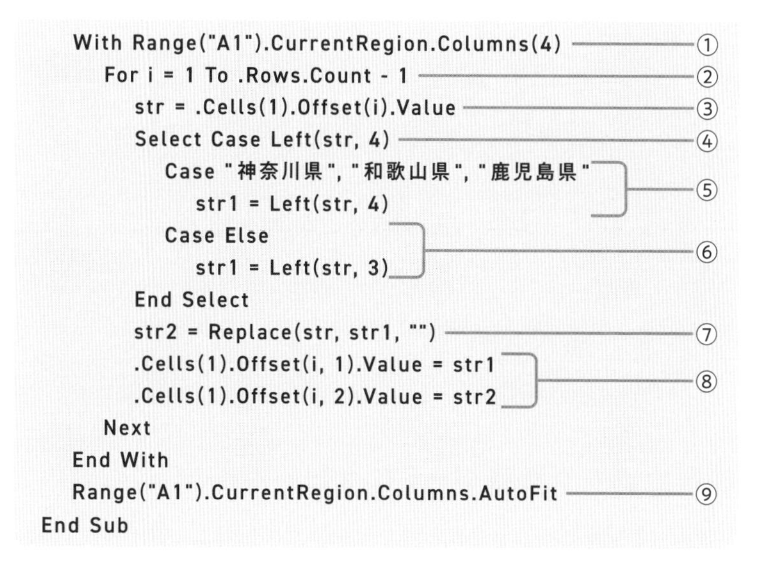

```
    With Range("A1").CurrentRegion.Columns(4) ─①
        For i = 1 To .Rows.Count - 1 ─②
            str = .Cells(1).Offset(i).Value ─③
            Select Case Left(str, 4) ─④
                Case "神奈川県", "和歌山県", "鹿児島県" ┐
                    str1 = Left(str, 4)              ┘─⑤
                Case Else            ┐
                    str1 = Left(str, 3)┘─⑥
            End Select
            str2 = Replace(str, str1, "") ─⑦
            .Cells(1).Offset(i, 1).Value = str1 ┐
            .Cells(1).Offset(i, 2).Value = str2 ┘─⑧
        Next
    End With
    Range("A1").CurrentRegion.Columns.AutoFit ─⑨
End Sub
```

解説：①セルA1を含むアクティブセル領域の4列目について以下の処理を実行する。②変数iが1から「表の行数-1」(データ件数)になるまで以下の処理を繰り返す。③変数strに4列目の1つ目のセルのi行下のセルの値(住所)を代入する。④変数strの左から4文字について、⑤「神奈川県」「和歌山県」「鹿児島県」のいずれかの場合、変数str1に変数strの左から4文字を代入する。⑥それ以外の場合、変数str1に変数strの左から3文字を代入する。⑦変数str2に変数strの中の変数str1を「""」に置換した文字列を代入する。⑧4列目の1つ目のセルのi行下、1列右のセルに変数str1を入力し、i行下、2列右のセルに変数str2を入力する。⑨セルA1を含むアクティブセル領域の全列の列幅を文字長に合わせて自動調整する。

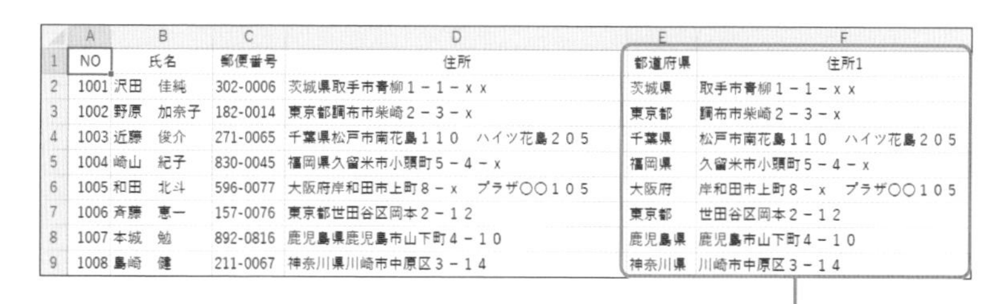

| | A | B | C | D | E | F |
|---|---|---|---|---|---|---|
| 1 | NO | 氏名 | 郵便番号 | 住所 | 都道府県 | 住所1 |
| 2 | 1001 | 沢田　佳純 | 302-0006 | 茨城県取手市青柳１－１－ｘｘ | 茨城県 | 取手市青柳１－１－ｘｘ |
| 3 | 1002 | 野原　加奈子 | 182-0014 | 東京都調布市柴崎２－３－ｘ | 東京都 | 調布市柴崎２－３－ｘ |
| 4 | 1003 | 近藤　俊介 | 271-0065 | 千葉県松戸市南花島１１０　ハイツ花島２０５ | 千葉県 | 松戸市南花島１１０　ハイツ花島２０５ |
| 5 | 1004 | 崎山　紀子 | 830-0045 | 福岡県久留米市小頭町５－４－ｘ | 福岡県 | 久留米市小頭町５－４－ｘ |
| 6 | 1005 | 和田　北斗 | 596-0077 | 大阪府岸和田市上町８－ｘ　プラザ○○１０５ | 大阪府 | 岸和田市上町８－ｘ　プラザ○○１０５ |
| 7 | 1006 | 斉藤　恵一 | 157-0076 | 東京都世田谷区岡本２－１２ | 東京都 | 世田谷区岡本２－１２ |
| 8 | 1007 | 本城　勉 | 892-0816 | 鹿児島県鹿児島市山下町４－１０ | 鹿児島県 | 鹿児島市山下町４－１０ |
| 9 | 1008 | 島崎　健 | 211-0067 | 神奈川県川崎市中原区３－１４ | 神奈川県 | 川崎市中原区３－１４ |

[住所] 列が [都道府県] 列と [住所1] 列に分割された

**✓ここがポイント!**

**⑦で、住所の中から都道府県だけ削除するのに、Replace関数で、都道府県の値str1を「""」で置換しています。また、ここでは結果確認用に [住所] 列を残していますが、不要であれば、NextとEnd Withの間の行に「.Delete」を追加して [住所] 列を削除してください。**

Lesson 57

# 「登録解除」と入力されている行を別シートに転記する

365・2021・2019・2016対応

会員マスターをメンテナンスしたいのですが、登録解除した会員を別のシートにまとめたいんです。

セルに「登録解除」と入力されている行を、別シートにコピーするんですね。繰り返し処理と条件分岐でできますよ。

## 表内のデータを別シートにコピーする

複数のシートを扱うときは、各シートのセルを正しく指定するように注意してください。使用例では、[Sheet1] シートがアクティブシートで、シートの記述を省略しています。コピー先の [登録解除] シートを変数wsに代入して指定していることに注目してください。

● **使用例:「登録解除」のデータを別シートに転記**

Sample 57_表内データ転記.xlsm

```
Sub 登録解除データ転記()
    Dim i As Long, ws As Worksheet
    Set ws = Worksheets("登録解除") ―――①
    With Range("A1").CurrentRegion ―――②
        For i = 1 To .Rows.Count - 1 ―――③
          If .Columns(5).Cells(1).Offset(i).Value = "登録解除" Then ―④
              .Rows(i + 1).Copy _
                  ws.Cells(ws.Rows.Count, 1).End(xlUp).Offset(1) ―⑤
          End If
        Next
    End With
End Sub
```

**解説**：①変数wsに [登録解除] シートを代入する。②セルA1を含むアクティブセル領域について以下の処理を実行する。③変数iが1から「表の行数-1」(データ件数) になるまで以下の処理を繰り返す。④表の5列目の1つ目のセルのi行下のセルの値が「登録解除」の場合、⑤表の「i+1」行目をコピーし、変数wsのシートの1列目の最下行から上端のセルの1行下のセル (新規入力行のセル) に貼り付ける。

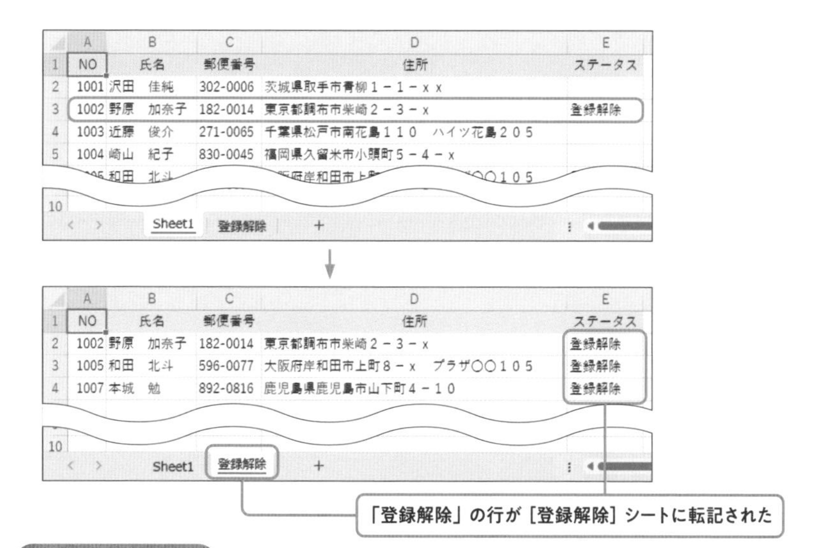


**ここがポイント！**

セルA1を含むアクティブセル領域の5列目に「登録解除」が記入されているため、表のデータを見出しのセル（Columns(5).Cells(1)）からOffsetプロパティで変数iを使って繰り返し処理で1行ずつ下に移動しながらチェックします。「登録解除」が入力されている行は、表の「i+1」行目となることに注意します。この行を転記する行として、［登録解除］シートの新規入力行にコピーします。新規入力行はA列の最下行から上端のセルの1つ下のセルで取得できるため、「ws.Cells(ws.Rows.Count, 1).End(xlUp).Offset(1)」で取得していることもポイントです。

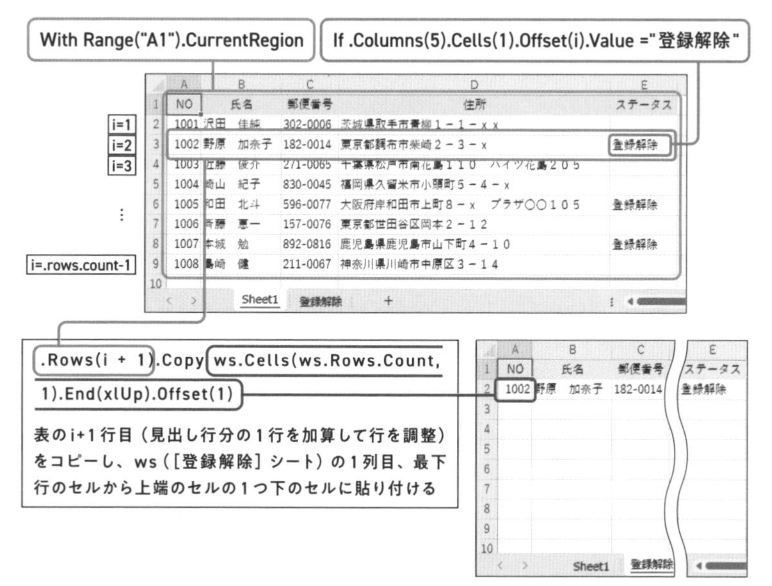

Lesson 58

# 「登録解除」と入力されている行を削除する

365・2021・2019・2016対応

［登録解除］のデータを別シートに転記できたら、元の表から［登録解除］の行を削除するには？

これも条件分岐と繰り返し処理を使います。ただし、行削除をする場合は、繰り返しの方法に工夫が必要になります。

## セルを削除する

表の行を削除するなど、指定したセル範囲を削除するには、Rangeオブジェクトのサブ Deleteメソッドを使います。

### Deleteメソッド

#### 構文

```
Rangeオブジェクト.Delete([Shift])
```

**解説**：指定したセル範囲のセルを削除する。引数「Shift」で削除後のセルの移動方向を定数で指定する。xlShiftToLeftにすると左方向にシフトし、xlShiftUpにすると上方向にシフトする。省略した場合は、Excelが自動で判断して移動する。

#### 使用例：「登録解除」と入力されている行を削除する

Sample 58_1表内行削除.xlsm

```
Sub 登録解除データ削除()
    Dim i As Long, cnt As Long
    With Range("A1").CurrentRegion ―――①
        cnt = .Rows.Count ―――②
        For i = cnt To 2 Step -1 ―――③
            If Cells(i, 5).Value = "登録解除" Then ―――④
                .Rows(i).Delete ―――⑤
            End If
        Next
    End With
End Sub
```

**解説**：①セルA1を含むアクティブセル領域（表）について以下の処理を実行する。②変数cntに表の行数を代入する。③変数iが表の行数から2なるまで1ずつ減算しながら以下の処理を繰り返す。④もし、i行5列目のセルの値が「登録解除」であれば、⑤表のi行目を削除する。

| | A | B | C | D | E |
|---|---|---|---|---|---|
| 1 | NO | 氏名 | 郵便番号 | 住所 | ステータス |
| 2 | 1001 | 沢田　佳純 | 302-0006 | 茨城県取手市青柳１－１－ｘｘ | |
| 3 | 1002 | 野原　加奈子 | 182-0014 | 東京都調布市柴崎２－３－ｘ | 登録解除 |
| 4 | 1003 | 近藤　俊介 | 271-0065 | 千葉県松戸市南花島１１０　ハイツ花島２０５ | |
| 5 | 1004 | 崎山　紀子 | 830-0045 | 福岡県久留米市小頭町５－４－ｘ | |
| 6 | 1005 | 和田　北斗 | 596-0077 | 大阪府岸和田市上町８－ｘ　プラザ○○１０５ | 登録解除 |
| 7 | 1006 | 斉藤　恵一 | 157-0076 | 東京都世田谷区岡本２－１２ | |
| 8 | 1007 | 本城　勉 | 892-0816 | 鹿児島県鹿児島市山下町４－１０ | 登録解除 |
| 9 | 1008 | 島崎　健 | 211-0067 | 神奈川県川崎市中原区３－１４ | |

↓

| | A | B | C | D | E |
|---|---|---|---|---|---|
| 1 | NO | 氏名 | 郵便番号 | 住所 | ステータス |
| 2 | 1001 | 沢田　佳純 | 302-0006 | 茨城県取手市青柳１－１－ｘｘ | |
| 3 | 1003 | 近藤　俊介 | 271-0065 | 千葉県松戸市南花島１１０　ハイツ花島２０５ | |
| 4 | 1004 | 崎山　紀子 | 830-0045 | 福岡県久留米市小頭町５－４－ｘ | |
| 5 | 1006 | 斉藤　恵一 | 157-0076 | 東京都世田谷区岡本２－１２ | |
| 6 | 1008 | 島崎　健 | 211-0067 | 神奈川県川崎市中原区３－１４ | |
| 7 | | | | | |
| 8 | | | | | |
| 9 | | | | | |

「登録解除」のデータが削除された

**表の下から上に向かって処理を繰り返すには、For Nextステートメントで Stepを-1にすればうまくできますね。こういう使い方があるんですね。**

**そうなんです。行を削除すると表の行数がどんどん減ってきてしまいます。行をうまく参照するには、下から上に向かって行を削除するといいですよ。**

**Tips**　マクロを呼び出して実行する

レッスン57の［登録解除データ転記］マクロと［登録解除データ削除］マクロを連続して実行すれば、「登録解除」のデータを転記後削除するという処理をまとめて実行できます。マクロを呼び出して実行するには、そのままマクロ名を入力するか、Callステートメントを使って「Call マクロ名」の形式で記述します。同じ標準モジュールに2つのマクロが記述されている状態で、以下のマクロを実行してみてください（58_2表内行転記と削除.xlsm）。

```
Sub 登録解除データ転記と削除()
    Call 登録解除データ転記
    Call 登録解除データ削除
End Sub
```

Lesson 59

# 店舗順に並べ替える

365・2021・2019・2016対応

売上表を店舗順とか、金額順とかに並べ替えてデータの傾向を見やすくしたいのですが……。

データを並べ替えるメソッドがあります。ここでは、並べ替えを行うための基本的な方法を覚えましょう。

## データの並べ替え

データを並べ替えるには、RangeオブジェクトのSortメソッドを使います。このメソッドを使うと、最大3つまでの列を優先順位を付けて並べ替えることができます。

### Sortメソッド

#### 構文

```
Rangeオブジェクト.Sort(Key1, [Order1], [Key2], [Order2],
[Key3], [Order3], [Header])
```

**解説**：並べ替えるセル範囲をRangeオブジェクトで指定する。単一のセルを指定した場合は、そのセルを含むアクティブセル領域を並べ替え範囲とする。引数「Key1」で、最優先で並べ替える列をRangeオブジェクトまたはフィールド名で指定する。引数「Key2」「Key3」で、2番目、3番目に優先して並べ替える列を指定する。引数「Order1」で、引数「Key1」で指定した列の並べ替え順を定数で指定する（下表参照）。引数「Order2」、引数「Order3」は、それぞれ引数「Key2」、引数「Key3」の並べ替え順を指定する。引数「Header」では、1行目を見出しとするかどうかを定数で指定する（次ページの表参照）。一部の引数を省略している。

#### 引数Orderの設定値

| 定 数 | 内 容 |
|---|---|
| xlAscending | 昇順（小さい順）。既定値 |
| xlDescending | 降順（大きい順） |

### 引数Headerの設定値

| 定　数 | 内　容 |
|---|---|
| xlGuess | Excel に自動判断させる |
| xlYes | 先頭行を見出し行にする |
| xlNo | 先頭行を見出し行にしない。既定値 |

### 使用例：店舗を昇順、金額を降順に並べ替える

Sample 59_並べ替え.xlsm

```
Sub 店舗順金額順並べ替え()
    Range("A3").Sort _
        Key1:=Range("C3"), Order1:=xlAscending, _
        Key2:=Range("F3"), Order2:=xlDescending, _
        Header:=xlYes
End Sub
```
（Sort 以下の3行に①）

解説：①セルA3を含むアクティブセル領域（表）を、セルC3の列を昇順、セルF3の列を降順、1行目を見出し行として並べ替える。

| | A | B | C | D | E | F |
|---|---|---|---|---|---|---|
| 3 | NO | 売上日 | 店舗 | 商品名 | 分類 | 金額 |
| 4 | 3 | 2023/04/03 | 渋谷 | ラムレーズン | アイス | 2,000 |
| 5 | 6 | 2023/04/04 | 渋谷 | ショコラ | アイス | 1,600 |
| 6 | 4 | 2023/04/03 | 新宿 | レアチーズ | ケーキ | 1,200 |
| 7 | 5 | 2023/04/04 | 新宿 | ショコラ | アイス | 800 |
| 8 | 2 | 2023/04/03 | 池袋 | モンブラン | ケーキ | 2,400 |
| 9 | 1 | 2023/04/02 | 池袋 | 苺ショート | ケーキ | 2,200 |
| 10 | | | | | | |

店舗が昇順、金額が大きい順に並べ替えられた

表を最初の順番に戻してみましょう。ヒントは、[NO] 列を昇順で並べ替えます。

**並べ替えの範囲をセルA3と指定するだけで表全体が参照されるのは便利ですね。**

単一のセルの場合はそのセルを含むアクティブセル領域を自動的に認識するので、表の大きさが変わる場合に便利ですよ。ただし、合計行が表の下にある場合は、合計行を含めずに並べ替えるセル範囲を指定してくださいね。

Lesson 60

# オリジナルの順番で並べ替える

365•2021•2019•2016対応

大きい順、小さい順ではなく、オリジナルの順番で並べ替えたいのですが、どうしたらいいですか？

Sortオブジェクトを使った並べ替えがあります。Sortオブジェクトを使うとオリジナルの順番をコード内で指定できますよ。

## Sortオブジェクトを使ってオリジナルの順番で並べ替える

Sortオブジェクトには、並べ替えに関するプロパティやメソッドが用意されています。オリジナルの順番で並べ替えることもできます。Sortオブジェクトは、WorksheetオブジェクトのSortプロパティで取得します。

### Sortオブジェクト

#### 構文

```
Worksheetオブジェクト.Sort
```

解説：Sortオブジェクトを取得したら、以下のメソッドやプロパティを使って並べ替えの設定をする。

#### Sortオブジェクトの主なメソッドとプロパティ

| メソッド | 内容 |
|---|---|
| Apply | 並べ替えを実行する |
| SetRange | 並べ替える範囲を設定する |
| **プロパティ** | **内容** |
| Header | 1行目を見出し行とするかどうかを定数（P199）で指定する |
| SortFields | 並べ替えフィールドの集まりを表すSortFieldsコレクションを取得する |

### SortFields.Addメソッドで並べ替えの方法を追加する

並べ替えの方法は、SortFieldsコレクションのAddメソッドでSortFieldオブジェクトを追加して設定します。

### 構文

```
SortFieldsコレクション.Add(Key, [SortOn], [Order], [CustomOrder])
```

**解説**：SortFieldsコレクションのAddメソッドの主な引数は下表を参照。

### SortFieldsコレクションのAddメソッドの主な引数

| 引　数 | 内　容 |
|---|---|
| Key | 並べ替えのキーとなる列のセルをRangeオブジェクトで指定 |
| SortOn | 並べ替えの基準を定数で指定（下表参照） |
| Order | 並べ替え順を指定。昇順：xlAscending、降順：xlDescending |
| CustomOrder | ユーザー定義の並べ替え。並べ替えの順番をカンマで区切って文字列で指定。例："新宿,渋谷,池袋" |

### 引数SortOnの設定値

| 定数 | 内容 | 定数 | 内容 |
|---|---|---|---|
| xlSortOnValues | 値 | xlSortOnCellColor | セルの色 |
| xlSortOnFontColor | 文字の色 | xlSortOnIcon | セルのアイコン |

### 使用例：オリジナルの順番で並べ替える

Sample 60_1オリジナルの順番で並べ替え.xlsm

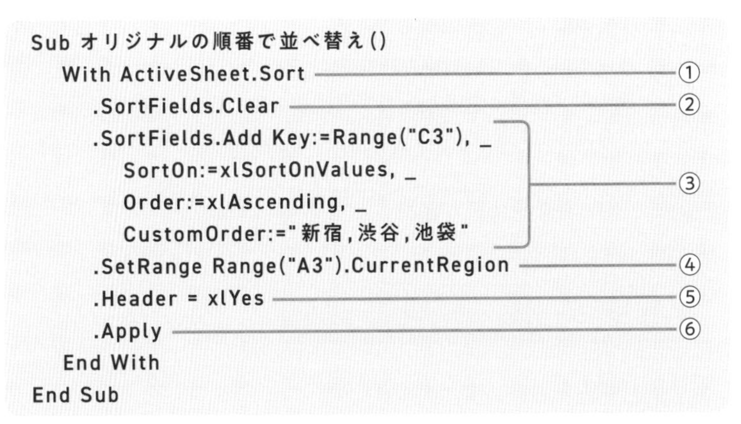

```
Sub オリジナルの順番で並べ替え()
    With ActiveSheet.Sort                          ①
        .SortFields.Clear                          ②
        .SortFields.Add Key:=Range("C3"), _        ┐
            SortOn:=xlSortOnValues, _              │
            Order:=xlAscending, _                  ├③
            CustomOrder:="新宿,渋谷,池袋"            ┘
        .SetRange Range("A3").CurrentRegion        ④
        .Header = xlYes                            ⑤
        .Apply                                     ⑥
    End With
End Sub
```

**解説**：①アクティブシートのSortオブジェクトについて以下の処理を実行する。②保存されている並べ替えの設定を削除する。③セルC3を含む列について、値を基準に、昇順で、オリジナルの順番「新宿,渋谷,池袋」で並べ替えの設定を追加する。④並べ替えの範囲をセルA3を含むアクティブセル領域に設定する。⑤1行目を見出し行とみなす。⑥並べ替えを実行する。

| | A | B | C | D | E | F | G |
|---|---|---|---|---|---|---|---|
| 3 | NO | 売上日 | 店舗 | 商品名 | 分類 | 金額 | |
| 4 | 4 | 2023/04/03 | 新宿 | レアチーズ | ケーキ | 1,200 | |
| 5 | 5 | 2023/04/04 | 新宿 | ショコラ | アイス | 800 | |
| 6 | 3 | 2023/04/03 | 渋谷 | ラムレーズン | アイス | 2,000 | |
| 7 | 6 | 2023/04/04 | 渋谷 | ショコラ | アイス | 1,600 | |
| 8 | 1 | 2023/04/02 | 池袋 | 苺ショート | ケーキ | 2,200 | |
| 9 | 2 | 2023/04/03 | 池袋 | モンブラン | ケーキ | 2,400 | |
| 10 | | | | | | | |

店舗が「新宿、渋谷、池袋」の順番で並べ替えられた

### ✓ここがポイント!

**Sortオブジェクトを使った並べ替えは、使用例のパターンを参考にして設定してください。並べ替えの内容はSortFields.Addメソッドの引数で指定します。オリジナルの並べ替えは引数「CustomOrder」で「"新宿,渋谷,池袋"」のように半角のカンマで区切って並べ替えの順番を文字列で指定します。なお、引数「CustomOrder」の部分を削除すれば、通常の昇順並べ替えになります。**

### ためしてみよう

Sortオブジェクトを使った並べ替えでNO順に並べ替えてみましょう。ヒントは、SortFields.Addメソッドで、引数「Key」はセルA3、引数「SortOn」は値、引数「Order」は昇順に設定します。

**Sortオブジェクトを使った並べ替えは、行数が多いからなんだか難しそうな感じがしたけど、使用例の順番に記述していけばできそうな気がします。**

**そうですね。Sortオブジェクトの並べ替えは、パターンが決まっているので、使用例の順番で設定すればいいですよ。複数のキーで並べ替えをしたい場合は、SortFields.Addメソッドを追加して設定します。いくつでも追加できますよ。**

## Tips Sortオブジェクトを使った並べ替えの例

Sortオブジェクトを使った並べ替えの例を紹介します。ここでは、下図の表を使って並べ替えを行います。

Sample 60_2Sortオブジェクトを使った並べ替え.xlsm

| | A | B | C | D | E | F | G |
|---|---|---|---|---|---|---|---|
| 3 | NO | 売上日 | 店舗 | 商品名 | 分類 | 金額 | |
| 4 | 1 | 2023/06/01 | 新宿 | レアチーズ | ケーキ | 1,200 | |
| 5 | 2 | 2023/06/01 | 池袋 | ストロベリー | アイス | 2,100 | |
| 6 | 3 | 2023/06/02 | 渋谷 | アップルパイ | ケーキ | 600 | |
| 7 | 4 | 2023/06/02 | 新宿 | アップルパイ | ケーキ | 2,400 | |
| 8 | 5 | 2023/06/03 | 渋谷 | レアチーズ | ケーキ | 1,800 | |
| 9 | 6 | 2023/06/03 | 池袋 | アップルパイ | ケーキ | 1,200 | |
| 10 | | | | | | | |

## 店舗を昇順、金額を降順に並べ替える

レッスン59の使用例をSortオブジェクトで書き換えると下図のようになります。ポイントは並べ替えの設定をSortFields.Addメソッドで並べ替えごとに優先順位の高い順に追加することです。まず、①で並べ替えの基準の列をセルC3を含む列（[店舗] 列）で昇順の設定を追加し、次に②で並べ替えの基準の列をセルF3を含む列（[金額] 列）で降順の設定を追加しています。

```
Sub 店舗順金額順並べ替え()
    With ActiveSheet.Sort
        .SortFields.Clear

        '①：店舗を昇順並べ替えの設定追加
        .SortFields.Add Key:=Range("C3"), SortOn:=xlSortOnValues, _
            Order:=xlAscending
        '②：金額を降順並べ替えの設定追加
        .SortFields.Add Key:=Range("F3"), SortOn:=xlSortOnValues, _
            Order:=xlDescending

        .SetRange Range("A3").CurrentRegion
        .Header = xlYes
        .Apply
    End With
End Sub
```

### ● 実行結果

|  | A | B | C | D | E | F | G |
|---|---|---|---|---|---|---|---|
| 3 | NO | 売上日 | 店舗 | 商品名 | 分類 | 金額 |  |
| 4 | 5 | 2023/06/03 | 渋谷 | レアチーズ | ケーキ | 1,800 |  |
| 5 | 3 | 2023/06/02 | 渋谷 | アップルパイ | ケーキ | 600 |  |
| 6 | 4 | 2023/06/02 | 新宿 | アップルパイ | ケーキ | 2,400 |  |
| 7 | 1 | 2023/06/01 | 新宿 | レアチーズ | ケーキ | 1,200 |  |
| 8 | 2 | 2023/06/01 | 池袋 | ストロベリー | アイス | 2,100 |  |
| 9 | 6 | 2023/06/03 | 池袋 | アップルパイ | ケーキ | 1,200 |  |
| 10 |  |  |  |  |  |  |  |

店舗が昇順、金額が大きい順に並べ替えられた

## 金額のセルの色順で並べ替える

Sortオブジェクトは、引数SortOnをxlSortOnCellColorに指定するとセルの色で並べ替えられます。この場合、SortFieldオブジェクトのSortOnValueプロパティでSortOnValueオブジェクトを取得し、Colorプロパティで色を指定します。書式は、「SortFieldオブジェクト.SortOnValue.Color=RGB値」のようになります。ここでは、セルの色を「薄いピンク（rgbLightPink）」「スカイブルー（rgbSkyBlue）」「薄い緑（rgbLightGreen）」で並べ替える例を紹介します。③で薄いピンク、④でスカイブルー、⑤で薄い緑と、優先順位の高い順に並べ替えの設定を追加しています。

```
Sub 色別並べ替え()
    With ActiveSheet.Sort
        .SortFields.Clear

        '③：色順（薄いピンク）で並べ替えの設定追加
        .SortFields.Add(Key:=Range("F3"), SortOn:=xlSortOnCellColor, _
            Order:=xlAscending).SortOnValue.Color = rgbLightPink
        '④：色順（スカイブルー）で並べ替えの設定追加
        .SortFields.Add(Key:=Range("F3"), SortOn:=xlSortOnCellColor, _
            Order:=xlAscending).SortOnValue.Color = rgbSkyBlue
        '⑤：色順（薄い緑）で並べ替えの設定追加
        .SortFields.Add(Key:=Range("F3"), SortOn:=xlSortOnCellColor, _
            Order:=xlAscending).SortOnValue.Color = rgbLightGreen

        .SetRange Range("A3").CurrentRegion
        .Header = xlYes
        .Apply
    End With
End Sub
```

### ● 実行結果

|  | A | B | C | D | E | F | G |
|---|---|---|---|---|---|---|---|
| 3 | NO | 売上日 | 店舗 | 商品名 | 分類 | 金額 |  |
| 4 | 4 | 2023/06/02 | 新宿 | アップルパイ | ケーキ | 2,400 |  |
| 5 | 2 | 2023/06/01 | 池袋 | ストロベリー | アイス | 2,100 |  |
| 6 | 5 | 2023/06/03 | 渋谷 | レアチーズ | ケーキ | 1,800 |  |
| 7 | 1 | 2023/06/01 | 新宿 | レアチーズ | ケーキ | 1,200 |  |
| 8 | 6 | 2023/06/03 | 池袋 | アップルパイ | ケーキ | 1,200 |  |
| 9 | 3 | 2023/06/02 | 渋谷 | アップルパイ | ケーキ | 600 |  |
| 10 |  |  |  |  |  |  |  |

金額のセルの色が、薄いピンク、スカイブルー、薄い緑の順に並べ替えられた

Lesson 61

# 店舗が切り替わるごとに二重線を引く

365•2021•2019•2016対応

店舗順に並べ替えた表で、店舗が切り替わったら二重線を引いて区別できるようにしたいんです。

店舗の列で1つずつセルの内容を比較し、切り替わったところで二重線を引けばいいですね。やってみましょう。

## 繰り返し処理で店舗のセルの内容を比較して切り替わるセルを調べる

次ページの表について、3列目の［店舗］列で並べ替えられている状態で、3列目のデータのセルと1つ下のセルを1つずつ比較し、異なる場合に店舗が切り替わったことになります。切り替わったタイミングで二重線を引いていきます。

**● 使用例：支店が切り替わるごとに二重線を設定する**

Sample 61_支店ごとに二重線を引く.xlsm

```
Sub 支店が切り替わるごとに二重線設定()
    Dim i As Integer, rng As Range
    With Range("A3").CurrentRegion ―――①
        For i = 1 To .Rows.Count - 1 ―――②
          Set rng = .Columns(3).Cells(1).Offset(i) ―――③
          If rng.Value <> rng.Offset(1) And rng.Offset(1) <> "" Then ―④
              .Rows(i + 1).Borders(xlEdgeBottom).LineStyle = xlDouble ―⑤
              .Rows(i + 1).Borders(xlEdgeBottom).Color = rgbBlue ―――⑥
          End If
        Next
    End With
End Sub
```

**解説：**①セルA3を含むアクティブセル領域について以下の処理を実行する。②変数iが1から「表の行数-1」（データ件数）になるまで以下の処理を繰り返す。③表の3列目の1つ目のセルのi行下のセルを変数rngに代入する。④もし、変数rngの値と、変数rngの1つ下のセルの値が同じでなく、変数rngの1つ下のセルの値が空欄でない場合、⑤表のi+1行目の下端に二重線を引き、⑥表のi+1行目の下端の罫線の色を青に設定する。

| | A | B | C | D | E | F | G |
|---|---|---|---|---|---|---|---|
| 3 | NO | 売上日 | 店舗 | 商品名 | 分類 | 金額 | |
| 4 | 4 | 2023/04/03 | 新宿 | レアチーズ | ケーキ | 1,200 | |
| 5 | 5 | 2023/04/04 | 新宿 | ショコラ | アイス | 800 | |
| 6 | 3 | 2023/04/03 | 渋谷 | ラムレーズン | アイス | 2,000 | |
| 7 | 6 | 2023/04/04 | 渋谷 | ショコラ | アイス | 1,600 | |
| 8 | 1 | 2023/04/02 | 池袋 | 苺ショート | ケーキ | 2,200 | |
| 9 | 2 | 2023/04/03 | 池袋 | モンブラン | ケーキ | 2,400 | |
| 10 | | | | | | | |

店舗が切り替わるごとに、二重線が引かれた

## ✓ここがポイント!

使用例では、セルA3を含む表の3列目の1つ目のセルを基準にOffsetプロパティでi行下のセルを変数rngに代入し、そのrngのセルの値と、1つ下のセルの値を比較します。同じでない場合かつ、1つ下のセルが空白でない場合（表の一番下のセルではない場合）に、rngのセルの行（表のi+1行目）に二重線を引きます。行の指定は、見出し行も含めているので、「.Rows(i+1)」となっています。

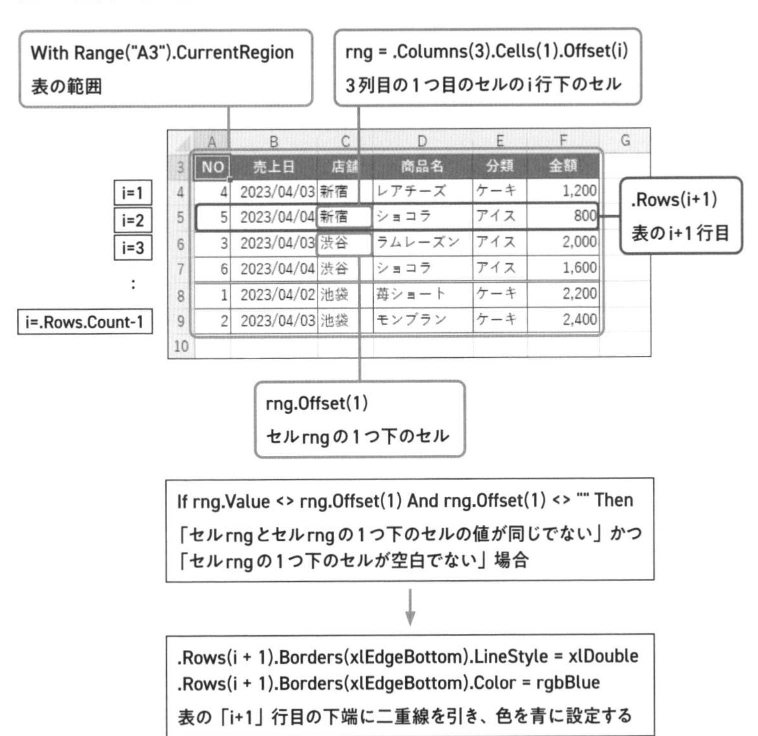

Lesson 62

# 指定した商品のみ抽出する

365・2021・
2019・2016
対応

売上表で商品を絞り込んで表示したいです。例えば、セルに入力された商品名で絞り込んで表示するとか……。

Excelのオートフィルターという機能をマクロで使って、セルの値を条件にすればOKです。やってみましょう。

## 指定したデータを抽出する

RangeオブジェクトのAutoFilterメソッドを使うと、表内の指定した値を持つデータだけを絞り込んで抽出できます。

### AutoFilterメソッド

#### 構文

```
Rangeオブジェクト.AutoFilter([Field], [Criteria1], [Operator],
[Criteria2], [VisibleDropDown])
```

**解説**：Rangeオブジェクトには抽出する表のセル範囲を指定する。単一のセルを指定した場合は、そのセルを含むアクティブセル領域が対象になる。また、AutoFilterメソッドの主な引数は下表のとおり。一部の引数を省略している。

#### AutoFilterメソッドの主な引数

| 引　数 | 内　容 |
| --- | --- |
| Field | 抽出条件の対象となる列番号を指定 |
| Criteria1 | 1つ目の抽出条件となる文字列を指定 |
| Operator | フィルターの種類を定数で指定（下表参照） |
| Criteria2 | 2つ目の抽出条件となる文字列を指定 |

#### 引数Operatorの主な設定値

| 定　数 | 内　容 |
| --- | --- |
| xlAnd | Criteria1かつCriteria2 |
| xlOr | Criteria1またはCriteria2 |
| xlTop10Items | 上位からCriteria1で指定した項目数 |

| xlBottom10Items | 下位からCriteria1で指定した項目数 |
|---|---|
| xlTop10Percent | 上位からCriteria1で指定した割合 |
| xlBottom10Percent | 下位からCriteria1で指定した割合 |
| xlFilterValues | フィルターの値 |
| xlFilterCellColor | セルの色 |
| xlFilterFontColor | フォントの色 |

### 抽出条件(Criteria)の設定方法

| 抽出条件 | 記述例 | 抽出条件 | 記述例 |
|---|---|---|---|
| Xと等しい | "X" | 100に等しい | "=100" |
| Xではない | "<>X" | 100に等しくない | "<>100" |
| Xを含む | "*X*" | 100より大きい | ">100" |
| Xを含まない | "<>*X*" | 100以上 | ">=100" |
| 空白セル | "=" | 100より小さい | "<100" |
| 空白以外のセル | "<>" | 100以下 | "<=100" |

※ワイルドカード文字を使って任意の文字の代用ができる。「*」(アスタリスク)は複数文字の代用。「?」(クエスチョンマーク)は1文字の代用として使える

## 抽出の状態を確認し、抽出を解除する

WorksheetオブジェクトのFilterModeプロパティを使うと、指定したシートでのフィルターの状態を取得できます。また、抽出を解除するには、WorksheetオブジェクトのShowAllDataメソッドを使います。

### FilterModeプロパティ

#### 構文

```
Worksheetオブジェクト.FilterMode
```

解説：フィルターモード(抽出されている状態)の場合はTrue、解除されている場合はFalseを取得する。

### ShowAllDataメソッド

#### 構文

```
Worksheetオブジェクト.ShowAllData
```

解説：指定したワークシートで抽出されている表ですべての行を表示する。抽出されていない表で実行するとエラーになるので注意が必要。

## 使用例

```
Worksheets(1).ShowAllData
```

**意味**：1つ目のワークシートの抽出状態にある表ですべての行を表示する。

## 使用例：指定した商品のデータを抽出する

Sample 62_データの抽出.xlsm

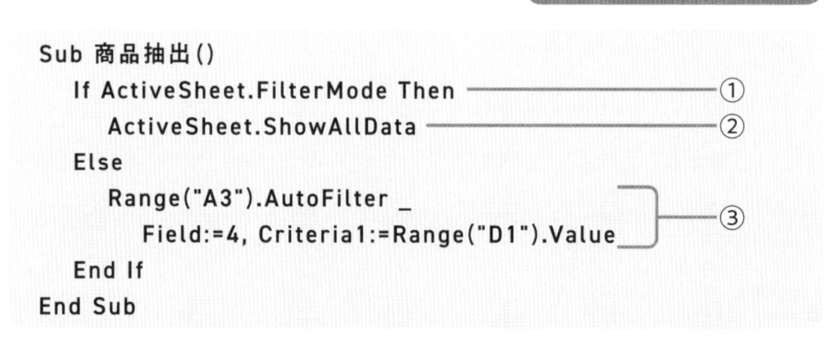

```
Sub 商品抽出()
    If ActiveSheet.FilterMode Then ──①
        ActiveSheet.ShowAllData ──②
    Else
        Range("A3").AutoFilter _
            Field:=4, Criteria1:=Range("D1").Value ──③
    End If
End Sub
```

**解説**：①アクティブシートで表がフィルターモード（抽出されている状態）の場合、②すべてのデータを表示する（抽出を解除する）。③そうでない場合は、セルA3を含むアクティブセル領域に対し、4列目の抽出条件をセルD1の値として抽出を実行する。

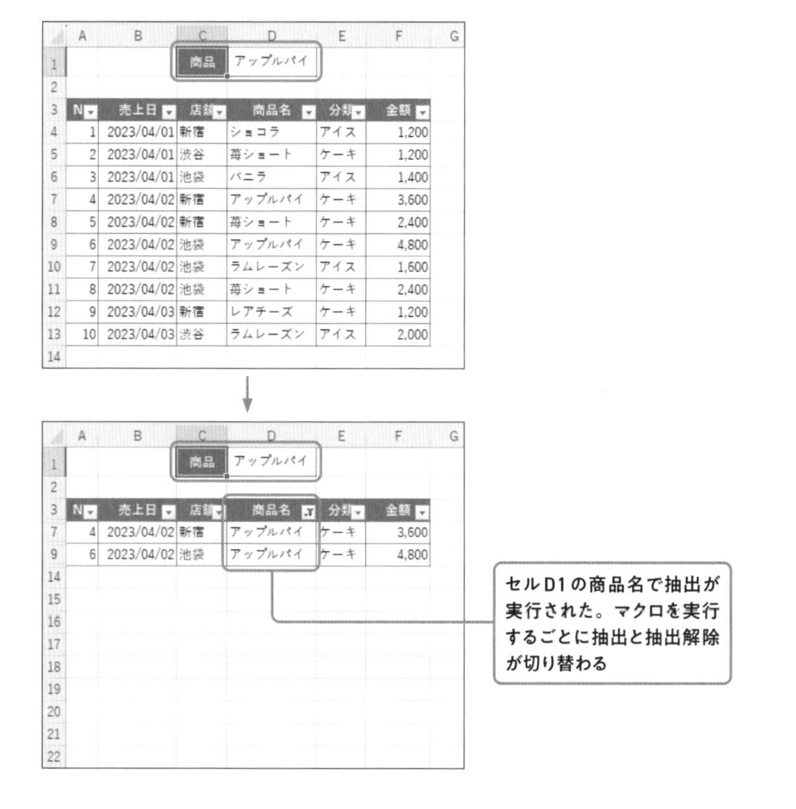

商品：アップルパイ

| No | 売上日 | 店舗 | 商品名 | 分類 | 金額 |
|---|---|---|---|---|---|
| 1 | 2023/04/01 | 新宿 | ショコラ | アイス | 1,200 |
| 2 | 2023/04/01 | 渋谷 | 苺ショート | ケーキ | 1,200 |
| 3 | 2023/04/01 | 池袋 | バニラ | アイス | 1,400 |
| 4 | 2023/04/02 | 新宿 | アップルパイ | ケーキ | 3,600 |
| 5 | 2023/04/02 | 新宿 | 苺ショート | ケーキ | 2,400 |
| 6 | 2023/04/02 | 池袋 | アップルパイ | ケーキ | 4,800 |
| 7 | 2023/04/02 | 池袋 | ラムレーズン | アイス | 1,600 |
| 8 | 2023/04/02 | 池袋 | 苺ショート | ケーキ | 2,400 |
| 9 | 2023/04/03 | 新宿 | レアチーズ | ケーキ | 1,200 |
| 10 | 2023/04/03 | 渋谷 | ラムレーズン | アイス | 2,000 |

↓

商品：アップルパイ

| No | 売上日 | 店舗 | 商品名 | 分類 | 金額 |
|---|---|---|---|---|---|
| 4 | 2023/04/02 | 新宿 | アップルパイ | ケーキ | 3,600 |
| 6 | 2023/04/02 | 池袋 | アップルパイ | ケーキ | 4,800 |

**✓ここがポイント!**

ここでは、「ActiveSheet.FilterMode」で抽出状態を確認し、Trueの場合は抽出を解除し、そうでない場合はセルD1を抽出条件に抽出を実行します。そのため、マクロを実行するたびに、抽出と抽出解除を切り替えることができます。なおFilterModeプロパティはTrue/Falseの値を持つため、①の「ActiveSheet.Filter Mode」は「ActiveSheet.FilterMode=True」と同じ意味になります。

## Tips 複数条件を設定するには

抽出条件を複数指定したい場合、同じ列内と異なる列内の場合で設定方法が異なります。以下の例を参考に設定方法を確認してください。

### 同じ列内で抽出する

● **商品が「ショコラ」または「バニラ」で抽出**

```
Sub 同じ列内抽出1()
    Range("A3").AutoFilter Field:=4, Criteria1:="ショコラ", _
        Operator:=xlOr, Criteria2:="バニラ"
End Sub
```

● **日付が「2023/4/1」から「2023/4/2」で抽出**

```
Sub 同じ列内抽出2()
    Range("A3").AutoFilter Field:=2, Criteria1:=">=2023/4/1", _
        Operator:=xlAnd, Criteria2:="<=2023/4/2"
End Sub
```

● **商品が「ショコラ」または「バニラ」または「ラムレーズン」で抽出**

```
Sub 同じ列内抽出3()
    Range("A3").AutoFilter Field:=4,
        Criteria1:=Array("ショコラ", "バニラ", "ラムレーズン")
        Operator:=xlFilterValues
End Sub
```

### 異なる列内で抽出する

異なる列内の場合は、And条件になります。

● **店舗が「新宿」で分類が「ケーキ」で抽出**

```
Sub 異なる列内抽出()
    Range("A3").AutoFilter Field:=3, Criteria1:="新宿"
    Range("A3").AutoFilter Field:=5, Criteria1:="ケーキ"
End Sub
```

Lesson 63

# 抽出した商品を各商品のシートにコピーする

365･2021･2019･2016対応

売上表で抽出したデータを別のシートにコピーしたいのですが、抽出とコピーを組み合わせればいいですか？

そうです！　レッスン62の抽出とレッスン51のコピーを組み合わせます。シートの切り替えがあるので注意しましょう。

## 商品のデータを抽出し、商品シートにコピーする

ここでは、セルD1に入力された商品名で抽出し、抽出した表を商品名と同じ名前のワークシートにコピーします。あらかじめ、各商品のシートを用意しておきます。

● **使用例：商品のデータを抽出し商品シートにコピー**

Sample 63_商品抽出と転記.xlsm

```
Sub 商品抽出と転記()
    Dim sName As String
    Dim ws1 As Worksheet, ws2 As Worksheet
    Set ws1 = Worksheets("売上表") ―――――――――――――――①
    Set ws2 = Worksheets(ws1.Range("D1").Value) ――――――②
    ws1.Range("A3").AutoFilter Field:=4, _   ┐
        Criteria1:=ws1.Range("D1").Value     ┘――――――――③
    ws2.Cells.Clear ―――――――――――――――――――――――――――④
    ws1.Range("A3").CurrentRegion.Copy ws2.Range("A1")―⑤
    ws2.Select ―――――――――――――――――――――――――――――⑥
End Sub
```

**解説**：①変数ws1に［売上表］シートを代入する。②変数ws2に変数ws1のセルD1の値を名前に持つシートを代入する。③変数ws1のセルA3を含むアクティブセル領域で4列目（商品名）の抽出条件としてセルD1の値を設定して抽出する。④変数ws2の全セルの内容を消去する。⑤変数ws1のセルA3を含むアクティブセル領域をコピーし、変数ws2のセルA1に貼り付ける。⑥変数ws2を選択する。

Set ws1=Worksheets("売上表")
[売上表] シートを変数ws1に代入

Set ws2=Worksheets(ws1.Range("D1").value)
[売上表] シートのセルD1の値がシート名のシートを変数ws2に代入

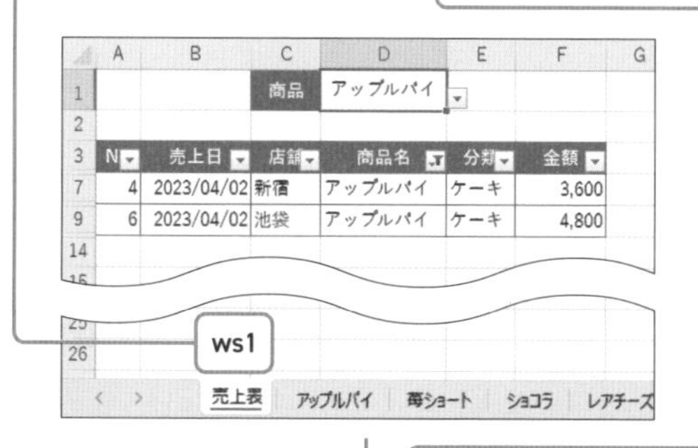


ws1.Range("A3").AutoFilter Field:=4, _
  Criteria1:=ws1.Range("D1").Value
ws1のセルD1の値で抽出を実行

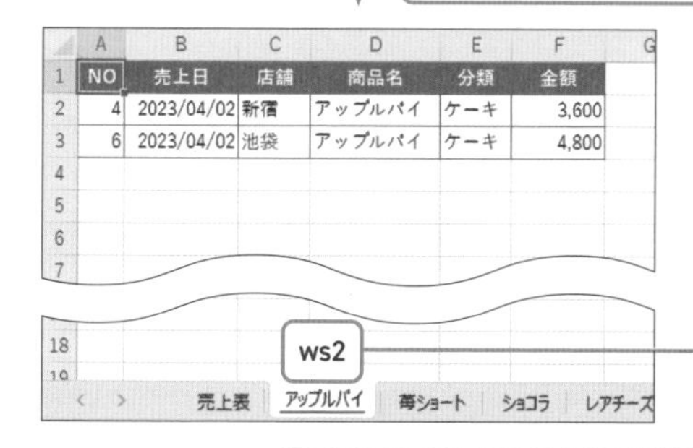


w2.Cells.Clear
ws1.Range("A3").CurrentRegion.Copy ws2.Range("A1")
ws2の全セルの内容を消去し、w1の抽出結果の表を、ws2のセルA1にコピー

**✓ ここがポイント!**

ここでは、抽出する表のある［売上表］シートと、結果をコピーする各商品別のシートを区別し、コードを記述しやすくするために、それぞれを変数ws1、ws2に代入しています。抽出結果をコピーするときに、コピー先のシートの内容をClearメソッドでいったん全部消去したのち、貼り付けています。

**コピー元のシートのセルと、コピー先のシートのセルの区別が大切なんですね。**

そうなんです。抽出する表は、アクティブシートだからシートの指定を省略しがちですが、うっかりコピー先のシートがアクティブのときに実行すると誤動作につながりますからね。

Lesson 64

# 抽出した商品を各商品のシートに連続コピーする

365・2021・2019・2016 対応

売上表で抽出して転記する処理を全商品分連続して実行したいです。

あらかじめ用意されているシートのシート名に各商品名が設定されていれば、シート名を抽出条件にして抽出できますね。

## シート名と同名の商品データを抽出し、商品シートに連続コピーする

連続して商品の抽出と転記を行うには、商品の一覧が必要です。ここでは、用意されている各商品のシートのシート名が商品名であることを利用して抽出条件にし、各シートに売上表の抽出結果をコピーします。

● **使用例：商品データの抽出・転記をまとめて実行する**

Sample 64_抽出したデータを連続転記.xlsm

```
Sub 商品抽出と転記_連続()
    Dim sName As String
    Dim ws1 As Worksheet, ws2 As Worksheet
    Set ws1 = Worksheets("売上表") ──────────①
    For Each ws2 In Worksheets ──────────②
        If ws2.Name <> "売上表" Then ──────────③
            ws1.Range("A3").AutoFilter Field:=4, _ ┐
                Criteria1:=ws2.Name             ┘──④
            ws2.Cells.Clear ──────────⑤
            ws1.Range("A3").CurrentRegion.Copy ws2.Range("A1")─⑥
        End If
    Next
    ws1.ShowAllData ──────────⑦
End Sub
```

**解説**：①変数ws1に［売上表］シートを代入する。②変数ws2にブック内のすべてのシートを1つずつ順番に代入しながら以下の処理を繰り返す。③変数ws2の名前が「売上表」でない場合は、④変数ws1のセルA3を含むアクティブセル領域の4列目の抽出条件を変数ws2の名前にして抽出を実行する。⑤変数ws2の全セルの内容を消去する。⑥変数w1のセルA3を含むア

クティブセル領域をコピーし、変数ws2のセルA1に貼り付ける。⑦変数ws1のすべての行を表示する。

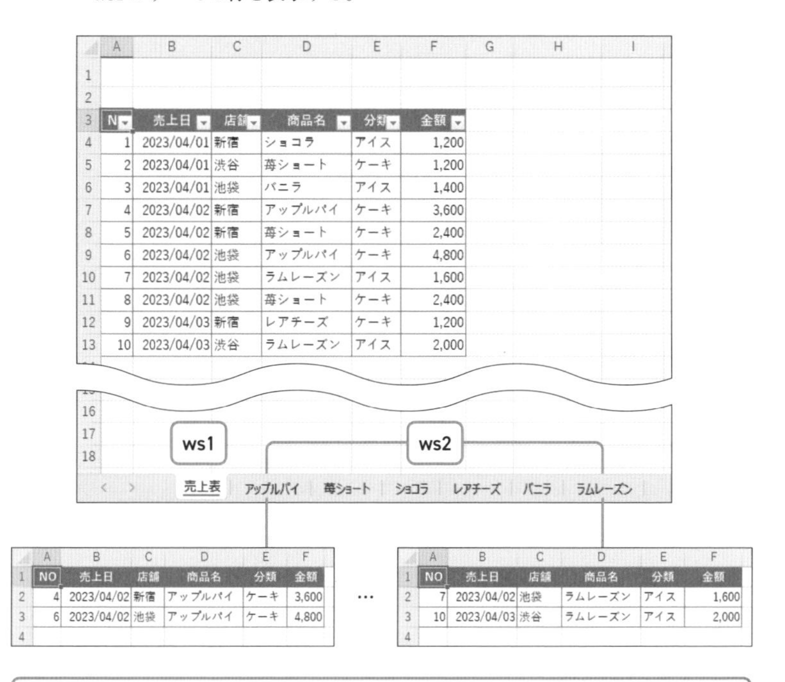

| | A | B | C | D | E | F |
|---|---|---|---|---|---|---|
| 3 | NO | 売上日 | 店舗 | 商品名 | 分類 | 金額 |
| 4 | 1 | 2023/04/01 | 新宿 | ショコラ | アイス | 1,200 |
| 5 | 2 | 2023/04/01 | 渋谷 | 苺ショート | ケーキ | 1,200 |
| 6 | 3 | 2023/04/01 | 池袋 | バニラ | アイス | 1,400 |
| 7 | 4 | 2023/04/02 | 新宿 | アップルパイ | ケーキ | 3,600 |
| 8 | 5 | 2023/04/02 | 新宿 | 苺ショート | ケーキ | 2,400 |
| 9 | 6 | 2023/04/02 | 池袋 | アップルパイ | ケーキ | 4,800 |
| 10 | 7 | 2023/04/02 | 池袋 | ラムレーズン | アイス | 1,600 |
| 11 | 8 | 2023/04/02 | 池袋 | 苺ショート | ケーキ | 2,400 |
| 12 | 9 | 2023/04/03 | 新宿 | レアチーズ | ケーキ | 1,200 |
| 13 | 10 | 2023/04/03 | 渋谷 | ラムレーズン | アイス | 2,000 |



| | A | B | C | D | E | F |
|---|---|---|---|---|---|---|
| 1 | NO | 売上日 | 店舗 | 商品名 | 分類 | 金額 |
| 2 | 4 | 2023/04/02 | 新宿 | アップルパイ | ケーキ | 3,600 |
| 3 | 6 | 2023/04/02 | 池袋 | アップルパイ | ケーキ | 4,800 |

| | A | B | C | D | E | F |
|---|---|---|---|---|---|---|
| 1 | NO | 売上日 | 店舗 | 商品名 | 分類 | 金額 |
| 2 | 7 | 2023/04/02 | 池袋 | ラムレーズン | アイス | 1,600 |
| 3 | 10 | 2023/04/03 | 渋谷 | ラムレーズン | アイス | 2,000 |

```
ws1.Range("A3").AutoFilter Field:=4, Criteria1:=ws2.Name
ws2.Cells.Clear
ws1.Range("A3").CurrentRegion.Copy ws2.Range("A1")
```

ws1シートのセルA3を含む表の4列目の抽出条件をws2シートのシート名にして抽出し、ws2シートの内容を全部消去したのち、ws1シートで抽出したセル範囲をws2シートのセルA1に貼り付ける

**✓ここがポイント!**

ここでは、For Eachステートメントで、変数ws2にブック内のすべてのワークシートを1つずつ順番に代入し、Ifステートメントで変数ws2が［売上表］シートでない場合に、シート名を抽出条件にして抽出して、その結果を各シートに貼り付けています。

なるほど、商品名がシート名と同じだから、シート名を抽出条件にすれば、繰り返し処理でシートごとに抽出できるんですね。

はい。こういう場合、ブック内の各シートについて処理を繰り返すFor Eachステートメントが使えるんですよ。

# 抽出した商品を新規ブックにコピーして保存する

365・2021・
2019・2016
対応

レッスン63では、別シートにコピーしましたけど、結果をブックとして保存できませんか？

レッスン63に少し手を加えるだけで意外に簡単にできますよ。

## 商品のデータを抽出し、新規ブックにコピーして保存する

レッスン63の使用例をベースに、セルD1に入力された商品名で抽出し、抽出した表を新規ブックにコピーし、「商品名_今日の日付.xlsx」という形式の名前でマクロを実行しているブックと同じ場所に保存しています。

● **使用例：商品のデータを抽出し新規ブックにコピー**　Sample 65_抽出したデータを新規ブックにコピー.xlsm

```
Sub 抽出結果を新規ブックにコピー()
    Dim ws As Worksheet
    Set ws = Worksheets("売上表") ―①
    ws.Range("A3").AutoFilter Field:=4, _
        Criteria1:=ws.Range("D1").Value ―②
    ws.Range("A3").CurrentRegion.Copy ―③
    Workbooks.Add ―④
    With ActiveWorkbook ―⑤
        .Worksheets(1).Paste ―⑥
        .Worksheets(1).Columns.AutoFit ―⑦
        Application.DisplayAlerts = False ―⑧
        .SaveAs ThisWorkbook.Path & "¥" & _
            ws.Range("D1").Value & "_" & _
            Format(Date, "yyyymmdd") & ".xlsx" ―⑨
        Application.DisplayAlerts = True ―⑩
        .Close ―⑪
    End With
End Sub
```

**解説**：①変数wsに［売上表］シートを代入する。②変数wsのセルA3を含むアクティブセル領域で4列目（商品名）の抽出条件としてセルD1の値を設定して抽出する。③変数wsのセルA3を含むアクティブセル領域をコピーしクリップボードに保管。④新規ブックを追加する。⑤アクティブブック（追加されたブック）について以下の処理を実行する。⑥1つ目のシートにクリップボードの内容を貼り付ける。⑦1つ目のシートの全列の列幅を文字長に合わせて自動調整する。⑧Excelの警告メッセージを表示しない設定にする。⑨マクロを実行しているブックと同じ場所に、変数wsのセルD1の値と今日の日付を組み合わせて「商品名_今日の日付.xlsx」という形式の名前で保存する。⑩Excelの警告メッセージを表示する設定にする。⑪ブックを閉じる。

**✓ここがポイント！**

**ここでは、③で抽出した表をCopyメソッドでコピーしますが、貼り付け先を指定していません。この場合、いったんクリップボードに保管されます。新規ブックを追加し、追加したブックはアクティブブックになるので、それを利用し、アクティブブックの1つ目のシートにPasteメソッドでクリップボードに保管した表を貼り付けます。続けて列幅調整、名前を付けて保存し、閉じています。同名ファイルがあった場合は自動的に上書き保存されるように、SaveAsメソッドの前でApplication.DisplayAlertプロパティを使って警告メッセージを非表示にし、後で表示に戻しています（レッスン38参照）。また、ファイル名の付け方は少し長くなりますが、次ページ画面の通りです。今日の日付をファイル名に使うには、データを指定した表示形式の文字列に変換するFormat関数を使います。Format関数についてはP217を参照してください。**

**Tips** 画面のちらつきを非表示にする

ブックを追加して、閉じるまでの一連の処理の途中で画面がちらつくのが気になる場合は、Application.ScreenUpdatingプロパティを使って、画面更新を停止できます。詳細はレッスン88を参照してください。

## 処理の流れ

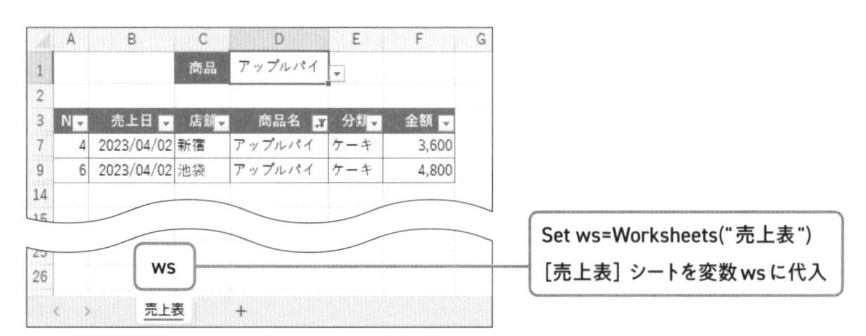


Set ws=Worksheets("売上表")

［売上表］シートを変数wsに代入

ws.Range("A3").AutoFilter Field:=4, _Criteria1:=ws.Range("D1").Value
ws.Range("A3").CurrentRegion.Copy

wsのセルD1の値で抽出を実行し、抽出した表をクリップボードにコピー

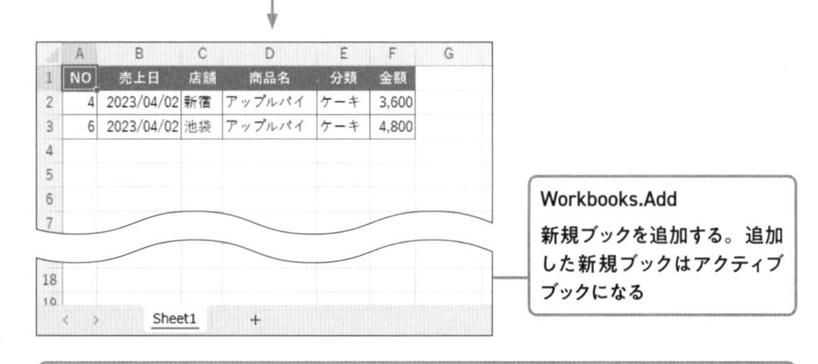


Workbooks.Add

新規ブックを追加する。追加した新規ブックはアクティブブックになる

ActiveWorkbook.Worksheets(1).Paste
ActiveWorkbook.Worksheets(1).Columns.AutoFit
ActiveWorkbook.SaveAs ファイル名
ActiveWorkbook.Close

アクティブブックの1つ目のシートにクリップボードの内容を貼り付け、列幅を自動調整し、「ファイル名」を付けて保存し、閉じる

ファイル名
ThisWorkbook.Path & "¥" & ws.Range("D1").Value & "_" & Format(Date, "yyyymmdd") & ".xlsx"

マクロを実行しているブックの保存場所+「¥」+［売上表］シートのセルD1の値+「_」+Format関数で今日の日付をyyyymmddの文字列に変換+「.xlsx」

## Pasteメソッド

### 構文

```
Worksheetオブジェクト.Paste([Destination],[Link])
```

**解説**：クリップボードに保管されている内容を引数「Destination」で指定したセルに貼り付ける。省略した場合はアクティブセルに貼り付けられる。引数「Link」がTrueの場合、コピー元のデータとリンクした状態で貼り付けられる。Falseまたは省略した場合はリンクしない。なお、引数「Link」をTrueにすると、引数「Destination」は指定できなくなる。

## Format関数

### 構文

```
Format(データ,"表示形式")
```

**解説**：引数「データ」を指定した引数「表示形式」の文字列に変換する。表示形式は、数値、日付時刻、文字列の表示形式を書式記号を使って指定できる。

### 主な書式記号と例

| 記　号 | 内　容 | 例 | 結　果 |
| --- | --- | --- | --- |
| 0 | 表示する桁数を表す。データが指定した桁数より大きい場合はそのまま表示し、小さい場合は、0を補って表示 | Format(1,"00")<br>Format(123,"00") | 01<br>123 |
| # | 表示する桁数を表す。データが指定した桁数より小さくてもそのまま表示 | Format(1,"##")<br>Format(123,"##") | 1<br>123 |
| . | 小数点の位置を指定 | Format(3.58,"0.0") | 3.6 |
| , | 3桁ごとの桁区切りカンマ | Format(1234,"#,##0") | 1,234 |
| y,g,e | yは西暦、gは元号、eは和暦 | Format(Now,"yy/mm/dd") | 23/06/16 |
| m,d | mは月、dは日 | | |
| h,n,s | hは時刻、nは分、sは秒 | Format(Now,"hh:nn:ss") | 15:10:30 |
| < | 大文字を小文字に変換 | Format("Excel","<") | excel |
| > | 小文字を大文字に変換 | Format("Excel",">") | EXCEL |

Lesson 66

365・2021・2019・2016 対応

# 抽出した商品を新規ブックに連続コピーして保存する

各商品で抽出して、新規ブックにコピーする処理を連続して実行すれば、一気に仕事が片づくのですが……。

レッスン64と似ているケースですね。ここではセル範囲にある商品名一覧を使って抽出する方法で解説します。

## 一覧にある商品を順番に抽出し、新規ブックにコピーして保存する

商品を抽出、新規ブックにコピー、保存、閉じるまでの一連の処理を各商品で連続して繰り返すために、ここではセル範囲H4〜H9に商品一覧を用意しています。この一覧のセルの値を抽出条件にして順番に処理をします。

● 使用例：各商品のデータを抽出し新規ブックにコピー　Sample 66_抽出したデータを新規ブックに連続コピー.xlsm

```
Sub 抽出結果を新規ブックにコピー_連続()
    Dim ws As Worksheet, rng As Range
    Set ws = Worksheets("売上表") ──────────①
    For Each rng In ws.Range("H4:H9") ──────②
        ws.Range("A3").AutoFilter Field:=4, _ ─③
            Criteria1:=rng.Value
        ws.Range("A3").CurrentRegion.Copy       ┐
        Workbooks.Add                           │
        With ActiveWorkbook                     │
            .Worksheets(1).Paste                │
            .Worksheets(1).Columns.AutoFit      │
            Application.DisplayAlerts = False   │
            .SaveAs ThisWorkbook.Path & "¥" & _ ├─④
                rng.Value & "_" & _             │
                Format(Date, "yyyymmdd") & ".xlsx"
            Application.DisplayAlerts = True    │
            .Close                              │
        End With                                ┘
    Next
```

```
    ws.ShowAllData
End Sub
```

**解説**：①変数wsに［売上表］シートを代入する。②変数rngにセル範囲H4〜H9のセルを1つずつ代入しながら以下の処理を繰り返す。③変数wsのセルA3を含むアクティブセル領域に対し、4列目の抽出条件をセルrngの値にして抽出する。④変数wsのセルA3を含む表全体をクリップボードにコピーし、ブックを追加して、追加したアクティブブックについて、1つ目のシートにクリップボードの内容を貼り付け、列幅を自動調整し、Excelからの警告メッセージを非表示にして、マクロを実行しているブックと同じ場所に「商品名_今日の日付.xlsx」の形式でブックを保存し、閉じる。

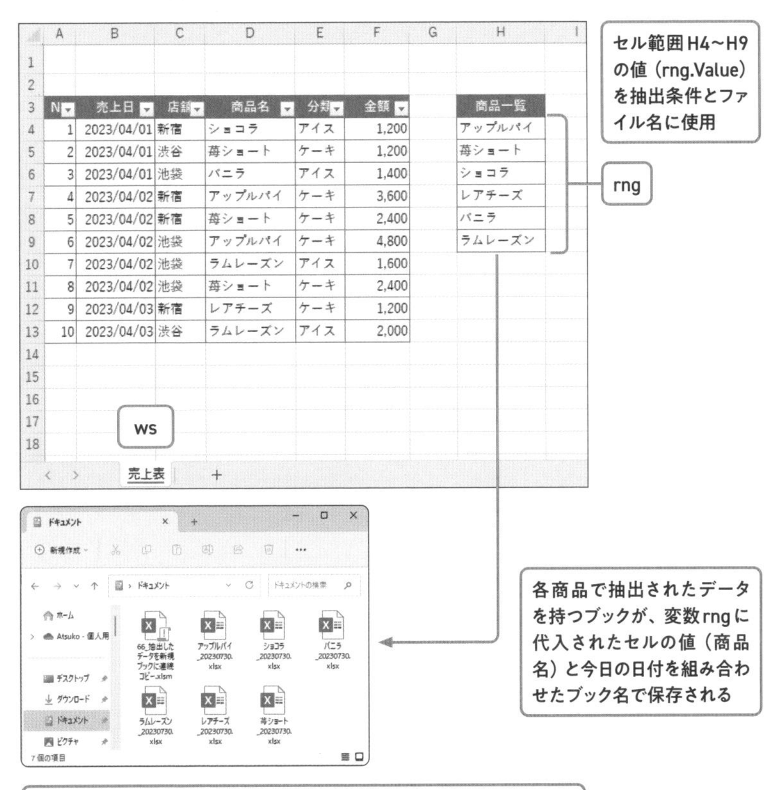


| N | 売上日 | 店舗 | 商品名 | 分類 | 金額 |
|---|---|---|---|---|---|
| 1 | 2023/04/01 | 新宿 | ショコラ | アイス | 1,200 |
| 2 | 2023/04/01 | 渋谷 | 苺ショート | ケーキ | 1,200 |
| 3 | 2023/04/01 | 池袋 | バニラ | アイス | 1,400 |
| 4 | 2023/04/02 | 新宿 | アップルパイ | ケーキ | 3,600 |
| 5 | 2023/04/02 | 新宿 | 苺ショート | ケーキ | 2,400 |
| 6 | 2023/04/02 | 池袋 | アップルパイ | ケーキ | 4,800 |
| 7 | 2023/04/02 | 池袋 | ラムレーズン | アイス | 1,600 |
| 8 | 2023/04/02 | 池袋 | 苺ショート | ケーキ | 2,400 |
| 9 | 2023/04/03 | 新宿 | レアチーズ | ケーキ | 1,200 |
| 10 | 2023/04/03 | 渋谷 | ラムレーズン | アイス | 2,000 |

| 商品一覧 |
|---|
| アップルパイ |
| 苺ショート |
| ショコラ |
| レアチーズ |
| バニラ |
| ラムレーズン |

**✓ここがポイント！**

**セル範囲H4〜H9の各セルをFor Eachステートメントで変数rngに順番に代入し、そのセルの値「rng.Value」を使って、③で抽出条件に設定し、④のブック名で使っています。④の詳細は、レッスン65を参照してください。**

Lesson 67

# 顧客マスターの中から指定した顧客を検索する

365・2021・2019・2016対応

顧客マスターの中から指定した顧客NOの情報を取り出すときも、レッスン62～66の抽出機能を使うの？

それでもいいのですが、検索機能を使って取り出す方法を紹介しますね。Excelの検索機能をマクロで使う方法になります。

## 指定したデータを含むセルを検索する

Rangeオブジェクトの Find メソッドを使うとセル範囲の中から指定した値を持つセルを検索することができます。Find メソッドはとても多くの引数があるので条件を細かく設定することができます。

### Findメソッド

#### 構文

```
Rangeオブジェクト.Find(What, [After], [LookIn], [LookAt],
[SearchOrder], [SearchDirection], [MatchCase], [MatchByte],
[SearchFormat])
```

**解説**：指定したセル範囲の中で引数で指定した条件で検索し、見つかったセルを参照するRangeオブジェクトを返す。見つからなかった場合はNothingを返す。主な引数は下表のとおり。詳細はヘルプ参照。

#### Findメソッドの主な引数

| 引　数 | 内　容 |
|---|---|
| What | 検索する値を指定 |
| After | 検索範囲内の単一のセルを指定。指定したセルの次のセルから検索が開始される。省略した場合は、検索範囲の左上端セルの次のセルから検索が開始される |
| LookIn | 検索対象を数式、値、コメント、メモのいずれかから定数で指定（次ページ表参照） |
| LookAt | 検索方法を完全一致、部分位置のいずれかを定数で指定（次ページ表参照） |

### 引数LookInの設定値

| 定　数 | 内　容 |
|---|---|
| xlFormulas | 数式 |
| xlValues | 値 |
| xlComments | コメント |
| xlCommentsThreaded | メモ |

### 引数LookAtの設定値

| 定　数 | 内　容 |
|---|---|
| xlWhole | 完全一致 |
| xlPart | 部分一致 |

### 使用例：指定したデータを検索し、結果のデータを書き出す

Sample 67_1データの検索.xlsm

```
Sub データの検索()
    Dim srng As Range, frng As Range
    Set srng = Range("A3").CurrentRegion.Columns(1) ——①
    Set frng = srng.Find(What:=Range("G4").Value, _
        LookIn:=xlValues, LookAt:=xlWhole) ——②
    If Not frng Is Nothing Then ——③
        Cells(6, "G").Value = frng.Value
        Cells(6, "H").Value = frng.Offset(, 1).Value
        Cells(6, "I").Value = frng.Offset(, 3).Value ——④
    Else
        MsgBox "該当データなし" ——⑤
    End If
End Sub
```

**解説**：①セルA3を含むアクティブセル領域の1列目を変数srngに代入する。②変数srngの中でセルG4の値を完全一致で検索し、見つかったセルを変数frngに代入する。③もし、変数frngがNothingではない（セルが見つかっている）場合は以下の処理を実行する。④G列6行目のセルに、変数frngの値を入力、H列6行目のセルに変数frngの1つ右のセルの値を入力、I列6行目のセルに変数frngの3つ右のセルの値を入力する。そうでない場合は、⑤「該当データなし」とメッセージを表示する。

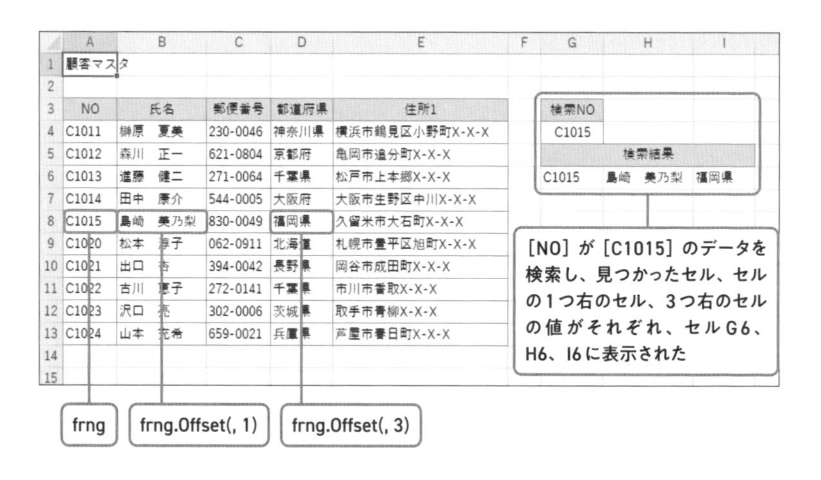


Tips　[検索と置換] 画面の [検索] タブの設定項目に対応

Findメソッドの引数は、[ホーム] タブの [検索と置換] の [検索] をクリックして表示される [検索と置換] 画面の [検索] タブに対応しています。引数LookIn、LookAt、SearchOrder、MatchByteの設定は、Findメソッドを実行するたびに保存され、[検索と置換] 画面に反映されます。そのため、これらの引数を省略した場合、[検索と置換] 画面に保存されている内容で検索が実行されます。

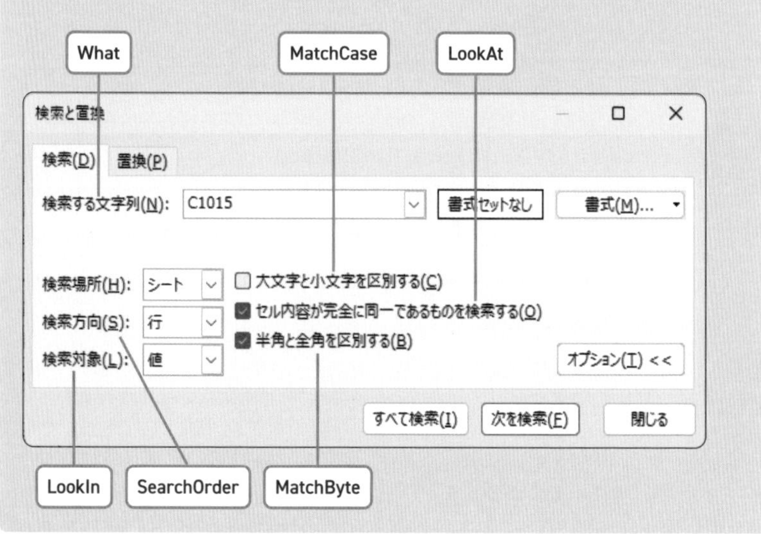


## 同じ条件で続けて検索する

Findメソッドと同じ条件で続けて検索するには、FindNextメソッドを使います。

## FindNextメソッド

### 構文

```
Rangeオブジェクト.FindNext([After])
```

**解説**：セル範囲の中を、Findメソッドで設定した同じ検索条件で引き続きデータを検索し、見つかったセルを参照するRangeオブジェクトを返す。見つからなかった場合は、Nothingを返す。引数「After」では、検索範囲内の単一のセルを指定する。指定したセルの次のセルから検索が開始され、指定したセルは最後に検索される。省略時は検索範囲内の左上のセルの次のセルから検索が開始される。

### 使用例：指定したデータを連続して検索し、結果のデータを書き出す

Sample 67_2データの連続検索.xlsm

```
Sub データの連続検索()
    Dim srng As Range, frng As Range
    Dim i As Long, fAddress As String
    Set srng = Range("A3").CurrentRegion.Columns(1) ―①
    Set frng = srng.Find(What:=Range("G4").Value, _
        LookIn:=xlValues, LookAt:=xlWhole) ―②
    If Not frng Is Nothing Then ―③
        fAddress = frng.Address ―④
        i = 6 ―⑤
        Do ―⑥
            Cells(i, "G").Value = frng.Value
            Cells(i, "H").Value = frng.Offset(, 1).Value
            Cells(i, "I").Value = frng.Offset(, 3).Value ―⑦
            Set frng = srng.FindNext(After:=frng) ―⑧
            i = i + 1 ―⑨
        Loop Until frng.Address = fAddress ―⑩
    Else
        MsgBox "該当商品なし"
    End If
End Sub
```

**解説**：①セルA3を含むアクティブセル領域の1列目を変数srngに代入する。②変数srngの中でセルG4の値を完全一致で検索し、見つかったセルを変数frngに代入する。③もし、変数frngがNothingではない（セルが見つかっている）場合は以下の処理を実行する。④変数fAddressに変数frngのセル番地を代入する（最初に見つかったセルを保存するため）。⑤変数iに6を代入（6行目が開始行のため）。⑥以下の処理を繰り返す。⑦G列i行目のセルに変数frngの値、H列i行目のセルに変数frngの1つ右のセルの値、I列i行目のセルに変数frngの3つ右のセルの値を入力する。⑧変数srngのセル範囲の中で変

数frngの次のセルから同じ条件で検索を続行し、見つかったセルを変数frngに代入する。⑨変数iに1を加算する。⑩最初に見つかったセルfAddressと同じ番地を持つセルが見つかるまで上の処理を繰り返す。

| | A | B | C | D | E | F | G | H | I |
|---|---|---|---|---|---|---|---|---|---|
| 1 | 顧客マスタ | | | | | | | | |
| 2 | | | | | | | | | |
| 3 | NO | 氏名 | 郵便番号 | 都道府県 | 住所1 | | 検索NO | | |
| 4 | C1011 | 榊原　夏美 | 230-0046 | 神奈川県 | 横浜市鶴見区小野町X-X-X | | C101* | | |
| 5 | C1012 | 森川　正一 | 621-0804 | 京都府 | 亀岡市追分町X-X-X | | 検索結果 | | |
| 6 | C1013 | 進藤　健二 | 271-0064 | 千葉県 | 松戸市上本郷X-X-X | | C1011 | 榊原　夏美 | 神奈川県 |
| 7 | C1014 | 田中　康介 | 544-0005 | 大阪府 | 大阪市生野区中川X-X-X | | C1012 | 森川　正一 | 京都府 |
| 8 | C1015 | 島崎　美乃梨 | 830-0049 | 福岡県 | 久留米市大石町X-X-X | | C1013 | 進藤　健二 | 千葉県 |
| 9 | C1020 | 松本　淳子 | 062-0911 | 北海道 | 札幌市豊平区旭町X-X-X | | C1014 | 田中　康介 | 大阪府 |
| 10 | C1021 | 出口　杏 | 394-0042 | 長野県 | 岡谷市成田町X-X-X | | C1015 | 島崎　美乃梨 | 福岡県 |
| 11 | C1022 | 古川　恵子 | 272-0141 | 千葉県 | 市川市香取X-X-X | | | | |
| 12 | C1023 | 沢口　亮 | 302-0006 | 茨城県 | 取手市青柳X-X-X | | | | |
| 13 | C1024 | 山本　充希 | 659-0021 | 兵庫県 | 芦屋市春日町X-X-X | | | | |
| 14 | | | | | | | | | |

［NO］が「C101で始まる」のデータを連続で検索し、見つかったセル、その1つ右のセル、3つ右のセルの値がそれぞれ、G列、H列、I列に表示された

**✓ここがポイント!**

**ここでは、セルG4の値「C101*」が条件になります。検索値にはワイルドカード文字を使用することができ、「*」（アスタリスク）は0文字以上の任意の文字列の代用として使うことができるワイルドカードです。「C101で始まる文字列」という意味になるため、先頭が「C101」のデータが検索されます。最初にFindメソッドで見つかった「C1011」のデータを書き出し、FindNextメソッドで同じ条件で検索を続行します。**
**④最初に見つかったセルのセル番地を変数fAddressに代入して最初の場所を記録しておきます。⑤変数iの初期値は、データを書き出す最初の行番号に対応させています。⑥後で条件判定をするDo…Loop Untilを開始し、⑦見つかったセルのデータを書き出し、⑧同じ条件で検索を続行し、見つかったセルをfrngに代入しています。⑨変数iに1を加算し、⑩frngのセル番地が最初に見つかったセル番地fAddressになるまで繰り返しています。**

**Findメソッドだけだと、1回のみの検索だから比較的わかりやすいけど、FindNextメソッドで連続して検索する場合は難しいな。**

**確かに、なかなか覚えられないですよね。私も、過去の例を見直して参考にしていますから、必要なときにこの使用例を参考に作成すればいいですよ。**

# 改定した講座名を一気に修正する

365・2021・
2019・2016
対応

文字を別の文字に置き換えてデータを整えたいのですが、一気に変更するには繰り返し処理が必要ですか？

いえいえ、データの置換用のメソッドが用意されていますから、それを使えば簡単なコードであっという間に置換できますよ。

## 文字を置き換える

Rangeオブジェクトの Replace メソッドを使うと、指定したセル範囲にある値を別の値に一括で置き換えます。引数の指定の仕方によりいろいろな設定で置換できます。

### Replaceメソッド

#### 構文

```
Rangeオブジェクト.Replace(What, Replacement, [LookAt],
[SearchOrder], [SearchDirection], [MatchCase], [MatchByte],
[SearchFormat], [ReplaceFormat])
```

**解説**：指定したセル範囲の中で引数「What」で指定した文字列を、引数「Replacement」で指定した文字列に置換する。主な引数は下表のとおり。詳細はヘルプ参照。

#### Replaceメソッドの主な引数

| 引　数 | 内　容 |
|---|---|
| What | 検索する値を指定 |
| Replacement | 置換する値を指定 |
| LookAt | 検索方法を完全一致、部分位置のいずれかから定数で指定 (P221参照) |
| MatchCase | 大文字・小文字を区別する場合はTrue、区別しない場合はFalse |
| MatchByte | 全角・半角を区別する場合はTrue、区別しない場合はFalse |

● **使用例**　Sample 68_データの置換.xlsm

```
Sub データ置換()
    Range("B3:B8").Replace _
        What:="2019", Replacement:="2021", _
        LookAt:=xlPart
End Sub
```
（What:～LookAt:=xlPartの部分：①）

**解説**：①セル範囲B3～B8について、部分一致で「2019」を「2021」に置換する。

| | A | B | C | D |
|---|---|---|---|---|
| 1 | 講座一覧 | | | |
| 2 | 講座NO | 講座名 | 定員 | 開催日 |
| 3 | 1001 | Word2019 基礎 | 35 | 7月13日 |
| 4 | 1002 | Excel2019 基礎 | 35 | 7月14日 |
| 5 | 1003 | PowerPoint2019 基礎 | 35 | 7月18日 |
| 6 | 1004 | Word2019 応用 | 30 | 7月19日 |
| 7 | 1005 | Excel2019 応用 | 30 | 7月20日 |
| 8 | 1006 | PowerPoint2019 応用 | 30 | 7月21日 |
| 9 | | | | |

↓

| | A | B | C | D |
|---|---|---|---|---|
| 1 | 講座一覧 | | | |
| 2 | 講座NO | 講座名 | 定員 | 開催日 |
| 3 | 1001 | Word2021 基礎 | 35 | 7月13日 |
| 4 | 1002 | Excel2021 基礎 | 35 | 7月14日 |
| 5 | 1003 | PowerPoint2021 基礎 | 35 | 7月18日 |
| 6 | 1004 | Word2021 応用 | 30 | 7月19日 |
| 7 | 1005 | Excel2021 応用 | 30 | 7月20日 |
| 8 | 1006 | PowerPoint2021 応用 | 30 | 7月21日 |
| 9 | | | | |

セルB3～B8の中にある「2019」が「2021」に置き換わった

**✓ここがポイント!**

**ここでは、引数「LookAt」をxlPartにしているので、文字列の中の一部分を置換しています。**

**Tips**　**［検索と置換］画面の［置換］タブの設定項目に対応**

Raplaceメソッドの引数は、［ホーム］タブの［検索と置換］の［置換］をクリックして表示される［検索と置換］画面の［置換］タブに対応しています。引数LookAt、SearchOrder、MatchCase、MatchByteの設定は、Replaceメソッドを実行するたびに保存され、［検索と置換］画面に反映されます。そのため、これらの引数を省略した場合、［検索と置換］画面に保存されている内容で検索が実行されます。

Lesson 69

# 申込書のデータを一覧表に転記する

365・2021・2019・2016 対応

申込書に入力されたデータを一覧表に転記したいのですが、1つずつコピーすればいいのですか？

それでもいいですけど、面倒ですよね。転記したい内容を配列にすると、とても簡単ですよ。やってみましょう。

## 配列の内容をセル範囲に入力する

申込書に入力されたセルの値を、一覧表に1行にまとめて転記する場合は、まず、転記したいセルの値をArray関数を使って配列にします。次に転記先で、作成された配列の要素数と同じ列数のセル範囲のValueプロパティに代入します。

### 使用例：単票のデータを一覧表に転記する

Sample 69_単票データの転記.xlsm

```
Sub 単票データ転記()
    Dim ary As Variant, rng As Range
    Set rng = Worksheets("リスト").Cells(Rows.Count, 1) _
        .End(xlUp).Offset(1)                                          ①
    ary = Array(Range("B2").Value, Range("A4").Value, _
        Range("B4").Value, Range("B5").Value, Range("B6").Value)      ②
    rng.Resize(, 5).Value = ary                                       ③
End Sub
```

解説：①［リスト］シートの最下行、1列目のセルから上端のセルの1つ下のセル（新規入力行の転記先の先頭セル）を変数rngに代入する。②Array関数でセルB2、A4、B4、B5、B6の値を配列にして配列変数aryに代入する。③変数rngを行数はそのまま、列数を5列に変更したセル範囲に配列変数aryの値を入力する。

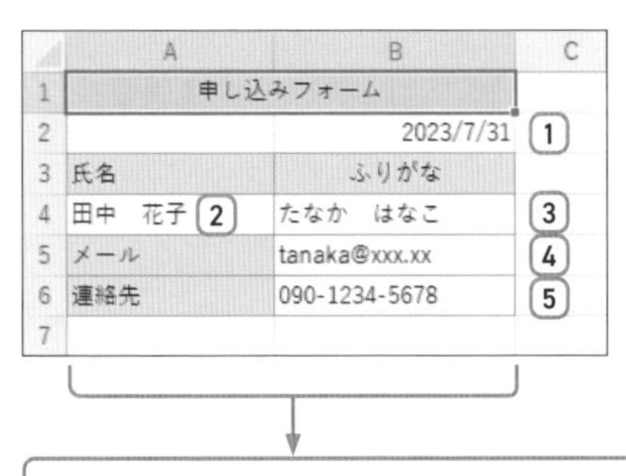


```
ary = Array(Range("B2").Value, Range("A4").Value, _
    Range("B4").Value, Range("B5").Value, Range("B6").Value)
```

```
Set rng = Worksheets("リスト").Cells(Rows.Count, 1) .End(xlUp).Offset(1)
```

リストの新規入力行の先頭セルを変数rngに代入

| | A | B | C | D | E |
|---|---|---|---|---|---|
| 1 | 申込日 | 氏名 | ふりがな | メール | 連絡先 |
| 2 | 2023/7/28 | 佐藤　孝之 | さとう　たかゆき | sato_t@xxx.xx | 090-2345-6789 |
| 3 | 2023/7/31 | 田中　花子 | たなか　はなこ | tanaka@xxx.xx | 090-1234-5678 |
| 4 | 1 | 2 | 3 | 4 | 5 |
| 5 | | | | | |

```
rng.Resize(, 5).Value = ary
```

転記先の先頭セルのセル範囲を配列の要素数（5）に列数を変更し、配列の値を入力

## ✓ここがポイント！

Array関数で作成した配列の値は、列数が要素数と同じセル範囲にそのまま入力できます。例えば、「Range("A1:C1").Value=Array("１月","２月","３月")」とすると、下図左のように、セルA1～C1に配列の値が入力されます。また、Range("A1:C2").Value=Array("１月","２月","３月")」のようにセル範囲の行数を増やすと下図右のように同じ配列の値が行数分入力されます。

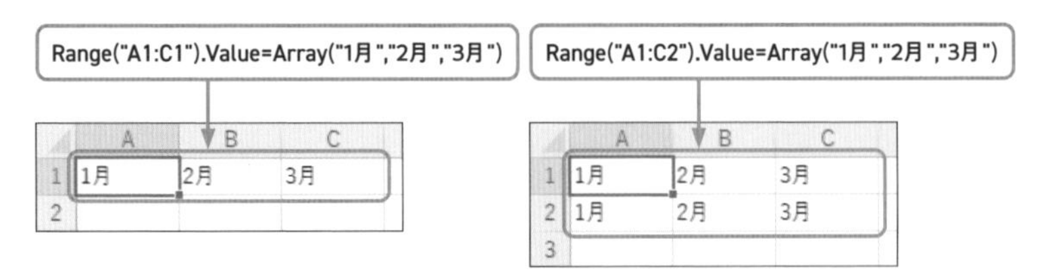


上記の仕組みを利用して、②でArray関数によりセルB2、A4、B4、B5、B6の値を配列にしたものを、③で転記先の先頭セルrngをResizeプロパティで列数を要素数（5）と同じ列数に拡大したセル範囲に配列変数aryの値を代入することで、転記しています。

Lesson 70

# 明細行のあるデータを一覧表に転記する

365・2021・2019・2016対応

納品書のような明細行のあるデータを一覧表に転記するのは、前レッスンのようにはいきませんよね……。

やり方はいろいろですが、単票形式の部分の転記と明細行の部分の転記の２つの転記を組み合わせてみてはどうかしら。

## 単票の転記と明細の転記を組み合わせる

納品書のような明細行のあるデータを転記する場合、購入者情報のような単票データと、購入品一覧のような明細行のデータで構成されています。単票データは、前レッスンのようにArray関数で転記したいセルを配列にして転記し、明細行はそのまま明細データを転記します。

### ● 使用例:納品書のデータを転記する

Sample 70_明細行のあるデータ転記.xlsm

```
Sub 明細行のあるデータ転記()
    Dim ws As Worksheet, rng As Range
    Dim cnt As Long, ary As Variant
    Set ws = Worksheets("リスト")  ―①
    Set rng = Range("A11:F16")  ―②
    cnt = WorksheetFunction.Count(rng.Columns(1))  ―③
    Set rng = rng.Resize(cnt)  ―④
    ary = Array(Range("F3").Value, Range("F4").Value, _
        Range("C3").Value, Range("C4").Value)  ―⑤
    ws.Cells(Rows.Count, 1).End(xlUp).Offset(1) _
        .Resize(cnt, 4).Value = ary  ―⑥
    ws.Cells(Rows.Count, 5).End(xlUp).Offset(1) _
        .Resize(cnt, 6).Value = rng.Value  ―⑦
End Sub
```

**解説**：①変数wsに［リスト］シートを代入する。②セル範囲A11～F16を変数rngに代入する（明細行のセル範囲全体）。③変数cntに変数rngの１列目の数値の個数を数えて代入する（明細行のデータ件数を取得）。④変数rngに行数をcnt（データ件数）、列数はそのままにセル範囲を変更して設定し直す（明細行のデータ部分のセル範囲を代入）。⑤セルF3、F4、C3、C4の値を配列にして配列変数aryに代入する。⑥変数ws（［リスト］シート）の１列目、最下行から上端のセルの１つ下のセルを基点に行数をcnt、列数を４にセル範囲を変更し、そのセル範囲に配列変数aryの値を代入する。⑦変数wsの5列目、最下行から上端のセルの１つ下のセルを基点に行数をcnt、列数を6にセル範囲を変更し、そのセル範囲に変数rng(明細行のデータ部分) の値を代入する。

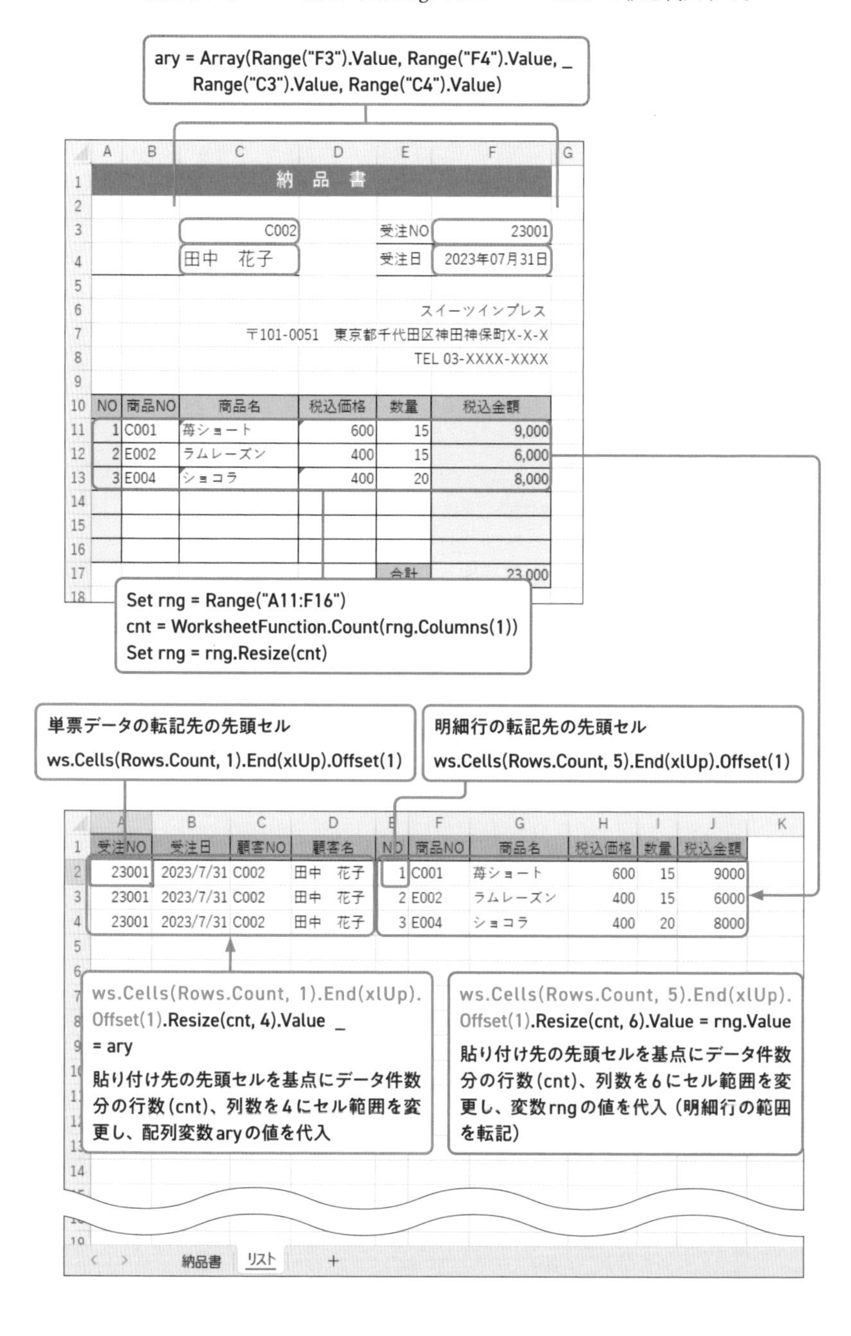

**ここがポイント!**

リストの［受注NO］から［顧客名］までの4列分は、単票の部分の転記になります。前レッスンの［ここがポイント］で解説したように、Array関数で配列にしたセルの値をセル範囲に入力できます。⑥の貼り付け先の先頭セルを基点に、行数を明細行のデータ件数、列数を要素数に変更したセル範囲に配列変数の値を設定すればいいということになります。また、リストの［NO］から［税込金額］までの6列分は、明細行の部分を転記します。ここでは、転記先を、明細行のセル範囲rngと同じ大きさのセル範囲（行数をcnt、列数を6）にして値を設定することで転記しています。また、ここでは、明細行のデータ件数を調べるのに、③でワークシート関数のCOUNT関数を使ってセル範囲rngの1列目の数値の個数を数えることで求めています。

単票部分と明細行を別々に転記するんですね。それぞれの考え方がちょっと難しいです。

そうかもしれませんね。図解をじっくり読んでいただいて、少しずつ理解してください。仕組みがわかると「なるほどね」ってなりますよ。

Lesson 71

# フォルダー内の全ブックのシートを1つのブックにまとめる

365・2021・2019・2016対応

各店舗から提出された報告書を1つのブックにまとめたいのですが、1つずつ開いてコピーするのが大変です。

それこそ、マクロの出番ですよ！　いままで紹介した機能を組み合わせて作れますよ。

## フォルダー内のブックの各シートを1つのブックにコピー

フォルダー内のファイルを検索するDir関数（レッスン39, 45）を使って、「C:¥VBA¥4章¥店舗」フォルダーにある、Excelブックを順番に開き、開いたブックのシートをマクロを実行しているブックにコピーして、1つのブックにシートをまとめてみましょう。

● **使用例：フォルダー内のブックのシートをコピーする**　Sample 71_フォルダー内ブックシートまとめ.xlsm

```
Sub フォルダー内ブックシートまとめ()
    Dim fname As String
    fname = Dir("C:¥VBA¥4章¥店舗¥*.xlsx") ────────①
    Do While fname <> "" ────────②
        Workbooks.Open "C:¥VBA¥4章¥店舗¥" & fname ────────③
        Workbooks(fname).Worksheets(1).Copy _
            Before:=ThisWorkbook.Worksheets("Sheet1") ────────④
        Workbooks(fname).Close ────────⑤
        fname = Dir() ────────⑥
    Loop ────────⑦
End Sub
```

**解説**：①ブック「C:¥VBA¥4章¥店舗¥*.xlsx」を検索し、見つかったファイル名を変数fnameに代入する。②変数fnameが「""」でない間（Excelブックが見つかっている間）、以下の処理を繰り返す。③ブック名「"C:¥VBA¥4章¥店舗¥" & fname」のブックを開く。④開いたfnameブックの1つ目のシートを、マクロを実行しているブックの［Sheet1］シートの前にコピーする。⑤開いたfnameブックを閉じる。⑥同じ条件で2つ目以降のファイルを検索し、見つかったファイルを変数fnameに代入する。⑦Do While行に戻る。

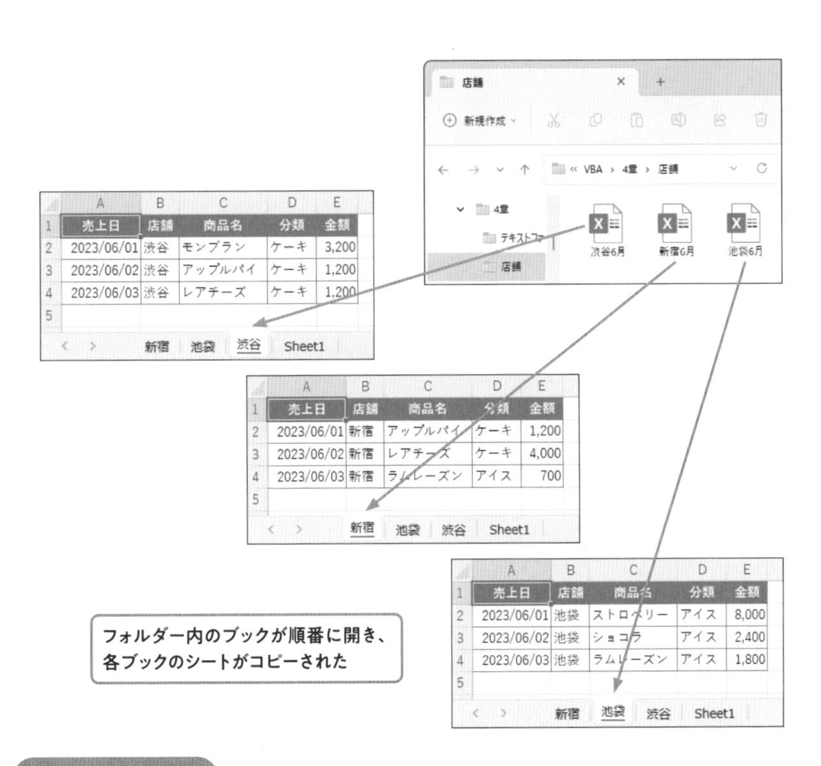


**✓ここがポイント!**

検索するブックは、パスを含めて「C:¥VBA¥4章¥店舗¥*.xlsx」のようにワイルドカード文字を使って指定することで、指定したフォルダー内にある、拡張子が「.xlsx」のブックを指定しています。見つかった場合、変数fnameに「渋谷6月.xlsx」のようなファイル名のみ取得するので、Workbooks.Openメソッドでファイル名を「"C:¥VBA¥4章¥店舗¥" & fname」のようにパスを含めて指定します。ブックを開き、シートをコピーし、ブックを閉じたら、「fname = Dir()」で同じ条件で次のブックを検索し、処理を繰り返します。見つからなかった場合は「""」が返るので、繰り返し処理を終了します。

フォルダー内のブックを順番に開くには、Dir関数を使えばいいのですね。

そうです。複数のファイルを指定するのに、ワイルドカード文字の「*」(アスタリスク)を使うこともポイントですよ。

Lesson 72

# 各シートにある支店のデータを1つの表にまとめる

365•2021•2019•2016対応

シートに分かれている各店舗のデータを1つにまとめて、全店のデータの表をマクロで作りたいのですが……。

もちろんできますよ。単純な繰り返し処理ですからマクロにお任せしたいですね。

## 各シートまとめ

ここでは、［渋谷］シート、［新宿］シート、［池袋］シートの各データを［まとめ］シートにまとめます。［まとめ］シートには、あらかじめ見出し行のみ用意しておきます。各シートの見出しを除いたデータ部分のみのコピーを繰り返します。

**● 使用例：店舗別シートのデータを［まとめ］シートにまとめる**

Sample 72_各シートデータまとめ.xlsm

```
Sub 各シートデータまとめ()
    Dim ws As Worksheet, rng As Range
    For Each ws In Worksheets ──────────①
        If ws.Name <> "まとめ" Then ──────②
            Set rng = ws.Range("A1").CurrentRegion ──③
            rng.Offset(1).Resize(rng.Rows.Count - 1).Copy _ ┐
            Destination:=Worksheets("まとめ"). _            ├④
            Cells(Rows.Count, 1).End(xlUp).Offset(1)       ┘
        End If
    Next
End Sub
```

**解説**：①ブック内のすべてのワークシートを変数wsに1つずつ代入しながら以下の処理を繰り返す。②変数wsのシート名が「まとめ」でない場合、③変数wsのセルA1を含むアクティブセル領域を変数rngに代入する。④変数rngを1行下に下げ、行数を「変数rngの行数-1」（データ件数）に変更したセル範囲（見出し行を除いたデータ部分）をコピーし、［まとめ］シートの1列目の最下行から上端のセルの1つ下のセル（新規入力行）に貼り付ける。

### ● データ範囲の取得

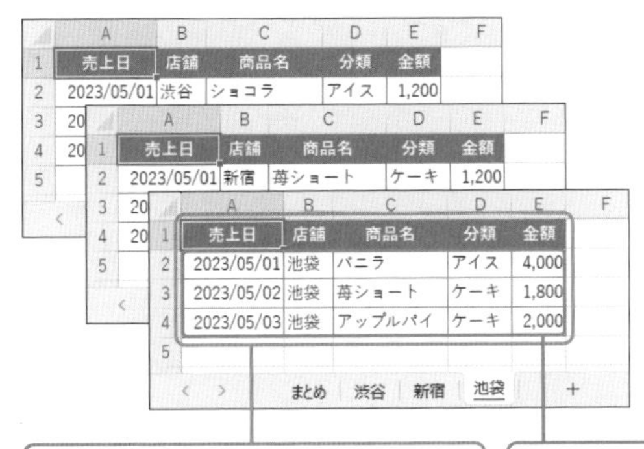

| | A | B | C | D | E |
|---|---|---|---|---|---|
| 1 | 売上日 | 店舗 | 商品名 | 分類 | 金額 |
| 2 | 2023/05/01 | 池袋 | バニラ | アイス | 4,000 |
| 3 | 2023/05/02 | 池袋 | 苺ショート | ケーキ | 1,800 |
| 4 | 2023/05/03 | 池袋 | アップルパイ | ケーキ | 2,000 |



Set rng = ws.Range("A1").CurrentRegion
表全体

rng.Offset(1).Resize(rng.Rows.Count - 1)
見出しを除くデータ範囲

### ● 貼り付け先セルの取得

Worksheets("まとめ").Cells(Rows.Count,1).End(xlUp).Offset(1)
［まとめ］シートの1列目最下行から上端のセルの1つ下のセル
新規入力行の先頭セル：データ貼り付け先

↓

| | A | B | C | D | E |
|---|---|---|---|---|---|
| 1 | 売上日 | 店舗 | 商品名 | 分類 | 金額 |
| 2 | 2023/05/01 | 渋谷 | ショコラ | アイス | 1,200 |
| 3 | 2023/05/02 | 渋谷 | 苺ショート | ケーキ | 2,400 |
| 4 | 2023/05/03 | 渋谷 | アップルパイ | ケーキ | 3,600 |
| 5 | 2023/05/01 | 新宿 | 苺ショート | ケーキ | 1,200 |
| 6 | 2023/05/02 | 新宿 | ラムレーズン | アイス | 6,400 |
| 7 | 2023/05/03 | 新宿 | ショコラ | アイス | 2,400 |
| 8 | 2023/05/01 | 池袋 | バニラ | アイス | 4,000 |
| 9 | 2023/05/02 | 池袋 | 苺ショート | ケーキ | 1,800 |
| 10 | 2023/05/03 | 池袋 | アップルパイ | ケーキ | 2,000 |
| 11 | | | | | |

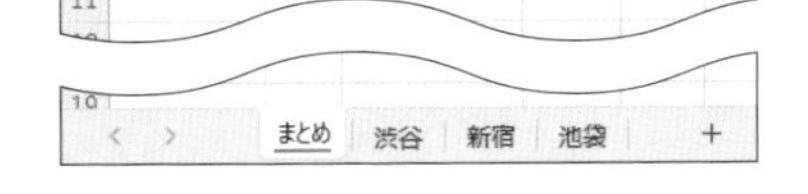



```
rng.Offset(1).Resize(rng.Rows.Count - 1)
.Copy _
    Destination:=Worksheets("まとめ"). _
        Cells(Rows.Count, 1).End(xlUp).
Offset(1)
```

各店舗シートについて、データ範囲を新規入力行の先頭セルにコピーする

各店舗のデータがまとめられた

各シートのデータを一気にまとめられました！　これで作業が格段に効率的になりました。

よかったです。複数シートについて同じ処理をするので、コピーするセル範囲とか貼り付け先のセルを汎用的に指定するところがポイントなんですよ。

COLUMN

# 選択肢を表示してセルに値を入力する

## 入力規則を設定して、セルに選択肢を表示する

レッスン63やレッスン65のように、セルの値を抽出条件にしたい場合、商品名を毎回入力するのは手間がかかります。このような場合は、セルに入力規則を設定し、リストから選択できるように設定しておくといいでしょう。抽出条件を簡単に指定でき、入力ミスを防げます。なお、手順④では[元の値]欄に選択肢となるリストをセル範囲で指定していますが、「"アップルパイ,苺ショート,…"」のように選択肢としたい文字列を「,」(カンマ)で区切り、前後を「"」(ダブルクォーテーション)で囲んで直接入力して指定することもできます。

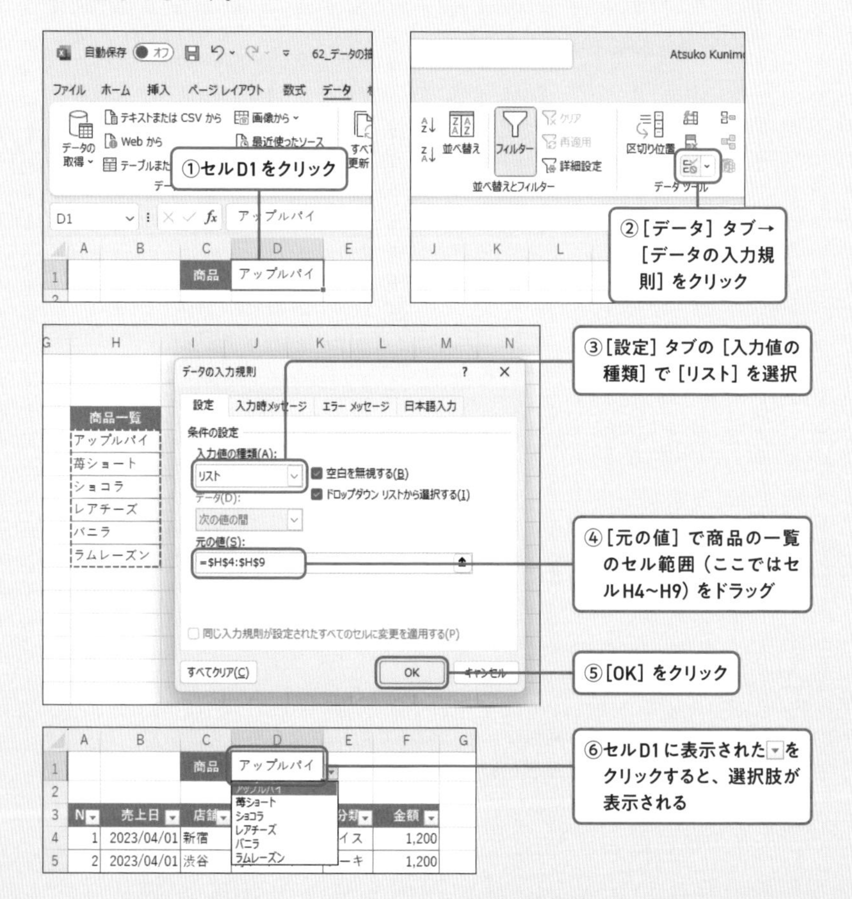

第5章

# データ分析のための実用マクロ

グラフを作成したり、ピボットテーブルを作成したりする操作をマクロで自動化すると、資料作成の時間が短縮できますよね。

そうですね。データの傾向を可視化するグラフや集めたデータを集計するピボットテーブルの作成まで自動化できると、さらに仕事が効率的になりますね。

Lesson 73

# データ分析に必要となる知識のおさらい

365・2021・2019・2016対応

グラフやピボットテーブルはExcelで何回も作っていますが、マクロで作ったことはないんです。

グラフやピボットテーブルをマクロで作成するための基礎知識について、ここで概要をおさらいしておきましょう。

## グラフ

グラフは、表の数値を視覚化したものです。グラフによって、数値の大小や傾向が一目でわかります。グラフ用のシートであるグラフシートに作成する方法と、ワークシート上に貼り付ける形で作成する埋め込みグラフを作成する方法があります。

### グラフの構成要素

主なグラフの要素は以下のとおりです。

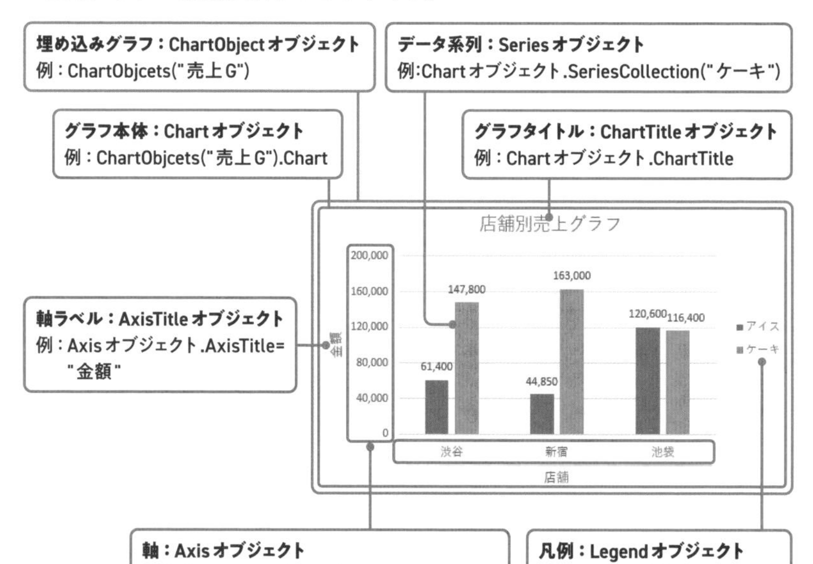

## ピボットテーブル

ピボットテーブルは、データベース形式の表をもとに作成する集計表です。データベースのフィールド（列）のデータを行や列に配置して集計表を作成します。

● データベース形式の表　　● ピボットテーブル

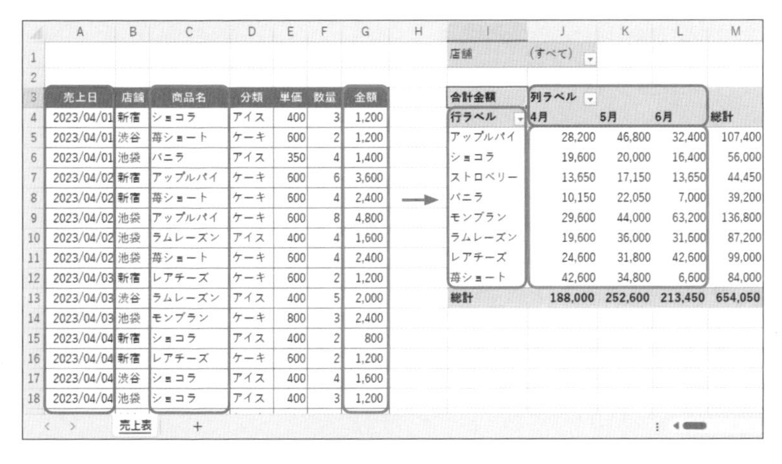

| 売上日 | 店舗 | 商品名 | 分類 | 単価 | 数量 | 金額 |
|---|---|---|---|---|---|---|
| 2023/04/01 | 新宿 | ショコラ | アイス | 400 | 3 | 1,200 |
| 2023/04/01 | 渋谷 | 苺ショート | ケーキ | 600 | 2 | 1,200 |
| 2023/04/01 | 池袋 | バニラ | アイス | 350 | 4 | 1,400 |
| 2023/04/02 | 新宿 | アップルパイ | ケーキ | 600 | 6 | 3,600 |
| 2023/04/02 | 新宿 | 苺ショート | ケーキ | 600 | 4 | 2,400 |
| 2023/04/02 | 池袋 | アップルパイ | ケーキ | 600 | 8 | 4,800 |
| 2023/04/02 | 池袋 | ラムレーズン | アイス | 400 | 4 | 1,600 |
| 2023/04/02 | 池袋 | 苺ショート | ケーキ | 600 | 4 | 2,400 |
| 2023/04/03 | 新宿 | レアチーズ | ケーキ | 600 | 2 | 1,200 |
| 2023/04/03 | 渋谷 | ラムレーズン | アイス | 400 | 5 | 2,000 |
| 2023/04/03 | 池袋 | モンブラン | ケーキ | 800 | 3 | 2,400 |
| 2023/04/04 | 新宿 | ショコラ | アイス | 400 | 2 | 800 |
| 2023/04/04 | 新宿 | レアチーズ | ケーキ | 600 | 2 | 1,200 |
| 2023/04/04 | 渋谷 | ショコラ | アイス | 400 | 4 | 1,600 |
| 2023/04/04 | 池袋 | ショコラ | アイス | 400 | 3 | 1,200 |

店舗　(すべて)

| 合計金額 | 列ラベル | | | |
|---|---|---|---|---|
| 行ラベル | 4月 | 5月 | 6月 | 総計 |
| アップルパイ | 28,200 | 46,800 | 32,400 | 107,400 |
| ショコラ | 19,600 | 20,000 | 16,400 | 56,000 |
| ストロベリー | 13,650 | 17,150 | 13,650 | 44,450 |
| バニラ | 10,150 | 22,050 | 7,000 | 39,200 |
| モンブラン | 29,600 | 44,000 | 63,200 | 136,800 |
| ラムレーズン | 19,600 | 36,000 | 31,600 | 87,200 |
| レアチーズ | 24,600 | 31,800 | 42,600 | 99,000 |
| 苺ショート | 42,600 | 34,800 | 6,600 | 84,000 |
| 総計 | 188,000 | 252,600 | 213,450 | 654,050 |

### ピボットテーブルの構成要素

主なピボットテーブルの要素は以下のとおりです。

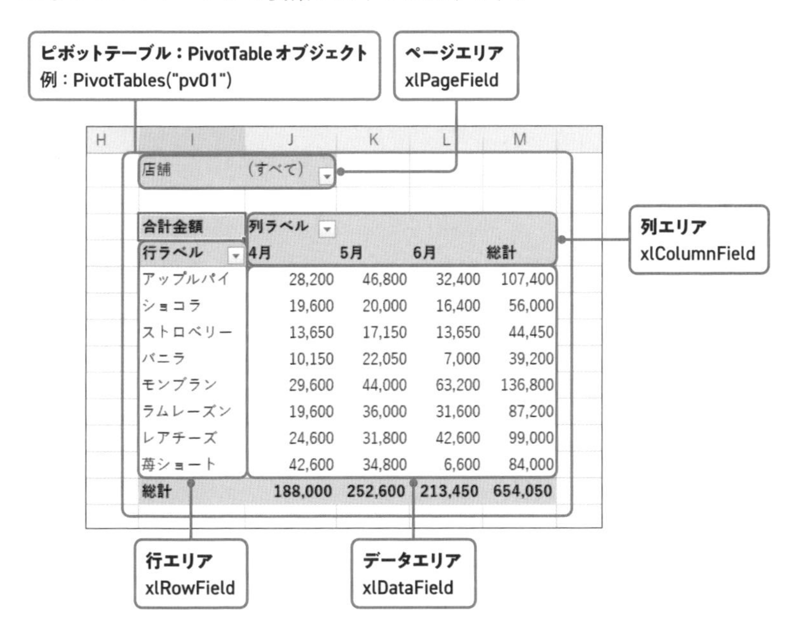

Lesson 74

# グラフシートに棒グラフを作成する

365・2021・2019・2016対応

表のデータをもとにグラフを作成したいんですが、グラフ作成の基本をおさらいしたいです。

では、ここではグラフシートを追加して棒グラフを作成する方法をおさらいしましょう。

## グラフシートを追加する

ブック内にグラフシートを追加するには、ChartsコレクションのAdd2メソッドを使います。またグラフ範囲はChartオブジェクトのSetSourceDataメソッドで指定します。グラフの種類を指定しない場合は、既定のグラフ（集合縦棒グラフ）が追加されます。

### Add2メソッド

#### 構文

```
Chartsコレクション.Add2
```

**解説**：グラフシートを追加する。ここでは、引数を省略している（詳細はヘルプを参照）。Add2メソッドにより、グラフシートが追加され、Chartオブジェクトが返る。そのため、「Charts.Add2」をChartオブジェクトとして扱うことができる。

#### 使用例

```
Charts.Add2.Name="売上G"
```

**意味**：アクティブシートの前にグラフシートを追加し、追加したグラフの名前を「売上G」に設定する。

### SetSourceDataメソッド

#### 構文

```
Chartオブジェクト.SetSourceData(Source,[PlotsBy])
```

**解説**：引数「Source」でグラフのデータ元となるセル範囲を指定し、引数「PlotsBy」でデータ系列を指定する。xlColumnsで列方向、xlRowsで行方向になる。省略時は、データ範囲の行数が列数より多い場合は列方向、同数または少ない場合は行方向となる。

### ● 使用例：グラフシートを追加し、棒グラフを作成する

Sample 74_新規ブックの追加と保存.xlsm

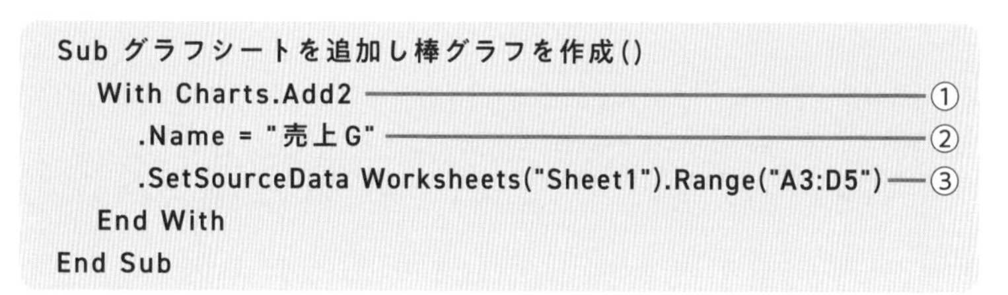

```
Sub グラフシートを追加し棒グラフを作成()
    With Charts.Add2 ―――――――――――――――――――――――――――――――①
        .Name = "売上G" ―――――――――――――――――――――――――――――②
        .SetSourceData Worksheets("Sheet1").Range("A3:D5") ―③
    End With
End Sub
```

**解説**：①グラフシートを追加し、以下の処理を実行する。②追加したグラフの名前を「売上G」とし、③グラフ範囲を［Sheet1］シートのセル範囲A3～D5とする。

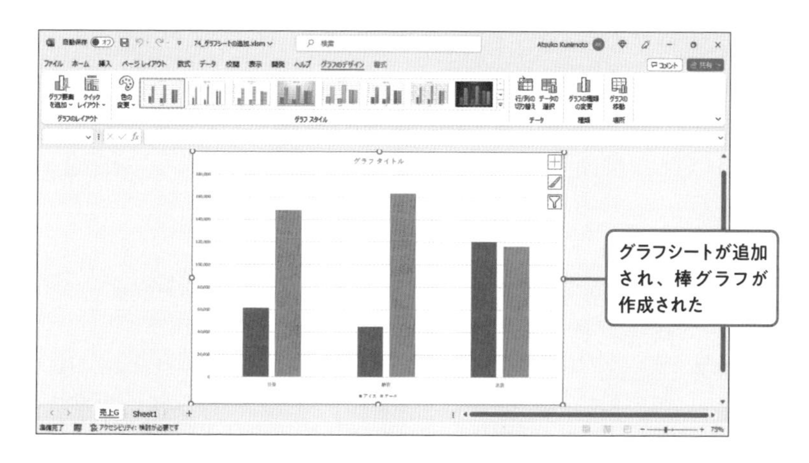


**✓ ここがポイント！**

**ChartオブジェクトのNameプロパティで、グラフ名が設定されます。グラフ名がシート名となってシート見出しに表示されます。ここでは、グラフの種類を指定していないので、指定したグラフ範囲をもとに既定のグラフである集合縦棒グラフが自動的に作成されています。**

Lesson 75

# 表の下にグラフを作成する

365・2021・2019・2016 対応

表の下にグラフを作成したいのですが、この場合はどうすればいいのでしょうか？

ワークシート上に作成するグラフのことを「埋め込みグラフ」といいます。ここでは、埋め込みグラフの作り方を解説します。

## 埋め込みグラフの作成

指定したワークシートに埋め込みグラフを作成するには、Shapesコレクションの**AddChart2**メソッドを使います。AddChart2メソッドによりグラフを表すShapeオブジェクトを返します。ShapeオブジェクトのChartプロパティで、グラフ自体を参照するChartオブジェクトを取得します。

### AddChart2メソッド

#### 構文

```
Worksheetオブジェクト.Shapes.AddChart2([Style],[XlChartType],
[Left],[Top],[Width],[Height],[NewLayout])
```

**解説**：指定したワークシート上に埋め込みグラフを追加する。すべての引数を省略すると、現在のセルをもとに埋め込みグラフが作成される。引数は下表のとおり。

#### AddChart2メソッドの引数

| 引　数 | 内　容 |
| --- | --- |
| Style | グラフのスタイルを指定。-1にすると、引数XlChartTypeで指定した既定のスタイル（スタイル1）が設定される |
| XlChartType | グラフの種類を定数で指定。省略時は既定のグラフ（集合縦棒グラフ） |
| Left、Top | Leftでグラフの左端位置、Topでグラフの上端位置をポイント単位で指定。省略時は自動配置される |
| Width、Height | Widthでグラフの幅、Heightでグラフの高さをポイント単位で指定。省略時は自動調整される |
| NewLayout | Trueまたは省略の場合、新しい動的書式設定規則（タイトルを表示、複数の系列がある場合は、凡例を表示する）で作成される |

## Chartプロパティ

### 構文

```
Shapeオブジェクト.Chart
ChartObjcetオブジェクト.Chart
```

**解説**：Shapeオブジェクトに含まれるグラフ自体を参照するChartオブジェクトを取得する。埋め込みグラフは、ChartObjectオブジェクトでもあるため、ChartObjectオブジェクトのChartプロパティでChartオブジェクトを取得することができる。グラフの詳細設定は、Chartオブジェクトのプロパティやメソッドを使って行う。

### Chartオブジェクトの主なプロパティやメソッド

| プロパティ | 内　容 |
|---|---|
| HasTitle | Trueの場合はグラフタイトルを表示する。Falseの場合は非表示 |
| ChartTitle.Text | グラフのタイトルを文字列で指定する |
| HasLegend | Trueの場合は凡例を表示する。Falseの場合は非表示 |
| Legend.Position | 凡例の位置を指定する |
| ChartType | グラフの種類を取得・設定する |
| ChartStyle | あらかじめ用意されているグラフのスタイルを取得・設定する |
| **メソッド** | **内　容** |
| SetSourceData | グラフのデータ範囲を設定する |
| Axes | グラフの軸を参照するAxisオブジェクトを取得する |
| ApplyLayout | グラフのレイアウトを設定する |

### 使用例：ワークシート上に棒グラフを作成する

Sample 75_1埋め込みグラフの追加.xlsm

```
Sub 埋め込みグラフを作成()
    With ActiveSheet.Shapes.AddChart2 ――――――――①
        .Name = "売上G" ――――――――――――――――②
        .Chart.SetSourceData Range("A3:D5") ――――③
    End With
End Sub
```

**解説**：①既定の設定で埋め込みグラフを作成し、作成した埋め込みグラフについて以下の処理を実行する。②追加した埋め込みグラフの名前を「売上G」とし、③グラフ範囲をアクティブシートのセル範囲A3～D5とする。

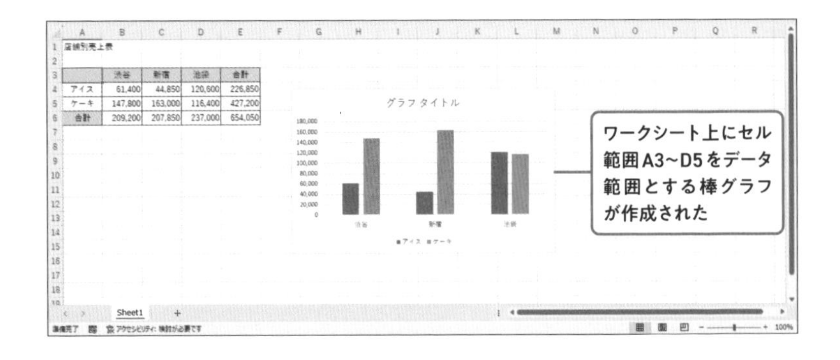


**✓ここがポイント!**

AddChart2メソッドですべての引数を省略すると、現在のセルをもとに既定のグラフ（通常は集合縦棒グラフ）が画面中央に作成されます。AddChart2メソッドにより返ったShapeオブジェクトのNameプロパティに「売上G」と設定してグラフオブジェクトの名前を設定できます。ChartオブジェクトのSetSourceDataメソッドでグラフの元データのセル範囲を設定して、グラフ化したい範囲を指定しています。

## ● 使用例：グラフの種類や位置、大きさを指定して表の下にグラフを追加する

Sample 75_2埋め込みグラフの追加.xlsm

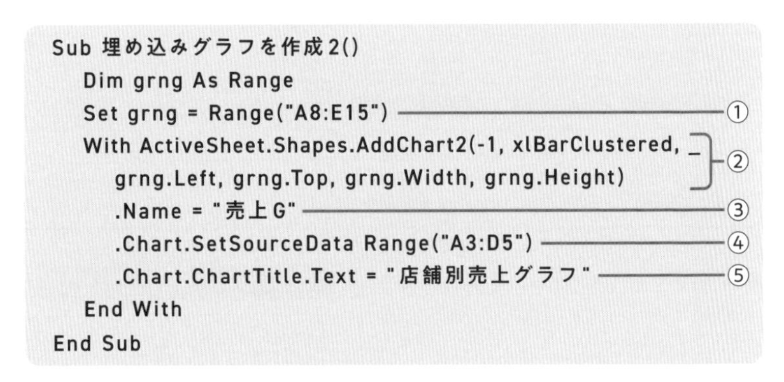

```
Sub 埋め込みグラフを作成2()
    Dim grng As Range
    Set grng = Range("A8:E15") ―①
    With ActiveSheet.Shapes.AddChart2(-1, xlBarClustered, _ ┐
        grng.Left, grng.Top, grng.Width, grng.Height)       ┘②
        .Name = "売上G" ―③
        .Chart.SetSourceData Range("A3:D5") ―④
        .Chart.ChartTitle.Text = "店舗別売上グラフ" ―⑤
    End With
End Sub
```

**解説**：①セル範囲A8～E15を変数grngに代入する（グラフ作成範囲）。②アクティブシートに集合横棒グラフを既定のスタイルで、変数grngの左端位置、上端位置、幅、高さで埋め込みグラフを作成し、作成した埋め込みグラフについて以下の処理を実行する。③追加した埋め込みグラフの名前を「売上G」とし、④グラフ範囲をアクティブシートのセル範囲A3～D5として、⑤グラフタイトルを「店舗別売上グラフ」に指定する。

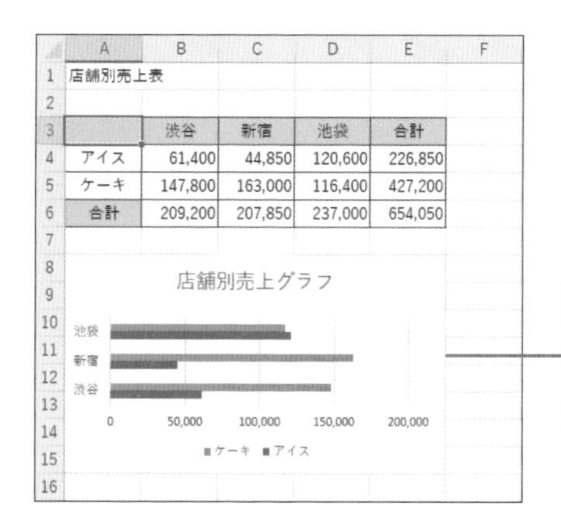

| | A | B | C | D | E | F |
|---|---|---|---|---|---|---|
| 1 | 店舗別売上表 | | | | | |
| 2 | | | | | | |
| 3 | | 渋谷 | 新宿 | 池袋 | 合計 | |
| 4 | アイス | 61,400 | 44,850 | 120,600 | 226,850 | |
| 5 | ケーキ | 147,800 | 163,000 | 116,400 | 427,200 | |
| 6 | 合計 | 209,200 | 207,850 | 237,000 | 654,050 | |



ワークシートに既定のスタイルで横棒グラフがセル範囲A8~E15に合わせて追加され、タイトル文字も指定された

## ✓ここがポイント!

AddChart2メソッドで第2引数「XlChartType」をxlBarClustered、第1引数「Type」を-1に設定しているので、横棒グラフを既定のスタイルで埋め込みグラフを追加します。また、変数grngにグラフを配置するセル範囲を代入し、第3引数～第6引数までそれぞれ、左端位置、上端位置、幅、高さを変数grngに代入したセル範囲の位置やサイズで指定しています。

こんな感じのグラフが作成したかったんです！　作成したいグラフの位置やサイズは、セル範囲の位置や大きさを指定すればいいんですね。

そうです。作りたい場所に作成するテクニックです。ぜひ活用してくださいね。また、グラフの種類についてはPxxを参照してください。

## Tips 同じ名前のグラフが作成されないような処理をする

［埋め込みグラフを作成］マクロ、［埋め込みグラフを作成2］マクロ共に、実行するたびに同じ名前のグラフが作成されてしまいます。複数作成されないようにするには、下図のように同名「売上G」のグラフオブジェクトがないかどうかを調べ、あった場合は削除するコードを追加しておくといいでしょう。

```
Sub 埋め込みグラフを作成3()
    Dim grng As Range, sh As Shape
    Set grng = Range("A8:E15")

    For Each sh In ActiveSheet.Shapes
        If sh.Name = "売上G" Then
            sh.Delete
        End If
    Next
    With ActiveSheet.Shapes.AddChart2(-1, xlBarClustered, _
        grng.Left, grng.Top, grng.Width, grng.Height)
        .Name = "売上G"
        .Chart.SetSourceData Range("A3:D5")
        .Chart.ChartTitle.Text = "店舗別売上グラフ"
    End With
End Sub
```

Lesson 76

# 作成できるグラフの種類を確認しよう

365・2021・2019・2016対応

グラフの種類を指定して作成したいのですが、どのような種類があるのですか？

グラフの種類は非常に多くのものがありますから、主なものを紹介しますね。グラフの種類は作成後に変更できますよ。

## グラフの種類を変更する

グラフの種類は、XlChartType列挙型の定数で指定します。また、グラフ作成後にグラフの種類を変更するには、ChartオブジェクトのChartTypeプロパティを使います。

### ChartTypeプロパティ

#### 構文

```
Chartオブジェクト.ChartType = グラフの種類
```

**解説**：ChartTypeプロパティでグラフの種類を取得・設定できる。グラフの種類は定数で指定。主なグラフの種類は下表のとおり。他のグラフの種類はヘルプで「XlChartType列挙」で検索。

#### 主なグラフの種類（XlChartType列挙型）

| 定　数 | 内　容 | 定　数 | 内　容 |
|---|---|---|---|
| xl3DColumnClustered | 3D 集合縦棒 | xlColumnStacked | 積み上げ縦棒 |
| xl3DBarClustered | 3D 集合横棒 | xlBarStacked | 積み上げ横棒 |
| xlColumnClustered | 集合縦棒 | xlLine | 折れ線 |
| xlBarClustered | 集合横棒 | xlPie | 円 |

#### 使用例：グラフの種類を変更する

Sample 76_グラフの種類変更.xlsm

```
Sub グラフの種類変更()
    ActiveSheet.ChartObjects("売上G"). _
        Chart.ChartType = xlColumnClustered      ①
```

```
End Sub
```

**解説**：①アクティブシートの埋め込みグラフ「売上G」のグラフの種類を集合縦棒グラフに変更する。

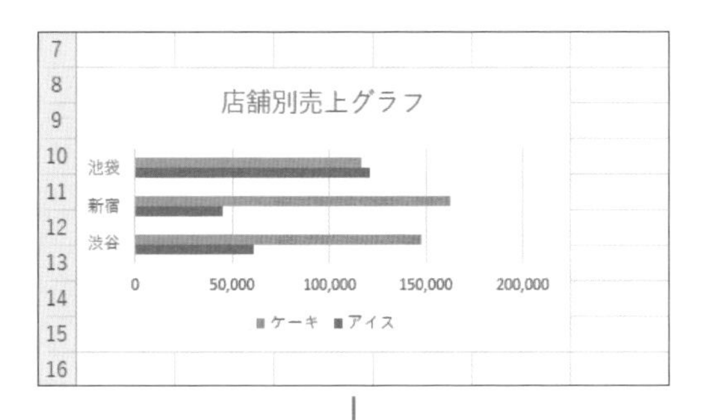


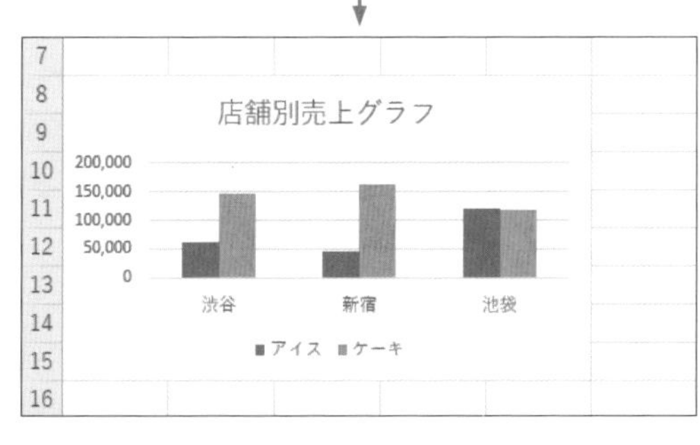


「売上G」グラフの種類が集合縦棒グラフに変更された

**✓ここがポイント！**

ワークシート上に作成された埋め込みグラフを参照するには、ChartObjectオブジェクトを使います。ChartObjectオブジェクトは、ワークシート上の埋め込みグラフの集まりであるChartObjectsコレクションのメンバーです。「売上G」グラフを参照するには、ChartObjectsプロパティを使って「ChartObjects("売上G")」または「ChartObjects(1)」のようにグラフ名やグラフのインデックス番号を使って指定できます。ChartObjectオブジェクトはグラフの外枠としてグラフの大きさや外観を操作します。埋め込みグラフに含まれるグラフ自体を操作するには、Chartプロパティを使って「ChartObjectオブジェクト.Chart」の書式でChartオブジェクトを参照します。

# グラフにスタイルを設定して簡単に見栄えを整える

365・2021・2019・2016対応

グラフの見栄えを整えるのに、どのように編集すればいいのだろう。簡単に変更する方法はありませんか？

それなら、グラフのスタイルを使えばいいですよ。スタイルを選択するだけで素早く変更できますよ。

## グラフのスタイルを変更する

ChartオブジェクトのChartStyleプロパティを使うと、グラフのスタイルを適用し、見栄えを簡単に整えられます。グラフのスタイルはグラフを選択し［グラフのデザイン］タブの［グラフスタイル］グループで確認できます。

### ChartStyleプロパティ

#### 構文

```
Chartオブジェクト.ChartStyle = グラフスタイルの種類
```

**解説**：ChartStyleプロパティに、グラフの種類に対応したグラフスタイルの数値を指定する。グラフスタイルの数値はグラフの種類によって異なるため、適用したいスタイルの数値は「マクロの記録」機能を使って確認するとよい（レッスン96参照）。

#### 集合縦棒グラフのスタイルの数値

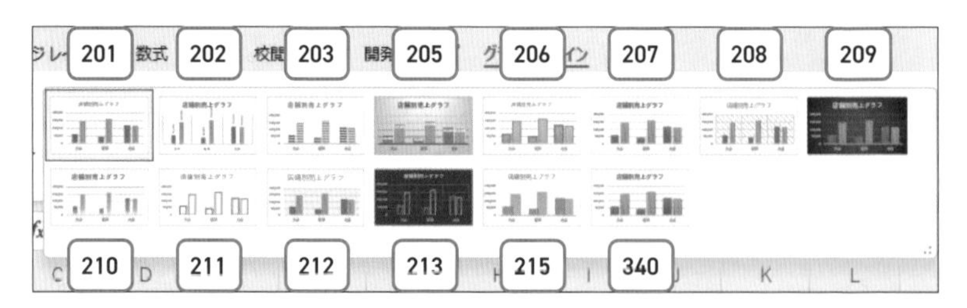

## 集合横棒グラフのスタイルの数値

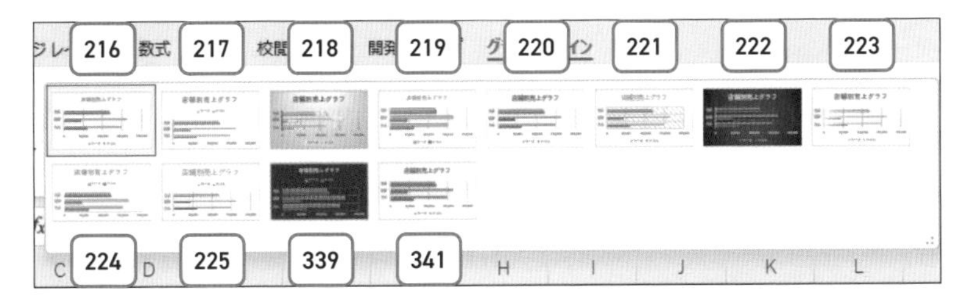


## 使用例：ワークシート上のグラフのスタイルを変更する

Sample 77_グラフスタイルを変更.xlsm

```
Sub グラフのスタイル変更()
    ActiveSheet.ChartObject("売上G"). _
        Chart.ChartStyle = 211
End Sub
```

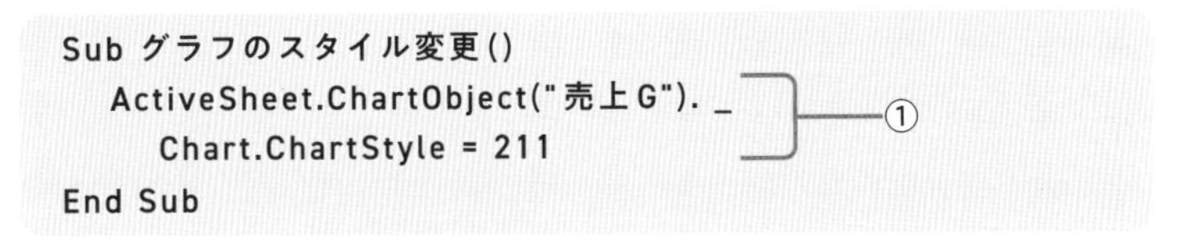

**解説**：①アクティブシートの埋め込みグラフ「売上G」のグラフのスタイルを「スタイル10」に変更する。ChartStyleプロパティの211は、メニューの「スタイル10」に対応している（P248参照）。

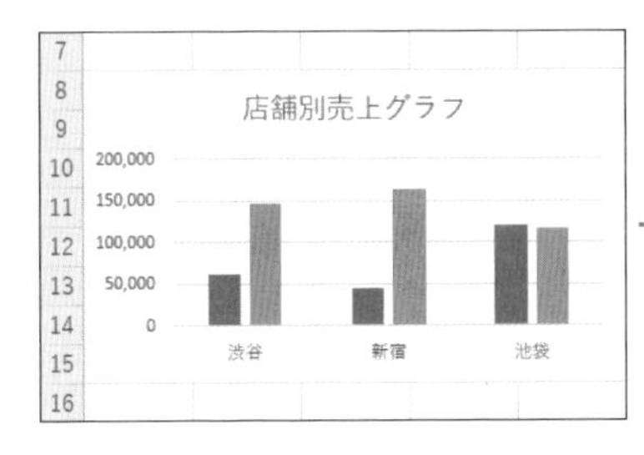


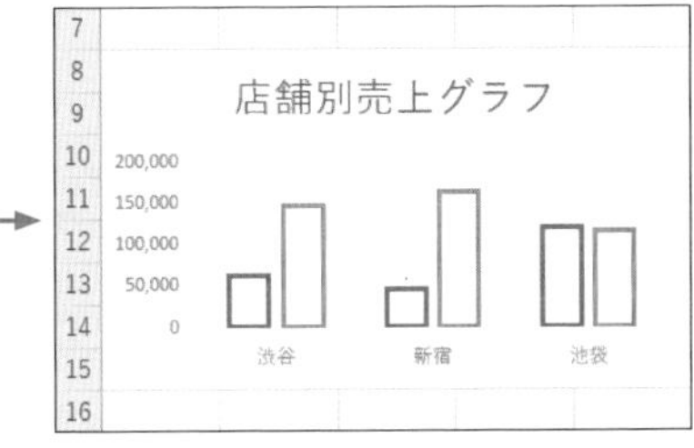


「売上G」グラフの集合縦棒グラフにスタイル10が適用された

**スタイルを使えば、イメージが変えられるんですね。数字で指定する場合は、マクロの記録で確認するのか。**

**そうしてください。グラフの種類によって、スタイルの番号が違いますからね。番号を指定するだけで一気にグラフの雰囲気が変えられるのは便利ですよ。**

Lesson 78

365・2021・2019・2016 対応

# グラフのレイアウトを使ってグラフ要素を追加する

グラフのタイトル、凡例、データラベルのようなグラフの要素を追加したいのですが簡単な方法は？

グラフのクイックレイアウトには、いろいろなグラフ要素の組み合わせがセットになっています。これを利用しましょう。

## レイアウトの種類を選択する

Chartオブジェクトの ApplyLayout メソッドを使用すると、グラフのタイトルや凡例、データラベルやデータテーブルなどの要素を組み合わせたレイアウトをグラフに適用することができます。

### AppplyLayoutメソッド

#### 構文

```
Chartオブジェクト.ApplyLayout(Layout)
```

**解説**：引数「Layout」でクイックレイアウトの数値を指定する。これは、［グラフのデザイン］タブの［クイックレイアウト］をクリックしたときに表示される一覧に対応している（下図参照）。なお、グラフの種類によってレイアウトや数が異なる。

#### クイックレイアウトの数値

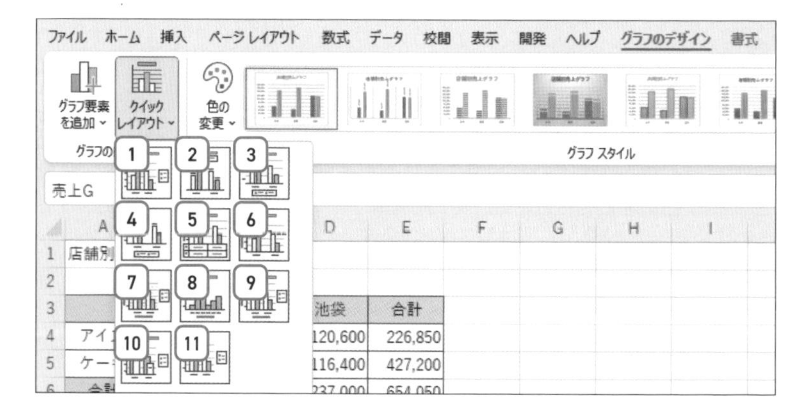

● **使用例：ワークシート上のグラフのレイアウトを変更する**

Sample 78_グラフのレイアウトを変更.xlsm

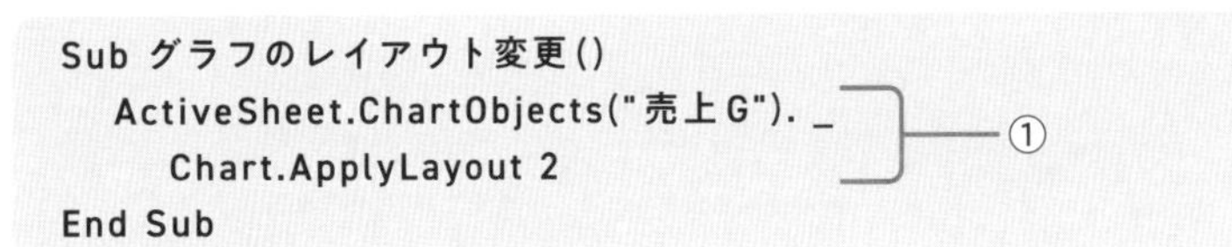

```
Sub グラフのレイアウト変更()
    ActiveSheet.ChartObjects("売上G"). _
        Chart.ApplyLayout 2
End Sub
```
①

**解説**：①アクティブシートの埋め込みグラフ「売上G」のグラフに「レイアウト2」を設定する。

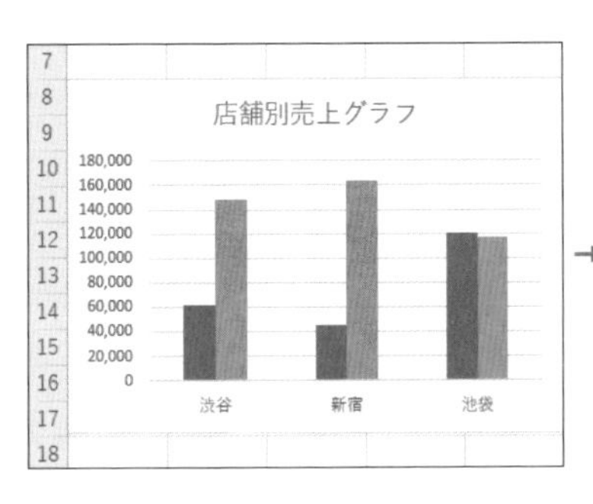


→

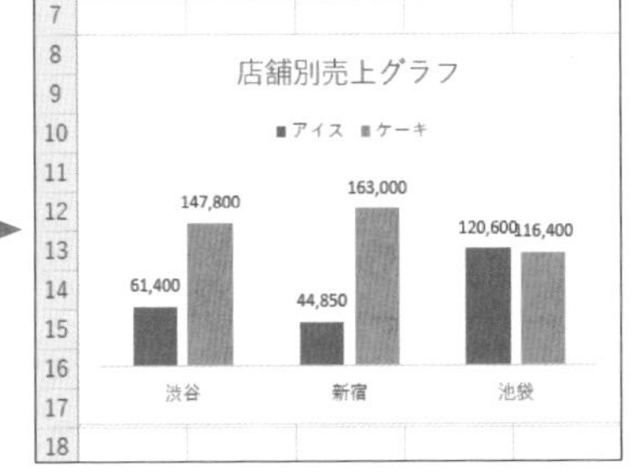


「売上G」グラフの集合縦棒グラフにレイアウト2が適用され、データラベルと凡例が表示された

**Tips　軸ラベルに文字列を指定する**

レイアウトを選択したときに軸ラベルが表示された場合、そのラベルに文字列を別途指定します。例えばレイアウト7を指定した場合は下図のように軸ラベルに文字列を指定してください。①で数値軸の軸ラベルを縦書きに変更、②で数値軸の軸ラベルの文字列を「金額」、③で項目軸の軸ラベルの文字列を「店舗」に設定しています。

```
Sub グラフのレイアウト変更2()
    With ActiveSheet.ChartObjects("売上G").Chart
        .ApplyLayout 7
        .Axes(xlValue).AxisTitle.Orientation = xlVertical  '…①
        .Axes(xlValue).AxisTitle.Text = "金額"             '…②
        .Axes(xlCategory).AxisTitle.Text = "店舗"          '…③
    End With
End Sub
```

Lesson 79

365・2021・
2019・2016
対応

# グラフの要素を個別に追加する

グラフのタイトル、凡例、データラベルのようなグラフの要素を個別に追加したいのですが……。

各要素を個別に追加する便利な方法として、要素の追加という機能を使うと便利です。やってみましょう。

## グラフ要素を追加する

Chartオブジェクトの SetElementメソッドを使うと、グラフの各要素の表示・非表示や配置の指定ができます。これは［グラフのデザイン］タブの［グラフ要素を追加］をクリックして要素を追加する機能に対応しています。

### SetElementメソッド

#### 構文

```
Chartオブジェクト.SetElement(要素)
```

**解説**：引数「要素」で指定したグラフ要素を表示する。引数「要素」は定数で指定する（下表参照）。100を超える定数が用意されているので、詳細はヘルプを参照。

#### 引数「要素」の主な設定値（MsoChartElementType列挙型）

| 定数 | 内容 |
|---|---|
| msoElementChartTitleAboveChart | グラフの上にタイトルを表示 |
| msoElementDataLabelOutSideEnd | データラベルを外側の末尾に表示 |
| msoElementDataTableShow | データテーブルを表示 |
| msoElementLegendRight | 凡例を右に表示 |
| msoElementPrimaryCategoryAxisReverse | 主項目軸を逆順で表示 |
| msoElementPrimaryCategoryAxisTitleAdjacentToAxis | 主項目軸の横に軸ラベルを表示 |
| msoElementPrimaryValueAxisThousands | 主数値軸の単位に千を使用 |
| msoElementPrimaryValueAxisTitleVertical | 主数値軸の軸ラベルを縦書きで表示 |

## ● 使用例：ワークシート上のグラフに要素を追加

Sample 79_グラフの要素を追加.xlsm

```
Sub グラフ要素追加()
    With ActiveSheet.ChartObjects("売上G").Chart ——①
        .SetElement msoElementLegendRight ——②
        .SetElement _
        msoElementPrimaryCategoryAxisTitleAdjacentToAxis ——③
        .SetElement msoElementPrimaryValueAxisTitleVertical ——④
        .Axes(xlCategory).AxisTitle.Text = "店舗"
        .Axes(xlValue).AxisTitle.Text = "金額" ——⑤
    End With
End Sub
```

**解説**：①アクティブシートの埋め込みグラフ「売上G」について以下の処理を実行する。②凡例を右に表示する。③主項目軸の横に軸ラベルを表示する。④主数値軸の軸ラベルを縦書きで表示する。⑤項目軸の文字列を「店舗」、数値軸の文字列を「金額」に設定する。

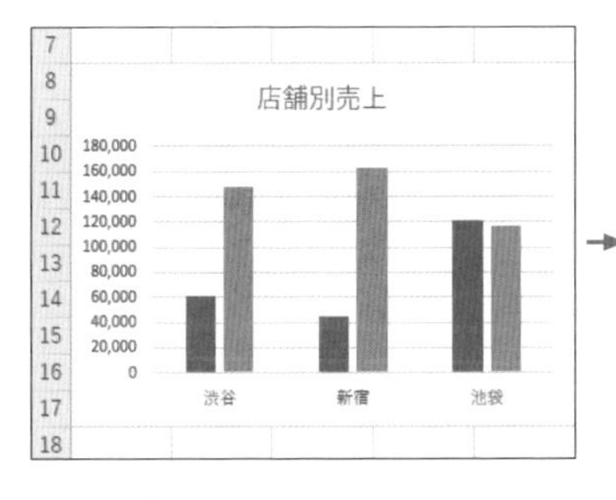


→

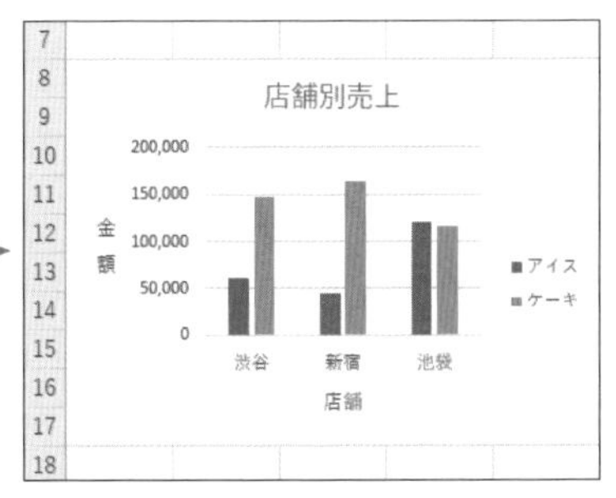


「売上G」グラフに軸ラベルが表示され、凡例が右に表示された

### ✓ここがポイント！

③、④でChartオブジェクトのSetElementメソッドで軸レベルを表示すると「軸ラベル」と仮の文字列が表示されるため、⑤でAxesメソッドを使い、軸を参照して軸の文字列を設定します。「Axes(xlCategory)」で項目軸、「Axes(xlValue)」で数値軸を参照しています。

Lesson 80

# 売上表をもとにピボットテーブルを作成する

365・2021・2019・2016対応

売上表をもとに、商品別店舗別の集計表を作りたいのですが、マクロで自動化したいんです。

それなら、ピボットテーブルを作る方法がありますね。まずは作り方を体験してみてください。

## ピボットテーブル作成の流れを確認する

マクロを使ってピボットテーブルを作成するには、以下の3つの手順があります。ここでは、処理の流れを理解しましょう。

- **手順①：ピボットテーブルキャッシュの作成**
  **PivotCachesコレクションのCreateメソッドで、PivotCacheオブジェクトを作成し、ピボットテーブルのもととなるデータをメモリ内に格納する**
- **手順②：ピボットテーブルの作成**
  **PivotCacheオブジェクトのCreatePivotTableメソッドで、空白のPivotTableオブジェクトを作成する**
- **手順③：ピボットテーブルにフィールドを追加**
  **PivotFieldオブジェクトで、行フィールド、列フィールド、値フィールドを追加し、集計表を完成させる**

### ①ピボットテーブルキャッシュの作成

#### 構文

```
Worksheetオブジェクト.PivotCaches.Create(SourceType,
[SourceData])
```

**解説**：指定したワークシート上にピボットテーブルキャッシュを作成し、作成したPivotCacheオブジェクトを取得する。引数「SourceType」で元データの種類を定数で指定する（次ページ表参照）。引数「SourceData」で元データとなる表のセル範囲を指定する。

### 引数「SourceType」の主な設定値

| 定数 | 内容 |
| --- | --- |
| xlDatabase | Excelの表 |
| xlExternal | 外部のアプリケーションデータ |
| xlConsolidation | 複数のワークシート範囲 |

## ②ピボットテーブルの作成

### 構文

```
PivotCacheオブジェクト.CreatePivotTable(TableDestination,
[TableName])
```

**解説**：ピボットテーブルキャッシュをもとに、ピボットテーブルを作成し、作成したPivotTableオブジェクトを取得する。引数「TableDestination」でピボットテーブルの作成先の先頭セルを指定する。引数「TableName」でピボットテーブルの名前を指定する。省略時は名前が自動で設定される。

## ③ピボットテーブルにフィールドを追加

### 構文

```
PivotTableオブジェクト.PivotFields("フィールド名").Orientation =
設定値
```

**解説**：ピボットテーブルにフィールドを配置する。ピボットテーブルのフィールドを表すPivotFieldオブジェクトは、PivotTableオブジェクトのPivotFieldsメソッドで取得する。PivotFieldオブジェクトのOrientationプロパティの設定値は、追加先のフィールドを定数で指定する（下表参照）。

### Orientaionプロパティの設定値

| 定数 | 内容 |
| --- | --- |
| xlRowField | 行エリア |
| xlColumnField | 列エリア |
| xlPageField | ページエリア |
| xlDataField | データエリア |
| xlHidden | フィールド削除 |

なお、データエリアに追加したフィールドは、その集計方法をPivotFieldオブジェクトのFunctionプロパティで指定する必要があります。

● **構文**

```
PivotFieldオブジェクト.Function = 設定値
```

**解説**：データエリアに追加したPivotFieldオブジェクトに対して、集計方法を定数で指定する（下表参照）。

● **Functionプロパティの主な設定値**（XlConsolidationFunction列挙型）

| 定　数 | 内　容 | 定　数 | 内　容 |
|---|---|---|---|
| xlSum | 合計 | xlCountNums | 数値の個数 |
| xlAverage | 平均 | xlMax | 最大 |
| xlCount | 個数 | xlMin | 最小 |

● **使用例：売上表をもとに**
**ピボットテーブルを作成する**

Sample 80_ピボットテーブルの作成.xlsm

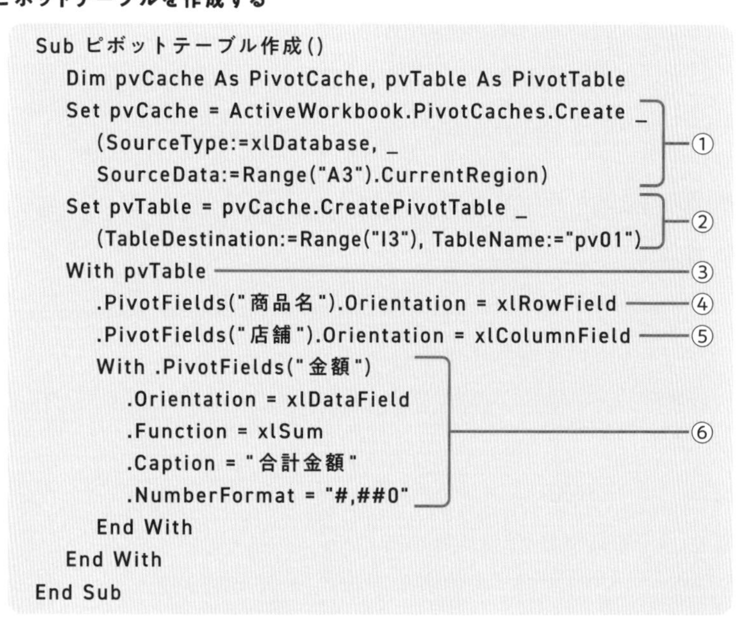

```
Sub ピボットテーブル作成()
    Dim pvCache As PivotCache, pvTable As PivotTable
    Set pvCache = ActiveWorkbook.PivotCaches.Create _      ─┐
        (SourceType:=xlDatabase, _                          ├─①
        SourceData:=Range("A3").CurrentRegion)             ─┘
    Set pvTable = pvCache.CreatePivotTable _               ─┐
        (TableDestination:=Range("I3"), TableName:="pv01") ─┴─②
    With pvTable ──────────────────────────────────────────────③
        .PivotFields("商品名").Orientation = xlRowField ────④
        .PivotFields("店舗").Orientation = xlColumnField ───⑤
        With .PivotFields("金額")                 ─┐
            .Orientation = xlDataField              │
            .Function = xlSum                       ├──────⑥
            .Caption = "合計金額"                   │
            .NumberFormat = "#,##0"                ─┘
        End With
    End With
End Sub
```

**解説**：①分析するデータの種類をワークシート内のデータとし、セルA3を含むアクティブセル領域を元データとするピボットテーブルキャッシュを作成し、変数pvCacheに代入する。②変数pvCacheに代入されたピボットテーブルキャッシュをもとに、セルI3を開始位置として「pv01」という名前のピボットテーブルを作成して変数pvTableに代入する。③変数pvTablcに代入されたピボットテーブルに対して以下の処理を実行する。④［商品名］フィールドを行エリアに追加する。⑤［店舗］フィールドを列エリアに追加する。⑥［金額］フィールドをデータエリアに追加し、集計方法を合計、フィールドの「表示名」または「ラベル」を「合計金額」、表示形式を「#,##0」に設定する。

| 売上日 | 店舗 | 商品名 | 分類 | 単価 | 数量 | 金額 |
|---|---|---|---|---|---|---|
| 2023/04/01 | 新宿 | ショコラ | アイス | 400 | 3 | 1,200 |
| 2023/04/01 | 渋谷 | 苺ショート | ケーキ | 600 | 2 | 1,200 |
| 2023/04/01 | 池袋 | バニラ | アイス | 350 | 4 | 1,400 |
| 2023/04/02 | 新宿 | アップルパイ | ケーキ | 600 | 6 | 3,600 |
| 2023/04/02 | 新宿 | 苺ショート | ケーキ | 600 | 4 | 2,400 |
| 2023/04/02 | 池袋 | アップルパイ | ケーキ | 600 | 8 | 4,800 |
| 2023/04/02 | 池袋 | ラムレーズン | アイス | 400 | 4 | 1,600 |
| 2023/04/02 | 池袋 | 苺ショート | ケーキ | 600 | 4 | 2,400 |
| 2023/04/03 | 新宿 | レアチーズ | ケーキ | 600 | 2 | 1,200 |
| 2023/04/03 | 渋谷 | ラムレーズン | アイス | 400 | 5 | 2,000 |
| 2023/04/03 | 池袋 | モンブラン | ケーキ | 800 | 3 | 2,400 |
| 2023/04/04 | 新宿 | ショコラ | アイス | 400 | 2 | 800 |
| 2023/04/04 | 新宿 | レアチーズ | ケーキ | 600 | 2 | 1,200 |
| 2023/04/04 | 渋谷 | ショコラ | アイス | 400 | 4 | 1,600 |
| 2023/04/04 | 池袋 | ショコラ | アイス | 400 | 3 | 1,200 |

| 合計金額 | 列ラベル | | | |
|---|---|---|---|---|
| 行ラベル | 渋谷 | 新宿 | 池袋 | 総計 |
| アップルパイ | 39,000 | 30,600 | 37,800 | 107,400 |
| ショコラ | 13,200 | 13,600 | 29,200 | 56,000 |
| ストロベリー | 15,400 | 13,300 | 15,750 | 44,450 |
| バニラ | 5,600 | 8,750 | 24,850 | 39,200 |
| モンブラン | 51,200 | 61,600 | 24,000 | 136,800 |
| ラムレーズン | 27,200 | 9,200 | 50,800 | 87,200 |
| レアチーズ | 31,200 | 36,600 | 31,200 | 99,000 |
| 苺ショート | 26,400 | 34,200 | 23,400 | 84,000 |
| 総計 | 209,200 | 207,850 | 237,000 | 654,050 |

売上表

売上表をもとに商品別、店舗別のピボットテーブルが作成された

**✓ここがポイント!**

**セルA3を含む表をもとにピボットテーブルキャッシュpvCacheを作成し、作成したpvCacheをもとにピボットテーブルpvTableを「pv01」という名前を付けて作成したら、[商品名]、[店舗]、[金額] をそれぞれ行エリア、列エリア、データエリアに追加しています。データエリアにフィールドを追加した場合、集計方法を指定します。ここでは、データエリアのPivotFieldオブジェクトに対しFunctionプロパティにxlSumを設定して合計にしています。また、数値の表示形式はPivotFieldオブジェクトのNumberFormatプロパティで書式記号（P116参照）を使って文字列で指定します。**

## Tips 同じエリアに複数のフィールドを配置する

例えば、行エリアに［分類］と［商品名］の2つのフィールドを配置したい場合は、Orientationプロパティに同じ値（xlRowField）を設定します。例えば、使用例の④の前の行に「.PivotFields("分類").Orientation = xlRowField」を追加すると、下図のようなピボットテーブルが作成されます。

| 合計金額 | 列ラベル | | | |
|---|---|---|---|---|
| 行ラベル | 渋谷 | 新宿 | 池袋 | 総計 |
| **⊟アイス** | **61,400** | **44,850** | **120,600** | **226,850** |
| ショコラ | 13,200 | 13,600 | 29,200 | 56,000 |
| ストロベリー | 15,400 | 13,300 | 15,750 | 44,450 |
| バニラ | 5,600 | 8,750 | 24,850 | 39,200 |
| ラムレーズン | 27,200 | 9,200 | 50,800 | 87,200 |
| **⊟ケーキ** | **147,800** | **163,000** | **116,400** | **427,200** |
| アップルパイ | 39,000 | 30,600 | 37,800 | 107,400 |
| モンブラン | 51,200 | 61,600 | 24,000 | 136,800 |
| レアチーズ | 31,200 | 36,600 | 31,200 | 99,000 |
| 苺ショート | 26,400 | 34,200 | 23,400 | 84,000 |
| 総計 | 209,200 | 207,850 | 237,000 | 654,050 |

Lesson 81

# ピボットテーブルを更新する

365･2021･2019･2016対応

売上表のデータが追加されたり、変更されたりした場合、ピボットテーブルにすぐに反映されますか？

元の表に変更があった場合、ピボットテーブルを更新しないと最新の状態になりません。ここで更新方法を確認しましょう。

## ピボットテーブルの更新

ピボットテーブルを最新の状態にするには、PivotCacheオブジェクトのRefreshメソッドを使います。ここでは、レッスン80の使用例をベースに、ピボットテーブルを作成する際、同名のピボットテーブルがすでに作成されていた場合はピボットテーブルを更新するという処理を追加してみましょう。

### Refreshメソッド

#### 構文

```
PivotTableオブジェクト.PivotCache.Refresh
```

**解説**：作成済みのピボットテーブルのもととなるピボットキャッシュを取得して更新する。ピボットキャッシュを表すPivotCacheオブジェクトは、PivotTableオブジェクトのPivotCacheメソッドで取得できる。

#### 使用例：ピボットテーブル「pv01」が作成されていた場合は更新し、そうでない場合は作成する

Sample 81_ピボットテーブルの更新.xlsm

```
Sub ピボットテーブルの作成()
    Dim pvCache As PivotCache, pvTable As PivotTable
    On Error Resume Next ―――①
        Set pvTable = ActiveSheet.PivotTables("pv01") ―――②
    On Error GoTo 0 ―――③
    If Not pvTable Is Nothing Then ―――④
        pvTable.PivotCache.Refresh ―――⑤
        Exit Sub ―――⑥
    End If
```

```
    Set pvCache = ActiveWorkbook.PivotCaches.Create _
        (SourceType:=xlDatabase, _
        SourceData:=Range("A3").CurrentRegion)
            :(省略)
    End With
End Sub
```
⑦

**解説**：①実行時エラーが発生した場合そのまま次の処理に進む。②アクティブシートにあるピボットテーブル「pv01」を変数pvTableに代入する（「pv01」がなかった場合、実行時エラーとなり、pvTableはNothingになる）。③実行時エラー処理ルーチンを無効にする。④もし、変数pvTableがNothingでない場合（「pv01」が作成されている場合）⑤ピボットテーブルを更新して、⑥処理を終了する。⑦レッスン80の使用例のコードが入る。ピボットテーブル「pv01」がなかった場合にピボットテーブルを作成する。詳細はサンプルファイルを参照。

**✓ここがポイント!**

**②で変数pvTableにピボットテーブル「pv01」を代入します。ピボットテーブル「pv01」が存在する場合はそのまま代入されますが、存在しない場合は実行時エラーになり、変数pvTableの値はNothingになります。それを利用し、①でOn Error Resume Nextステートメントで実行時エラーが発生した場合でも処理を中断させずにそのまま続行させ、③のOn Error GoTo 0で、①で設定したエラー処理を無効にしています。次に、④のIfステートメントで、ピボットテーブルpvTableがNothingでない場合、すなわち、ピボットテーブル「pv01」が作成されていた場合は、ピボットテーブルを更新して、マクロを終了しています。ピボットテーブルがなかった場合は、⑦以降でピボットテーブルを作成します。なお、エラー処理についての詳細は、レッスン92を参照してください。**

Lesson 82

# ピボットテーブルのスタイルを変更する

365・2021・2019・2016 対応

ピボットテーブルを作成すると、見出しが水色の表になるんですが、違うスタイルにできないでしょうか？

ピボットテーブルに用意されているスタイルを適用すれば変えられますよ。いろいろなスタイルがあるので、試してみましょう。

## スタイルの変更

ピボットテーブルのスタイルを変更するには、PivotTableオブジェクトのTableStyle2プロパティを使います。ピボットテーブルの見た目を変更するには、この方法で行ってください。

### TableStyle2プロパティ

#### 構文

```
PivotTableオブジェクト.TableStyle2 = 設定値
```

**解説**：ピボットテーブルに設定値で指定したスタイルを適用する。設定値には、スタイル名を文字列で指定する。［デザイン］タブの［ピボットテーブルスタイル］に表示されるスタイルに対応している。淡色は「PivotStyleLight1」～「PivotStyleLight28」、中間は「PivotStyleMedium1」～「PivotStyleMedium28」、濃色は「PivotStyleDark1」～「PivotStyleDark28」の範囲で指定（次ページ参照）。設定値に「""」を指定すると、スタイルが「なし」になり、枠組みだけになる。既定のスタイルは「PivotStyleLight16」。

#### 使用例：ピボットテーブルのスタイルを変更する

Sample 82_ピボットテーブルのスタイル変更.xlsm

```
Sub ピボットテーブルのスタイル変更()
    ActiveSheet.PivotTables("pv01").TableStyle2 = _ ———①
        "PivotStyleMedium2"
End Sub
```

**解説**：①アクティブシートのピボットテーブル「pv01」のスタイルを「ピボットスタイル中間2」に変更する。

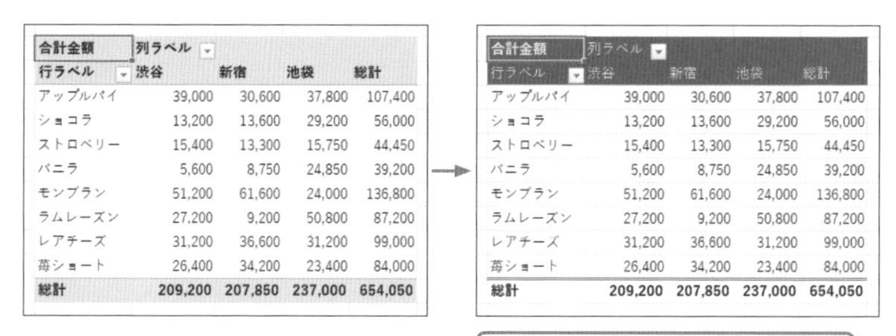

| 合計金額 | 列ラベル | | | |
|---|---|---|---|---|
| 行ラベル | 渋谷 | 新宿 | 池袋 | 総計 |
| アップルパイ | 39,000 | 30,600 | 37,800 | 107,400 |
| ショコラ | 13,200 | 13,600 | 29,200 | 56,000 |
| ストロベリー | 15,400 | 13,300 | 15,750 | 44,450 |
| バニラ | 5,600 | 8,750 | 24,850 | 39,200 |
| モンブラン | 51,200 | 61,600 | 24,000 | 136,800 |
| ラムレーズン | 27,200 | 9,200 | 50,800 | 87,200 |
| レアチーズ | 31,200 | 36,600 | 31,200 | 99,000 |
| 苺ショート | 26,400 | 34,200 | 23,400 | 84,000 |
| 総計 | 209,200 | 207,850 | 237,000 | 654,050 |

| 合計金額 | 列ラベル | | | |
|---|---|---|---|---|
| 行ラベル | 渋谷 | 新宿 | 池袋 | 総計 |
| アップルパイ | 39,000 | 30,600 | 37,800 | 107,400 |
| ショコラ | 13,200 | 13,600 | 29,200 | 56,000 |
| ストロベリー | 15,400 | 13,300 | 15,750 | 44,450 |
| バニラ | 5,600 | 8,750 | 24,850 | 39,200 |
| モンブラン | 51,200 | 61,600 | 24,000 | 136,800 |
| ラムレーズン | 27,200 | 9,200 | 50,800 | 87,200 |
| レアチーズ | 31,200 | 36,600 | 31,200 | 99,000 |
| 苺ショート | 26,400 | 34,200 | 23,400 | 84,000 |
| 総計 | 209,200 | 207,850 | 237,000 | 654,050 |

ピボットテーブル「pv01」のスタイルが「ピボットスタイル中間2」に変更された

## ● TableStyle2プロパティの設定値

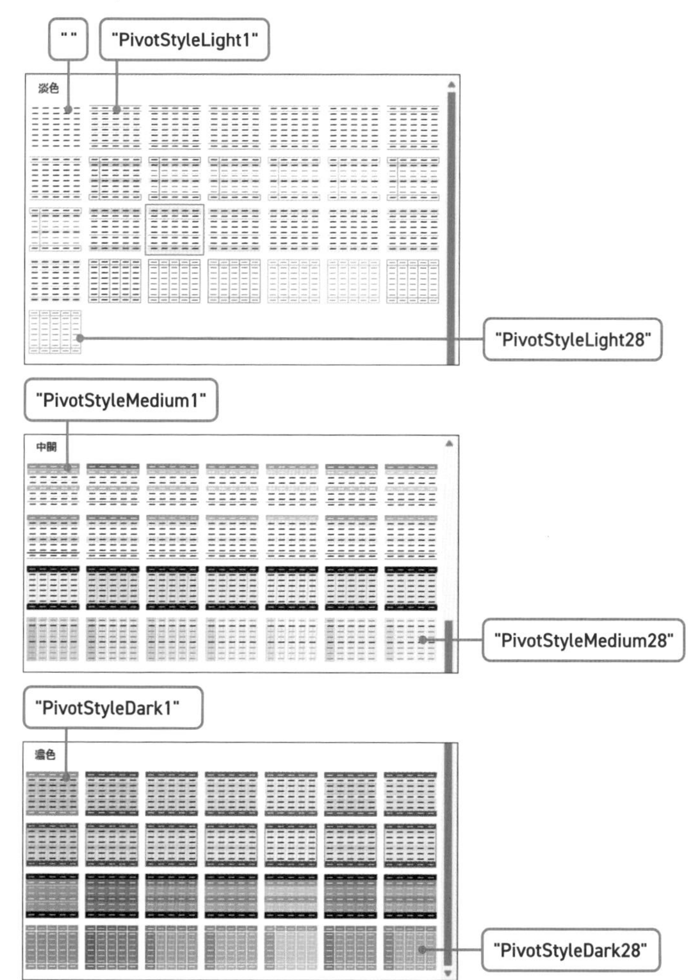

Lesson 83

# ピボットテーブルのレイアウトを変更する

365・2021・2019・2016対応

ピボットテーブルのレイアウトって変更できますか？

ピボットテーブルには基本的に3つのレイアウトが用意されています。どのように変更できるか確認してみましょう。

## レイアウトの変更

ピボットテーブルのレイアウトには、コンパクト形式、表形式、アウトライン形式の3つの形が用意されています。レイアウトをマクロで変更するには、PivotTableオブジェクトのRowAxisLayoutメソッドを使います。

### RowAxisLayoutメソッド

#### 構文

```
PivotTableオブジェクト.RowAxisLayout(RowLayout)
```

**解説**：引数「RowLayout」で行のレイアウトを定数で指定する（下表参照）。xlCompactRowでは見出しに「行ラベル」「列ラベル」と表示されるが、xlTabularRow、xlOutlineRowでは見出しに「商品名」「店舗」のようにそれぞれのフィールド名が表示される。行エリアに複数のフィールドが配置されている場合に違いがより明確になる。

#### 引数「RowLayout」の設定値

| 定数 | 内容 |
|---|---|
| xlCompactRow | コンパクト形式（既定値） |
| xlTabularRow | 表形式 |
| xlOutlineRow | アウトライン形式 |

#### 使用例：ピボットテーブルのレイアウトを変更する

Sample 83_ピボットテーブルのレイアウト変更.xlsm

```
Sub ピボットテーブルのレイアウト変更()
```

```
    ActiveSheet.PivotTables("pv01").RowAxisLayout xlTabularRow—①
End Sub
```

**解説**：①アクティブシートのピボットテーブル「pv01」のレイアウトを表形式に変更する。

| 合計金額 | 列ラベル | | | |
|---|---|---|---|---|
| 行ラベル | 渋谷 | 新宿 | 池袋 | 総計 |
| **アイス** | **61,400** | **44,850** | **120,600** | **226,850** |
| ショコラ | 13,200 | 13,600 | 29,200 | 56,000 |
| ストロベリー | 15,400 | 13,300 | 15,750 | 44,450 |
| バニラ | 5,600 | 8,750 | 24,850 | 39,200 |
| ラムレーズン | 27,200 | 9,200 | 50,800 | 87,200 |
| **ケーキ** | **147,800** | **163,000** | **116,400** | **427,200** |
| アップルパイ | 39,000 | 30,600 | 37,800 | 107,400 |
| モンブラン | 51,200 | 61,600 | 24,000 | 136,800 |
| レアチーズ | 31,200 | 36,600 | 31,200 | 99,000 |
| 苺ショート | 26,400 | 34,200 | 23,400 | 84,000 |
| **総計** | **209,200** | **207,850** | **237,000** | **654,050** |

→

| 合計金額 | | 店舗 | | | |
|---|---|---|---|---|---|
| 分類 | 商品名 | 渋谷 | 新宿 | 池袋 | 総計 |
| **アイス** | ショコラ | 13,200 | 13,600 | 29,200 | 56,000 |
| | ストロベリー | 15,400 | 13,300 | 15,750 | 44,450 |
| | バニラ | 5,600 | 8,750 | 24,850 | 39,200 |
| | ラムレーズン | 27,200 | 9,200 | 50,800 | 87,200 |
| **アイス 集計** | | **61,400** | **44,850** | **120,600** | **226,850** |
| **ケーキ** | アップルパイ | 39,000 | 30,600 | 37,800 | 107,400 |
| | モンブラン | 51,200 | 61,600 | 24,000 | 136,800 |
| | レアチーズ | 31,200 | 36,600 | 31,200 | 99,000 |
| | 苺ショート | 26,400 | 34,200 | 23,400 | 84,000 |
| **ケーキ 集計** | | **147,800** | **163,000** | **116,400** | **427,200** |
| **総計** | | **209,200** | **207,850** | **237,000** | **654,050** |

**ピボットテーブル「pv01」のレイアウトが「表形式」に変更された**

## Tips ピボットテーブルのレイアウトの違い

ピボットテーブルのレイアウトは以下のような違いがあります。

**コンパクト形式**

**分類と詳細が1列にまとめられて配置される**

| 合計金額 | 列ラベル | | | |
|---|---|---|---|---|
| 行ラベル | 渋谷 | 新宿 | 池袋 | 総計 |
| **アイス** | **61,400** | **44,850** | **120,600** | **226,850** |
| ショコラ | 13,200 | 13,600 | 29,200 | 56,000 |
| ストロベリー | 15,400 | 13,300 | 15,750 | 44,450 |
| バニラ | 5,600 | 8,750 | 24,850 | 39,200 |
| ラムレーズン | 27,200 | 9,200 | 50,800 | 87,200 |
| **ケーキ** | **147,800** | **163,000** | **116,400** | **427,200** |
| アップルパイ | 39,000 | 30,600 | 37,800 | 107,400 |
| モンブラン | 51,200 | 61,600 | 24,000 | 136,800 |
| レアチーズ | 31,200 | 36,600 | 31,200 | 99,000 |
| 苺ショート | 26,400 | 34,200 | 23,400 | 84,000 |
| **総計** | **209,200** | **207,850** | **237,000** | **654,050** |

**アウトライン形式**

**分類と詳細が別の列になり、ラベルにフィールド名が表示される**

| 合計金額 | | 店舗 | | | |
|---|---|---|---|---|---|
| 分類 | 商品名 | 渋谷 | 新宿 | 池袋 | 総計 |
| **アイス** | | **61,400** | **44,850** | **120,600** | **226,850** |
| | ショコラ | 13,200 | 13,600 | 29,200 | 56,000 |
| | ストロベリー | 15,400 | 13,300 | 15,750 | 44,450 |
| | バニラ | 5,600 | 8,750 | 24,850 | 39,200 |
| | ラムレーズン | 27,200 | 9,200 | 50,800 | 87,200 |
| **ケーキ** | | **147,800** | **163,000** | **116,400** | **427,200** |
| | アップルパイ | 39,000 | 30,600 | 37,800 | 107,400 |
| | モンブラン | 51,200 | 61,600 | 24,000 | 136,800 |
| | レアチーズ | 31,200 | 36,600 | 31,200 | 99,000 |
| | 苺ショート | 26,400 | 34,200 | 23,400 | 84,000 |
| **総計** | | **209,200** | **207,850** | **237,000** | **654,050** |

**表形式**

**分類と詳細が別の列になり、ラベルにフィールド名が表示され、小計行が下に表示される**

| 合計金額 | | 店舗 | | | |
|---|---|---|---|---|---|
| 分類 | 商品名 | 渋谷 | 新宿 | 池袋 | 総計 |
| **アイス** | ショコラ | 13,200 | 13,600 | 29,200 | 56,000 |
| | ストロベリー | 15,400 | 13,300 | 15,750 | 44,450 |
| | バニラ | 5,600 | 8,750 | 24,850 | 39,200 |
| | ラムレーズン | 27,200 | 9,200 | 50,800 | 87,200 |
| **アイス 集計** | | **61,400** | **44,850** | **120,600** | **226,850** |
| **ケーキ** | アップルパイ | 39,000 | 30,600 | 37,800 | 107,400 |
| | モンブラン | 51,200 | 61,600 | 24,000 | 136,800 |
| | レアチーズ | 31,200 | 36,600 | 31,200 | 99,000 |
| | 苺ショート | 26,400 | 34,200 | 23,400 | 84,000 |
| **ケーキ 集計** | | **147,800** | **163,000** | **116,400** | **427,200** |
| **総計** | | **209,200** | **207,850** | **237,000** | **654,050** |

Lesson 84

365・2021・2019・2016 対応

# ピボットテーブルを月単位でグループ化する

ピボットテーブルに［売上日］フィールドを配置すると日付が表示されてしまうのですが、月でまとめる方法は？

グループ化することで日付を月単位にまとめることができますよ。

## グループ化

ピボットテーブルに配置した日付のフィールドを月単位でグループ化するには、Groupメソッドを使います。引数Periodsの指定方法によって、年、四半期、月などグループ化する期間を指定できます。

### Groupメソッド

#### 構文

```
Rangeオブジェクト.Group(Periods)
```

**解説**：Rangeオブジェクトには、日付フィールド内の単一セルを指定する。引数「Periods」はグループ化するフィールドが日付の場合に指定する。グループ化する期間はArray関数を使ってTrueまたはFalseの配列で指定する。配列の要素をTrueにすると対応する期間でグループ化され、Falseにするとグループ化されない。なお、ここでは「Periods」以外の引数（詳細はヘルプを参照）を省略しているため、引数の指定は名前付き引数で記述する。

#### 引数「Periods」の設定方法

| 項目 | 内容 |
| --- | --- |
| 書式 | Array(秒, 分, 時, 日, 月, 四半期, 年) |
| 例 | Array(False, False, False, False, True, False, False) |
| 意味 | 月単位でグループ化する。5つ目の要素が月であるため、5つ目だけTrueにすることで、月単位でグループ化される |

## 使用例：ピボットテーブルを月単位でグループ化する

Sample 84_ピボットテーブルを月単位でグループ化.xlsm

```
Sub ピボットテーブルを月単位でグループ化()
    Range("I5").Group _
        Periods:=Array(False, False, False, False, _
        True, False, False)                              ―①
End Sub
```

**解説**：①セルI5を含むフィールド（[売上日] フィールド）を月単位でグループ化する。

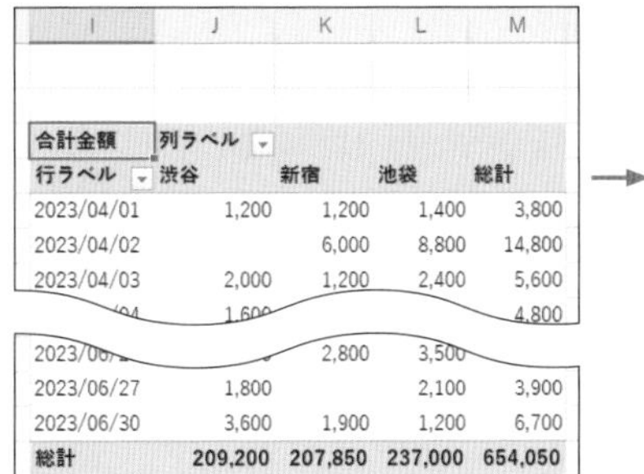

| 合計金額 | 列ラベル | | | |
|---|---|---|---|---|
| 行ラベル | 渋谷 | 新宿 | 池袋 | 総計 |
| 2023/04/01 | 1,200 | 1,200 | 1,400 | 3,800 |
| 2023/04/02 | | 6,000 | 8,800 | 14,800 |
| 2023/04/03 | 2,000 | 1,200 | 2,400 | 5,600 |
| 2023/04/04 | 1,600 | | | 4,800 |
| 2023/06/2 | | 2,800 | 3,500 | |
| 2023/06/27 | 1,800 | | 2,100 | 3,900 |
| 2023/06/30 | 3,600 | 1,900 | 1,200 | 6,700 |
| 総計 | 209,200 | 207,850 | 237,000 | 654,050 |

→

| 合計金額 | 列ラベル | | | |
|---|---|---|---|---|
| 行ラベル | 渋谷 | 新宿 | 池袋 | 総計 |
| 4月 | 59,100 | 61,200 | 67,700 | 188,000 |
| 5月 | 75,950 | 85,250 | 91,400 | 252,600 |
| 6月 | 74,150 | 61,400 | 77,900 | 213,450 |
| 総計 | 209,200 | 207,850 | 237,000 | 654,050 |

売上日が月単位にグループ化された

**グループ化する期間をArray関数で指定するんですね。月単位にする場合は、5つ目だけをTrueに指定すればいいんだ。なるほど。**

**そうです。あと、ピボットテーブル内のグループ化するフィールド内の単一セルを指定することに注意してくださいね。**

### Tips 自動でグループ化する

PivotFieldオブジェクトのAutoGroupメソッドを使うと、指定したフィールドのデータをもとに自動的にグループ化します。例えば、以下のように記述すると、自動的に月単位でグループ化されます。

```
Sub 自動でグループ化する()
    ActiveSheet.PivotTables("pv01").PivotFields("売上日").AutoGroup
End Sub
```

Lesson 85

# ピボットテーブルで数値の大小を色の濃淡で表示する

365・2021・2019・2016 対応

ピボットテーブルの数値の大小を色の濃淡で表せないかな。支店や商品ごとの売上の差を色で把握したい。

同じようなことをレッスン24でも行っていますね。ここではピボットテーブルで処理する方法を紹介します。

## ピボットテーブルのデータエリアのセル範囲を取得

PivotTableオブジェクトのDataRangeプロパティを使うと、ピボットテーブルの各エリアのセル範囲を取得できます。**DataRangeプロパティでデータエリアに配置したフィールドの数値のセル範囲を取得し、その各セルの数値を参照して色を設定します。**

### DataRangeプロパティ

#### 構文

```
PivotFieldオブジェクト.DataRange
```

**解説**：PivotFieldオブジェクトで指定したエリアのセル範囲を参照するRangeオブジェクトを返す。

#### 使用例：ピボットテーブルの数値の色の濃淡を付ける

Sample 85_1ピボットテーブルのエリアの範囲取得.xlsm

```
Sub ピボットテーブルの数値の大小で色の濃淡を付ける()
    Dim dRng As Range, rng As Range
    Set dRng = ActiveSheet.PivotTables("pv01"). _        ①
        PivotFields("合計金額").DataRange
    dRng.Interior.Color = rgbSalmon                        ②
    For Each rng In dRng                                   ③
        Select Case rng.Value                              ④
            Case Is >= 50000
                rng.Interior.TintAndShade = 0
            Case Is >= 30000
                rng.Interior.TintAndShade = 0.25
```

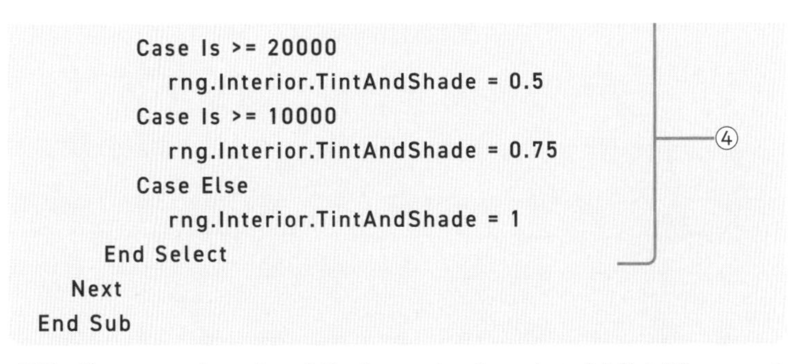

```
            Case Is >= 20000
                rng.Interior.TintAndShade = 0.5
            Case Is >= 10000
                rng.Interior.TintAndShade = 0.75        ④
            Case Else
                rng.Interior.TintAndShade = 1
        End Select
    Next
End Sub
```

**解説**：①アクティブシートのピボットテーブル「pv01」の［合計金額］フィールドのデータ範囲を変数dRngに代入する。②変数dRngのセルにサーモン色を設定する。③変数rngに変数dRngのセル範囲のセルを1つずつ代入しながら以下の処理を実行する。④変数rngの値が50000以上の場合は色の明暗を0、30000以上の場合は、0.25、20000以上の場合は0.5、10000以上の場合は0.75、それ以外の場合は1に設定する。

| 合計金額 | 列ラベル | | | |
|---|---|---|---|---|
| 行ラベル | 渋谷 | 新宿 | 池袋 | 総計 |
| アップルパイ | 39,000 | 30,600 | 37,800 | 107,400 |
| ショコラ | 13,200 | 13,600 | 29,200 | 56,000 |
| ストロベリー | 15,400 | 13,300 | 15,750 | 44,450 |
| バニラ | 5,600 | 8,750 | 24,850 | 39,200 |
| モンブラン | 51,200 | 61,600 | 24,000 | 136,800 |
| ラムレーズン | 27,200 | 9,200 | 50,800 | 87,200 |
| レアチーズ | 31,200 | 36,600 | 31,200 | 99,000 |
| 苺ショート | 26,400 | 34,200 | 23,400 | 84,000 |
| **総計** | **209,200** | **207,850** | **237,000** | **654,050** |

［合計金額］フィールドの数値の大小によって、セルの色に濃淡が付いた

**✓ここがポイント!**

**②で集計の数値の部分をサーモン色に設定し、③、④でFor Eacrhステートメントを使って、集計の数値のセル範囲のセルを1つずつ変数rngに代入しながら、TintAndShadeプロパティ（レッスン24）を使ってセルの色に濃淡を付けます。TinAndShadeプロパティは1に近づくほど明るくなります。**

**ピボットテーブルのデータエリアの数値部分は、DataRangeプロパティで取得するんですね。普通の表のようにRangeプロパティでセル範囲を指定しないのは驚きです。**

**そうですね。ピボットテーブルは形が変わりますから、DataRangeプロパティで正確にセル範囲を参照できますね。**

COLUMN

# テーブルをマクロで利用する

## テーブルの利用

Excel では、1 行目を見出し行、2 行目以降にデータが入力されている表をテーブルとして認識させることができます。テーブルとして認識させると、データの増減に関わらず、表全体や各部の範囲を正確に取得することができます。データを集めたり、集計、分析したりするのにテーブルはとても便利です。ここでは、テーブルを使ってデータを集めている場合、マクロを作成してテーブルを操作する方法を紹介します。

## テーブルの参照

VBA では、テーブルは ListObject オブジェクトとして扱います。Worksheet オブジェクトの ListObjects プロパティを使って ListObject オブジェクトを取得します。

### ● 構文

```
Worksheetオブジェクト.ListObjects("テーブル名")
```

テーブル名は、テーブル内でクリックし、[テーブルデザイン] タブ→[テーブル名] で確認、変更できます。ここでは、[売上T] テーブルを例に、VBA でテーブルの各部を参照する方法を紹介します。テーブルの各部のセル範囲は、次ページの図のように ListObject オブジェクトのプロパティを使って取得できます。

## テーブル各部のセル範囲

| | A | B | C | D | E | F |
|---|---|---|---|---|---|---|
| 3 | NO | 売上日 | 店舗 | 商品名 | 分類 | 金額 |
| 4 | 1 | 2023/04/01 | 新宿 | ショコラ | アイス | 1,200 |
| 5 | 2 | 2023/04/01 | 渋谷 | 苺ショート | ケーキ | 1,200 |
| 6 | 3 | 2023/04/01 | 池袋 | バニラ | アイス | 1,400 |
| 7 | 4 | 2023/04/02 | 渋谷 | アップルパイ | ケーキ | 3,600 |
| 8 | 5 | 2023/04/02 | 新宿 | 苺ショート | ケーキ | 2,400 |
| 9 | 6 | 2023/04/02 | 池袋 | アップルパイ | ケーキ | 4,800 |
| 10 | 7 | 2023/04/02 | 池袋 | ラムレーズン | アイス | 1,600 |
| 11 | 8 | 2023/04/02 | 渋谷 | バニラ | アイス | 1,400 |
| 12 | 9 | 2023/04/03 | 新宿 | レアチーズ | ケーキ | 1,200 |
| 13 | 10 | 2023/04/04 | 渋谷 | ショコラ | アイス | 1,600 |
| 14 | 11 | 2023/04/03 | 池袋 | モンブラン | ケーキ | 2,400 |
| 15 | 12 | 2023/04/04 | 新宿 | ショコラ | アイス | 800 |
| 16 | | | | | | |

### テーブルを使った抽出と並べ替え

Sample 85_2テーブル利用.xlsm

テーブルに対して抽出や並べ替えをする場合、下図の①のように、ListObject オブジェクトの Range プロパティでテーブル全体のセル範囲を取得します。そのセル範囲を対象として、②で AutoFilter メソッド（レッスン 62）を使って［分類］（5 列目）で「アイス」を抽出し、③で Sort メソッド（レッスン 59）を使って、［店舗］（3 列目）を昇順で並べ替えをしています。

```
Sub テーブルを利用した抽出と並べ替え()
  With ActiveSheet.ListObjects("売上T").Range ──①
      .AutoFilter Field:=5, Criteria1:="アイス" ──②
      .Sort Key1:=Range("C3"), Order1:=xlAscending, _ ┐
          Header:=xlYes                               ┘③
  End With
End Sub
```

| | A | B | C | D | E | F |
|---|---|---|---|---|---|---|
| 3 | NO | 売上日 | 店舗 | 商品名 | 分類 | 金額 |
| 4 | 1 | 2023/04/01 | 新宿 | ショコラ | アイス | 1,200 |
| 5 | 2 | 2023/04/01 | 渋谷 | 苺ショート | ケーキ | 1,200 |
| 6 | 3 | 2023/04/01 | 池袋 | バニラ | アイス | 1,400 |
| 7 | 4 | 2023/04/02 | 新宿 | アップルパイ | ケーキ | 3,600 |
| 8 | 5 | 2023/04/02 | 新宿 | 苺ショート | ケーキ | 2,400 |
| 9 | 6 | 2023/04/02 | 池袋 | アップルパイ | ケーキ | 4,800 |
| 10 | 7 | 2023/04/02 | 池袋 | ラムレーズン | アイス | 1,600 |
| 11 | 8 | 2023/04/02 | 池袋 | 苺ショート | ケーキ | 2,400 |
| 12 | 9 | 2023/04/03 | 新宿 | レアチーズ | ケーキ | 1,200 |
| 13 | 10 | 2023/04/03 | 渋谷 | ラムレーズン | アイス | 2,000 |
| 14 | 11 | 2023/04/03 | 池袋 | モンブラン | ケーキ | 2,400 |
| 15 | 12 | 2023/04/04 | 新宿 | ショコラ | アイス | 800 |
| 16 | | | | | | |

→

| | A | B | C | D | E | F |
|---|---|---|---|---|---|---|
| 3 | NO | 売上日 | 店舗 | 商品名 | 分類 | 金額 |
| 4 | 10 | 2023/04/03 | 渋谷 | ラムレーズン | アイス | 2,000 |
| 6 | 1 | 2023/04/01 | 新宿 | ショコラ | アイス | 1,200 |
| 10 | 12 | 2023/04/04 | 新宿 | ショコラ | アイス | 800 |
| 13 | 3 | 2023/04/01 | 池袋 | バニラ | アイス | 1,400 |
| 15 | 7 | 2023/04/02 | 池袋 | ラムレーズン | アイス | 1,600 |
| 16 | | | | | | |

［売上T］テーブルがアイスで抽出され、店舗が昇順で並べ変わった

COLUMN

# ピボットグラフを作成する

## ピボットテーブルをもとにグラフを作成する Sample 85_3ピボットグラフ作成.xlsm

ピボットテーブルをもとに作成するグラフをピボットグラフといいます。ピボットグラフは、ピボットテーブルとリンクしているため、ピボットテーブルを変更すると、連動してピボットグラフも変更されます。ピボットグラフを作成するには、下図の①のように、PivotTable オブジェクトの TableRange1 プロパティでピボットテーブルのセル範囲を取得し、そのセル範囲を埋め込みグラフのデータ範囲として埋め込みグラフを作成します。ここでは、ピボットテーブル「pv01」をもとに集合縦棒グラフをセル範囲 O3～R13 に作成し、クイックレイアウトでレイアウト1を適用し、タイトルを「店舗別売上グラフ」としています。

```
Sub ピボットグラフ作成()
    Dim grng As Range
    Set grng = Range("O3:R13")
    With ActiveSheet.Shapes.AddChart2(-1, xlColumnClustered, _
        grng.Left, grng.Top, grng.Width, grng.Height)
        .Name = "pvグラフ"
        .Chart.SetSourceData _
            ActiveSheet.PivotTables("pv01").TableRange1 ——①
        .Chart.ApplyLayout 1
        .Chart.ChartTitle.Text = "店舗別売上グラフ"
    End With
End Sub
```

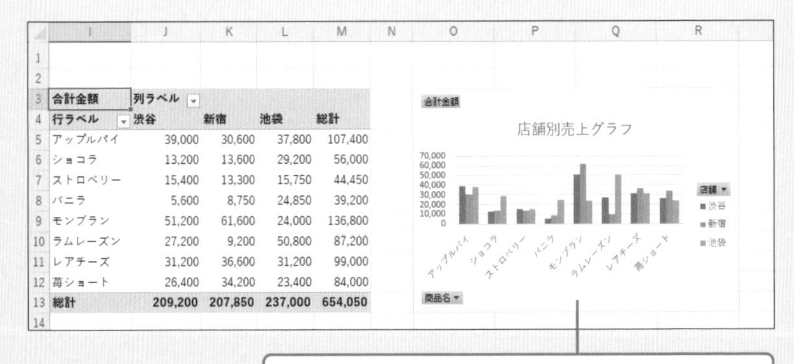

| 合計金額 | 列ラベル | | | |
|---|---|---|---|---|
| 行ラベル | 渋谷 | 新宿 | 池袋 | 総計 |
| アップルパイ | 39,000 | 30,600 | 37,800 | 107,400 |
| ショコラ | 13,200 | 13,600 | 29,200 | 56,000 |
| ストロベリー | 15,400 | 13,300 | 15,750 | 44,450 |
| バニラ | 5,600 | 8,750 | 24,850 | 39,200 |
| モンブラン | 51,200 | 61,600 | 24,000 | 136,800 |
| ラムレーズン | 27,200 | 9,200 | 50,800 | 87,200 |
| レアチーズ | 31,200 | 36,600 | 31,200 | 99,000 |
| 苺ショート | 26,400 | 34,200 | 23,400 | 84,000 |
| 総計 | 209,200 | 207,850 | 237,000 | 654,050 |



ピボットテーブル「pv01」をもとにピボットグラフが作成された

第6章

# マクロをより実務的に使うための知識を蓄えよう

いろいろな処理を学習してきましたが、エラーが発生した場合の対処方法だとか、マクロをテストする方法がまだよくわかりません。

そうですね。ここでは、エラー処理の方法に加えて、マクロをより実務的に使うためのいろいろな知識をまとめて紹介しますね。

Lesson 86

# ユーザーにメッセージを表示する

365・2021・2019・2016対応

Excelから注意や確認のためのメッセージ画面が表示されることがありますが、あれを表示するには？

関数を使えばOKです。メッセージを表示するだけでなく、処理を実行する前の確認メッセージも作成できます。

## メッセージを表示する

MsgBox関数は、マクロ実行中にメッセージ画面を表示します。注意や警告などのアイコンや［はい］や［いいえ］などのボタンの指定もできます。クリックしたボタンにより戻り値が異なるため、戻り値を使って実行する処理を記述すれば、オリジナルの確認メッセージを作成できます。

### MsgBox関数

#### 構文

```
MsgBox(Prompt, [Buttons], [Title])
```

**解説**：引数「Prompt」でメッセージ文、引数「Buttons」で表示するボタンやアイコンなどを定数で指定、引数「Title」でタイトルバーに表示する文字列を指定できる。クリックしたボタンによって異なる戻り値（定数）が返る。なお、ここでは一部の引数を省略している。

#### 引数「Buttons」で指定できるボタン

| 定数 | 値 | 内容 |
|---|---|---|
| vbOK | 0 | [OK]ボタン |
| vbOKCancel | 1 | [OK]、[キャンセル]ボタン |
| vbAbortRetryIgnore | 2 | [中止]、[再試行]、[無視]ボタン |
| vbYesNoCancel | 3 | [はい]、[いいえ]、[キャンセル]ボタン |
| vbYesNo | 4 | [はい]、[いいえ]ボタン |
| vbRetryCancel | 5 | [再試行]、[キャンセル]ボタン |

## ● 引数「Buttons」で指定できるアイコン

| 定　数 | 値 | 内　容 |
| --- | --- | --- |
| vbCritical | 16 | 警告メッセージ |
| vbQuestion | 32 | 問い合わせメッセージ |
| vbExclamation | 48 | 注意メッセージ |
| vbInformation | 64 | 情報メッセージ |

## ● ボタンをクリックしたときの戻り値

| クリックしたボタン | 戻り値の定数 | 値 |
| --- | --- | --- |
| [OK] ボタン | vbOK | 1 |
| [キャンセル] ボタン | vbCancel | 2 |
| [中止] ボタン | vbAbort | 3 |
| [再試行] ボタン | vbRetry | 4 |
| [無視] ボタン | vbIgnore | 5 |
| [はい] ボタン | vbYes | 6 |
| [いいえ] ボタン | vbNo | 7 |

## ● 使用例:メッセージのみ表示する

Sample 86_1メッセージ表示.xlsm

```
Sub メッセージ表示()
    MsgBox "今日は、" & Date & " です。" ―――①
End Sub
```

解説：①「今日は、」、今日の日付、「 です。」を連結した文字列でメッセージを表示する。

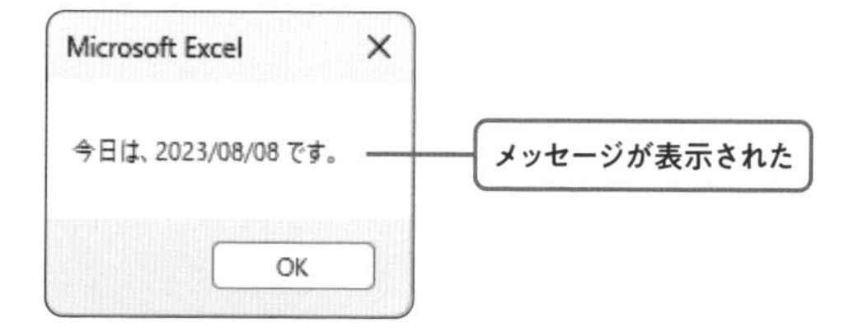


**✓ ここがポイント!**

メッセージ文には、「"」（ダブルクォーテーション）で囲んだ文字列や、Dateなどの関数、セルの値、変数の値などを表示することができます。これらを組み合わせる場合は、「&」（アンパサンド）でつなげます。また、メッセージのみを表示し、戻り値を使わない場合は、引数は（）で囲みません。

● **使用例：[はい] ボタンをクリックしたときに処理を実行する**

Sample 86_2メッセージ表示.xlsm

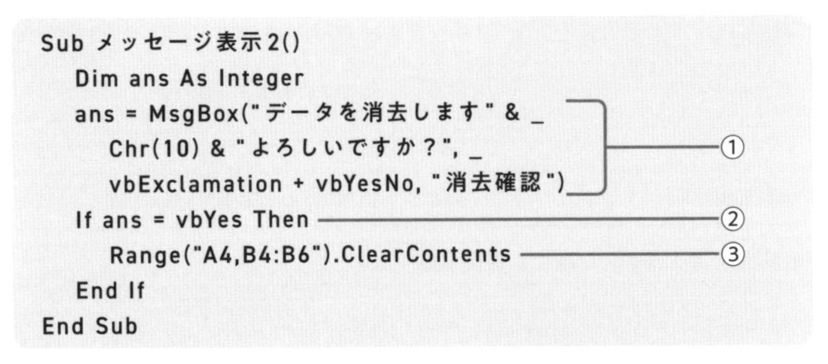

```
Sub メッセージ表示2()
    Dim ans As Integer
    ans = MsgBox("データを消去します" & _
        Chr(10) & "よろしいですか？", _
        vbExclamation + vbYesNo, "消去確認")  ──①
    If ans = vbYes Then  ──②
        Range("A4,B4:B6").ClearContents  ──③
    End If
End Sub
```

**解説**：①メッセージ文に「データを消去します」、改行記号、「よろしいですか？」を組み合わせた文字列、［はい］［いいえ］ボタンと注意アイコン、タイトルバーに「消去確認」と設定してメッセージを表示し、クリックされたボタンの戻り値を変数ansに代入する。②変数ansがvbYesの場合は以下の処理を実行する。③セルA4とセル範囲B4～B6のセルの値を消去する。

**✓ここがポイント！**

**MsgBox関数の戻り値がvbYes（［はい］がクリックされた場合）にセルの内容消去の処理を実行します。アイコンとボタンの種類の両方を指定する場合は、「vbExclamation + vbYesNo」のように指定します。または、値の合計「52」（4+48）と指定することも可能です。**

Lesson 87

# ユーザーに入力を求めるメッセージ画面を表示する

365・2021・2019・2016対応

マクロを実行するときに、ユーザーに入力させる画面を表示したいのですが、画面作成は難しいですか？

入力欄を1つ持つメッセージ画面を表示する関数やメソッドを使えば、すぐに作成できますよ。

## 入力欄のあるメッセージを表示する

メッセージ文と入力欄を1つ持つ画面を表示する方法に、InputBox関数とInputBoxメソッドを使う方法があります。それぞれの違いを理解し、使い分けできるようにしましょう。

### InputBox関数

#### 構文

```
InputBox(Prompt, [Title], [Default])
```

解説：引数「Prompt」でメッセージ文、引数「Title」でタイトルバーの文字列、引数「Default」で既定値を指定する。［OK］ボタンをクリックすると、入力された値が文字列で返り、［キャンセル］ボタンをクリックすると「""」（長さ0の文字列）が返る。なお、ここでは一部の引数を省略している。

#### 使用例：インプットボックスに入力する文字数を指定する

Sample 87_1インプットボックス表示.xlsm

```
Sub インプットボックス表示()
    Dim str As String
    str = InputBox("コメントを入力してください（15文字以内）", _
        "コメント") ―――――――――――――――――― ①
    If Len(str) > 15 Then                        ┐
        MsgBox "入力文字数：" & Len(str) & Chr(10) & _ │
        "15文字以内で入力してください"              │
        Exit Sub                                  ├② 
    Else                                          │
        Range("A2").Value = str                   │
```

Chapter 6

マクロをより実務的に使うための知識を蓄えよう

```
    End If
End Sub
```

**解説**：①メッセージ文「コメントを入力してください(15文字以内)」、タイトル「コメント」として入力欄のある画面を表示し、入力された値を変数strに代入する。②もし、変数strの文字数が15を超えるの場合は、「入力文字数：」、文字数、改行、「15文字以内で入力してください」をつなぎ合わせた文字列を表示して処理を終了する。そうでない場合は、変数strの値をセルA2に表示する。

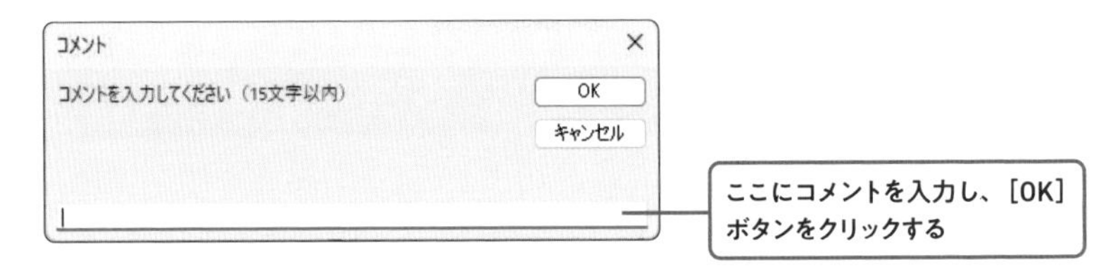


● **15文字以内の場合**

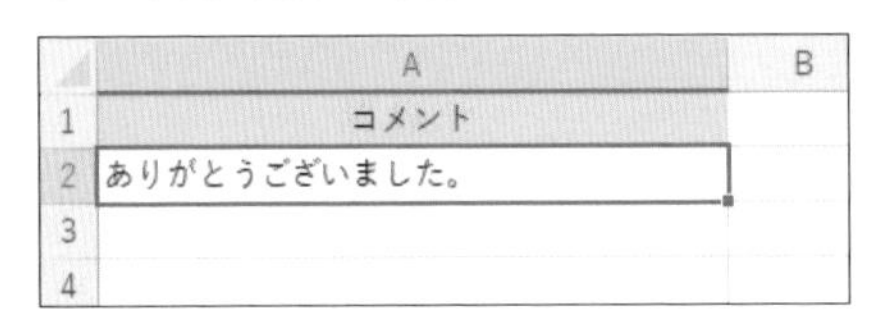


● **15文字を超える場合**

15文字以内の場合は、セルA2にコメントが入力され、15文字を超える場合はメッセージが表示される

**✓ここがポイント！**

**ここでは、文字数を制限しています。インプットボックスに入力された値の文字数をLen関数（P316）で数えて、15文字以内かどうかを判定し、15文字を超える場合は、メッセージを表示して処理を終了しています。**

## InputBoxメソッド

### ● 構文

```
Application.InputBox(Prompt, [Title], [Default], [Type])
```

**解説**：引数「Prompt」でメッセージ文、引数「Title」でタイトルバーに表示する文字列、引数「Default」で既定値、引数「Type」で入力するデータの種類（次ページの表参照）を指定できる。なお、InputBoxメソッドの場合は、「Application」の記述を省略できない。[OK]ボタンをクリックしたら、引数「Type」で指定したデータが返る。[キャンセル]ボタンをクリックすると False が返る。記述時に Application は省略できない。なお、ここでは一部の引数を省略しているため、引数の指定は名前付き引数で記述する。

### ● 引数「Type」の設定値

| 値 | データの型 |
|---|---|
| 0 | 数式 |
| 1 | 数値 |
| 2 | 文字列（既定値） |
| 4 | 論理値（True/False） |
| 8 | セル参照（Range オブジェクト） |
| 16 | エラー値（#N/A など） |
| 64 | 値の配列 |

※複数の値を組み合わせることができます。例えば、数値と文字列であれば、「3」（1＋2）と記述できます

### ● 使用例：数値を入力させるインプットボックスを表示する

Sample 87_2インプットボックス表示.xlsm

```
Sub インプットボックス表示2()
    Dim data As Integer
    data = Application.InputBox( _
        Prompt:="希望枚数(3まで)を入力してください", _
        Title:="希望数", Default:=1, Type:=1)          ─①
    If data > 3 Then
        MsgBox "3以下で入力してください"
        Exit Sub
    Else                                              ─②
        Range("A2").Value = data
    End If
End Sub
```

**解説**：①メッセージ「希望枚数（3まで）を入力してください」、タイトル「希望数」、既定値「1」、数値入力の設定で入力欄のある画面を表示し、入力された値を変数 data に代入する。②変数 data が 3 より大きい場合は、「3以下で入力してください」とメッセージを表示して処理を終了する。そうでない場合はセル A2 に変数 data の値を入力する。

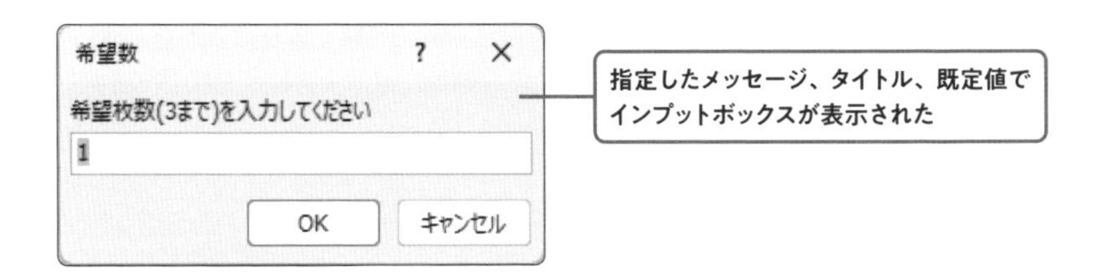


● 3以下の場合

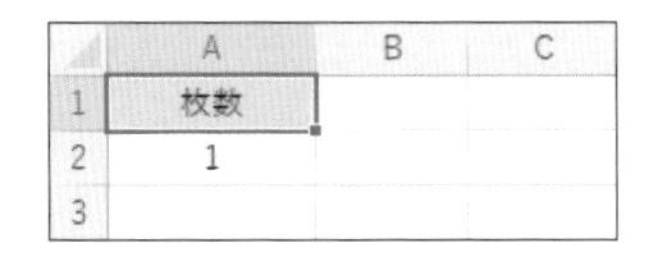


● 3より大きい場合

3以下の場合はセルA2に枚数が表示され、3より大きい場合はメッセージが表示される

**✓ここがポイント!**

数値入力用のインプットボックスに、数値が3以下という制限を設けています。インプットボックスには数値であれば入力できるので、②で条件判定をしています。なお、数値以外が入力された場合は左図のようなメッセージが自動で表示されます。

● **使用例:セル範囲を指定するインプットボックスを表示する**

Sample 87_3インプットボックス表示.xlsm

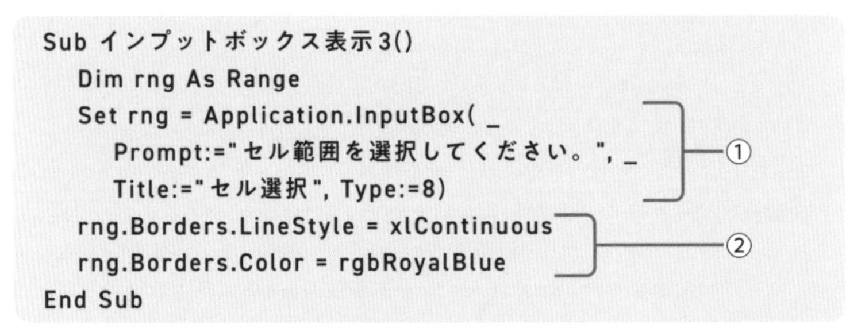

```
Sub インプットボックス表示3()
    Dim rng As Range
    Set rng = Application.InputBox( _
        Prompt:="セル範囲を選択してください。", _
        Title:="セル選択", Type:=8)
    rng.Borders.LineStyle = xlContinuous
    rng.Borders.Color = rgbRoyalBlue
End Sub
```


**解説**:①メッセージ文「セル範囲を選択してください。」、タイトル「セル選択」、セルを選択する設定で入力欄のある画面を表示する。②変数rngに代入されたセル範囲に格子の罫線を引き、罫線の色をロイヤルブルーに設定する。

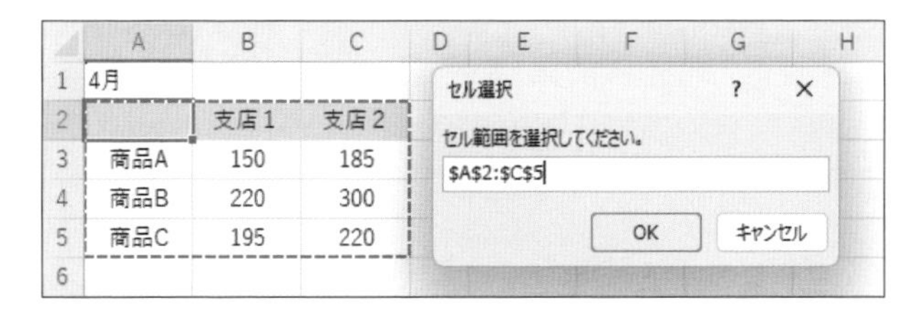


| | A | B | C |
|---|---|---|---|
| 1 | 4月 | | |
| 2 | | 支店1 | 支店2 |
| 3 | 商品A | 150 | 185 |
| 4 | 商品B | 220 | 300 |
| 5 | 商品C | 195 | 220 |

セル範囲を選択できる設定で入力画面が表示された。
セル範囲を選択して［OK］ボタンをクリックする

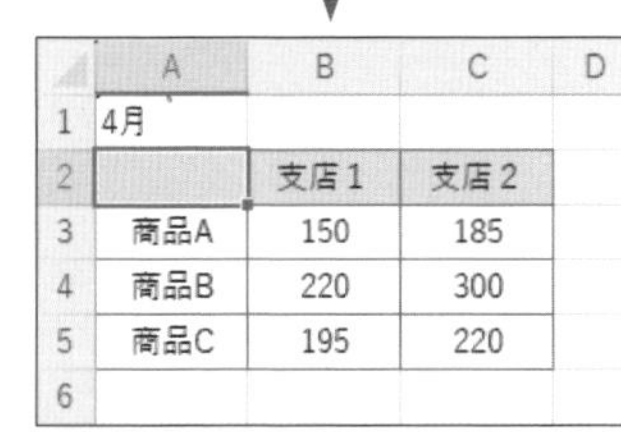

| | A | B | C |
|---|---|---|---|
| 1 | 4月 | | |
| 2 | | 支店1 | 支店2 |
| 3 | 商品A | 150 | 185 |
| 4 | 商品B | 220 | 300 |
| 5 | 商品C | 195 | 220 |

選択したセル範囲にロイヤルブルーで
格子の罫線が設定された

**ここがポイント！**

**セル範囲選択用のインプットボックスを表示し、選択されたセル範囲を変数Setステートメントに代入して、Rangeオブジェクトを取得し、そのセル範囲に対してロイヤルブルーで格子の罫線を設定しています。**

**Tips ［キャンセル］ボタンがクリックされた場合を考慮したコード**

InputBoxメソッドは、［キャンセル］ボタンがクリックされるとブール型のFalseが返ります。Range型の変数rngとデータ型が異なるため、実行時エラーになります。［キャンセル］ボタンがクリックされた場合を考慮すると、下図のようなエラー処理コードを追加したコードになります。なお、エラー処理についての詳細は、レッスン92を参照してください。

```
Sub 選択された範囲の罫線を設定()
    Dim rng As Range
    On Error Resume Next
    Set rng = Application.InputBox( _
        Prompt:="セル範囲を選択してください。", _
        Title:="セル選択", Type:=8)
    On Error GoTo 0
    If Not rng Is Nothing Then
        rng.Borders.LineStyle = xlContinuous
        rng.Borders.Color = rgbBlue
    End If
End Sub
```

Lesson
# 88 画面のちらつきをなくす

365・2021・
2019・2016
対応

**ブックを開いたり、閉じたり、シートを選択したりすると、画面がちらつくのが気になります。**

画面の更新を一時的に停止する機能を利用すると　ちらつきがなくなり、処理速度も上がります。

## 画面の更新を停止する

シートを切り替えたり、ブックを開閉したりする処理中の画面のちらつきが気になる場合、Applicationオブジェクトの ScreenUpdating プロパティを使うと、マクロ実行中の画面更新を止めることができます。

### ScreenUpdatingプロパティ

**● 構文**

```
Application.ScreenUpdating = True/False
```

**解説**：Falseに設定すると画面の更新が止まり、Trueに戻すと画面更新されるようになる。

**● 使用例:画面更新を止める**　　Sample 88_画面更新を止める.xlsm

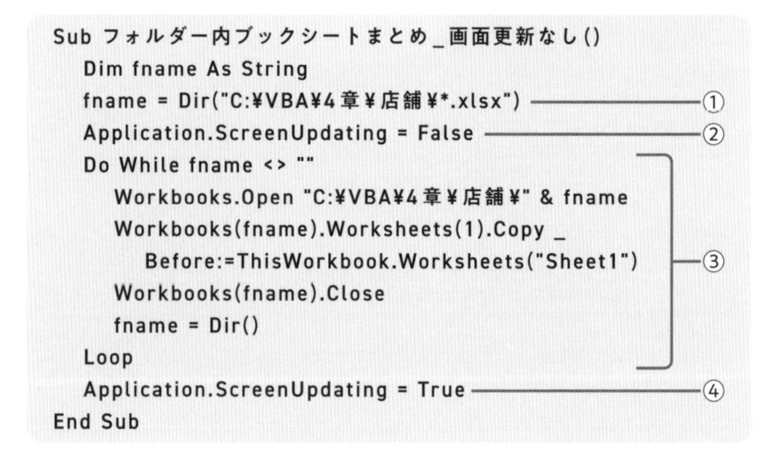

```
Sub フォルダー内ブックシートまとめ_画面更新なし()
    Dim fname As String
    fname = Dir("C:¥VBA¥4章¥店舗¥*.xlsx")  ――①
    Application.ScreenUpdating = False  ――②
    Do While fname <> ""
        Workbooks.Open "C:¥VBA¥4章¥店舗¥" & fname
        Workbooks(fname).Worksheets(1).Copy _
            Before:=ThisWorkbook.Worksheets("Sheet1")  ――③
        Workbooks(fname).Close
        fname = Dir()
    Loop
    Application.ScreenUpdating = True  ――④
End Sub
```

**解説**：ここでは、レッスン71の使用例を使って画面更新を制御しています。①ブック「C:¥VBA¥4章¥店舗¥*.xlsx」を検索し、見つかったファイル名を変数fnameに代入する。②画面を更新しない設定にする。③変数fnameが「""」でない間（Excelブックが見つかっている間）、以下の処理を繰り返す。ブック名「"C:¥VBA¥4章¥店舗¥" & fname」のブックを開く。開いたfnameブックの1つ目のシートを、マクロを実行しているブックの［Sheet1］シートの前にコピーし、開いたfnameブックを閉じる。同じ条件で2つ目以降のファイルを検索し、見つかったファイルを変数fnameに代入する。④（繰り返し処理が終わった後）画面を更新する設定にする。

**ここがポイント！**

**ここでは、［C:¥VBA¥4章¥店舗］フォルダーにあるExcelファイルを順番に開いてシートをコピーしています。②でScreenUpdatingをFalseにし、③で繰り返し処理中の画面が更新されなくなり、④で繰り返し処理の後でTrueに戻しています。これにより、複数のブックを開いたり閉じたりする画面の動きが表示されず、処理にかかる時間が短縮されます。なお、マクロ処理の詳細は、第4章のレッスン71を参照してください。**

**画面のちらつきがなくなって、あっという間に終わりました！ いきなり結果が表示されましたよ！**

**そうでしょ。画面が更新されないから、画面がちらつかないのはいいですよね。逆に画面がちらつかないから、実行されてる感がないわよね（笑）。**

Lesson 89

# Excelからの確認メッセージを非表示にする

365・2021・2019・2016対応

ワークシートを削除するときなどに表示される確認メッセージでマクロの実行が中断されて困る……。

メッセージが表示されないようにすることもできます。レッスン38、65、66でも使いましたが、ここで整理しますね。

## 注意や警告メッセージを表示しないで処理を続行する

Applicationオブジェクトの DisplayAlerts プロパティに False を設定すると、削除確認や上書き保存確認などのメッセージを非表示にできます。メッセージが表示される可能性のあるコードの前でFalseにし、後ろでTrueに戻して使用します。

### DisplayAlerts プロパティ

#### 構文

```
Application.DisplayAlerts = True/False
```

**解説**：DisplayAlertsプロパティの値をFalseにすると、マクロ実行中に注意や警告などの確認メッセージが非表示になる。Trueにすると表示されるようになる。例えば、ワークシートを削除する場合に表示される確認メッセージを表示することなくワークシートを削除することができる。

ワークシートを削除するには、Worksheetオブジェクトの Delete メソッドを使います。

### Delete メソッド

#### 構文

```
Worksheetオブジェクト.Delete
```

**解説**：指定したワークシートを削除する。削除時に確認メッセージが表示され、［削除］ボタンをクリックするとワークシートの削除が実行される。

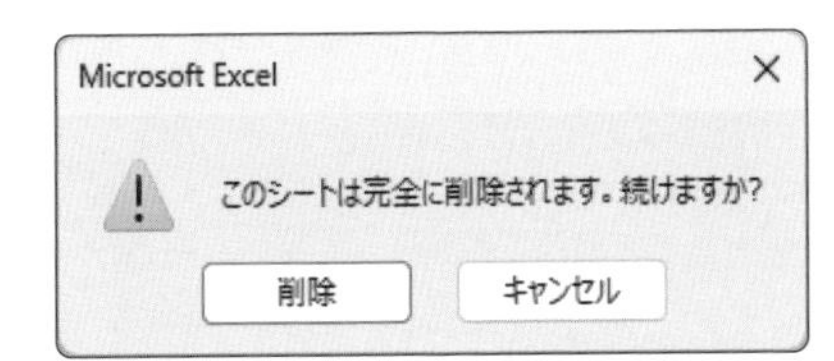


ワークシート削除時に表示される確認メッセージ

### ● 使用例:確認メッセージを表示しないでワークシート削除

Sample 89_確認メッセージを非表示.xlsm

```
Sub 確認メッセージを表示せずにシート削除()
    Application.DisplayAlerts = False ――――①
    Worksheets(1).Delete ――――②
    Application.DisplayAlerts = True ――――③
End Sub
```

**解説**:①確認メッセージを表示しない設定にする。②1つ目のシートを削除する。③確認メッセージを表示する設定にする。

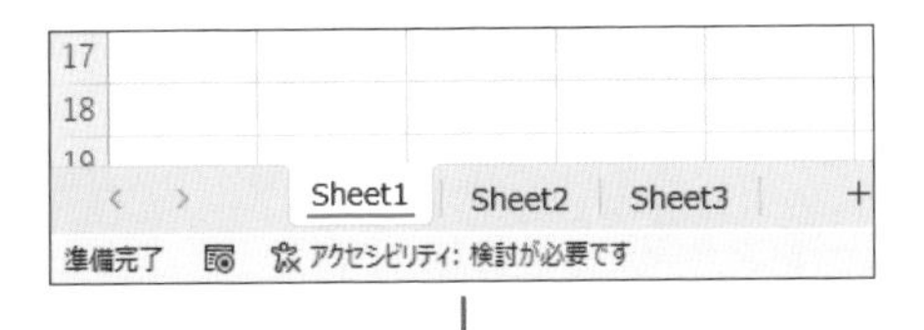


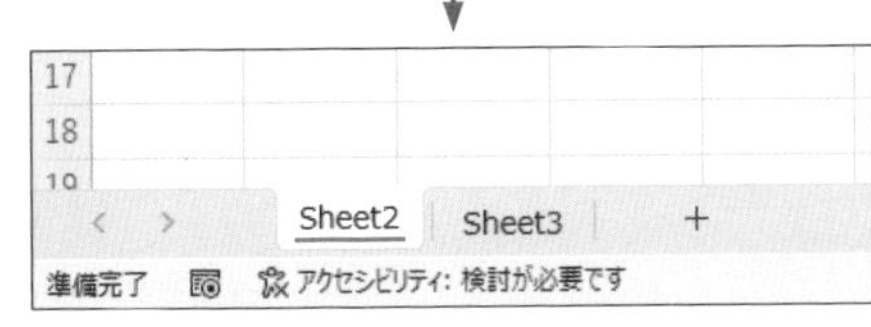


ワークシート削除時に表示される確認メッセージが表示されなくなる

**確認メッセージが表示されずにワークシートが削除できました!　便利に利用できそうです。**

このプロパティはとても便利ですよ。マクロ終了時に自動的にTrueに戻りますが、何らかの不具合によるトラブルを防ぐためにも、使用例のように明示的にTrueに戻すようにしましょう。

Lesson 90

# オリジナルの関数を作成する

365・2021・2019・2016 対応

マクロを使ってオリジナルの関数が作れると聞いたのですが、本当ですか？　面白そうですね。

Subプロシージャとは異なり、処理の結果、戻り値を返すFunctionプロシージャを作成することで作成可能です。

## ユーザー定義関数

Functionプロシージャは、処理の結果、戻り値を返すプロシージャです。Functionプロシージャを作成すると、ユーザー定義の関数として、Excelの関数と同様にワークシート上で使えます。

### Functionプロシージャを作成する

#### 構文

```
Function　関数名(引数名 As データ型, …) As 戻り値のデータ型
    処理
    関数名 = 戻り値
End Function
```

**解説**：Functionプロシージャは、プロシージャ名が関数名になる。プロシージャ内で処理を記述し、処理の後に、「関数名=戻り値」として、処理の結果の値を関数名に代入する。この戻り値がFunctionプロシージャの戻り値となる。また、引数には、結果の値を出すために必要な情報を必要なだけ「,」（カンマ）で区切って指定できる。

#### 使用例：ポイント数によってランク分けする［RANKING］関数を作成

Sample 90_ユーザー定義関数.xlsm

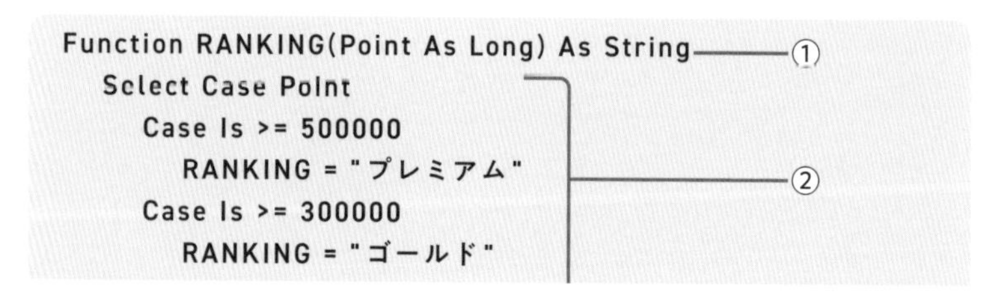

```
Function RANKING(Point As Long) As String ——①
    Select Case Point                       ┐
        Case Is >= 500000                   │
            RANKING = "プレミアム"           ├—②
        Case Is >= 300000                   │
            RANKING = "ゴールド"             │
```

```
        Case Is >= 200000
            RANKING = "シルバー"
        Case Else
            RANKING = "ベーシック"
    End Select
End Function
```
②

**解説**：①文字列型の結果を返すユーザー定義関数［RANKING］を記述し、引数として長整数型の「Point」を設定する。②Pointの値について以下の処理を行う。Pointが500000以上の場合はRANKINGに「プレミアム」を代入、300000以上の場合はRANKINGに「ゴールド」を代入、200000以上の場合はRANKINGに「シルバー」を代入、それ以外の場合はRANKINGに「ベーシック」を代入する。

**✓ここがポイント！**

**RANKING関数は、ポイントの大きさによって、順番に「プレミアム」「ゴールド」「シルバー」「ベーシック」と4つのランク分けを返す関数です。Select Caseステートメントによって、ポイント数によるランク分けをしています。**

## ● Functionプロシージャを関数としてワークシートで使用する

作成したFunctionプロシージャは、ワークシート上のセルで他の関数と同様に使用できます。なお、作成したFunctionプロシージャが保存されているブックが開いているときに使えます。

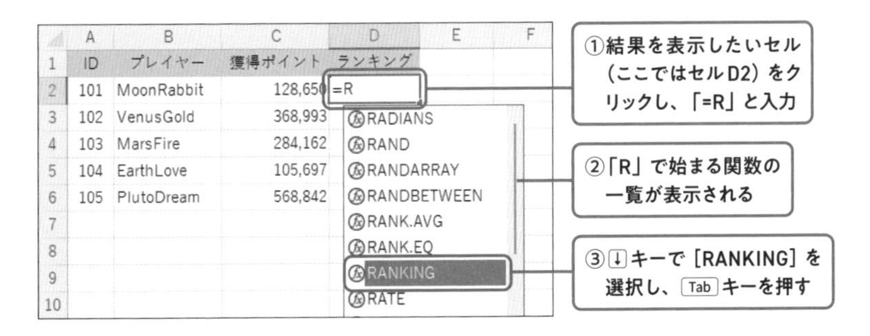


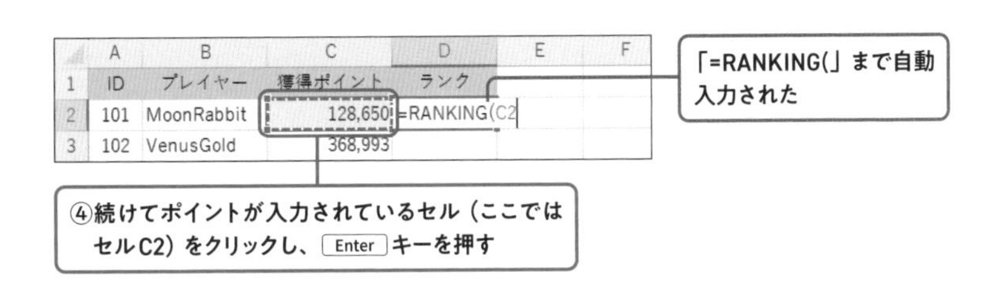

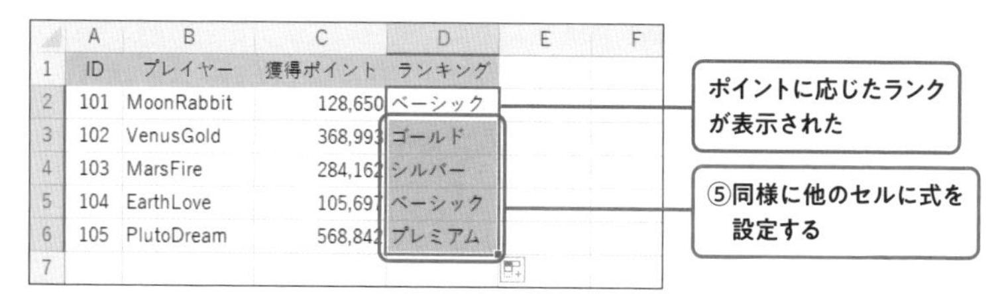


| | A | B | C | D | E | F |
|---|---|---|---|---|---|---|
| 1 | ID | プレイヤー | 獲得ポイント | ランキング | | |
| 2 | 101 | MoonRabbit | 128,650 | ベーシック | | |
| 3 | 102 | VenusGold | 368,993 | ゴールド | | |
| 4 | 103 | MarsFire | 284,162 | シルバー | | |
| 5 | 104 | EarthLove | 105,697 | ベーシック | | |
| 6 | 105 | PlutoDream | 568,842 | プレミアム | | |
| 7 | | | | | | |

**本当ですね。関数一覧に他の関数と混じっていますね。普通に使えるところがすごいです！**

**そうですね。元々あるExcelの関数で設定しようとすると少し複雑な式になってしまいますが、ユーザー定義関数にすると簡単に結果を出せますね。**

## Tips ［関数の挿入］画面を使って入力できる

関数を入力したいセルをクリックし、①［数式］タブ→［関数の挿入］をクリックして、［関数の挿入］画面を表示し、②［関数の分類］で［ユーザー定義］を選択すると、作成したユーザー定義関数が表示されます。③関数を選択し、④［OK］をクリックすると、⑤［関数の引数］画面が表示されます。⑥引数として使用するセルをクリックし、⑦［OK］をクリックして関数が入力できます。

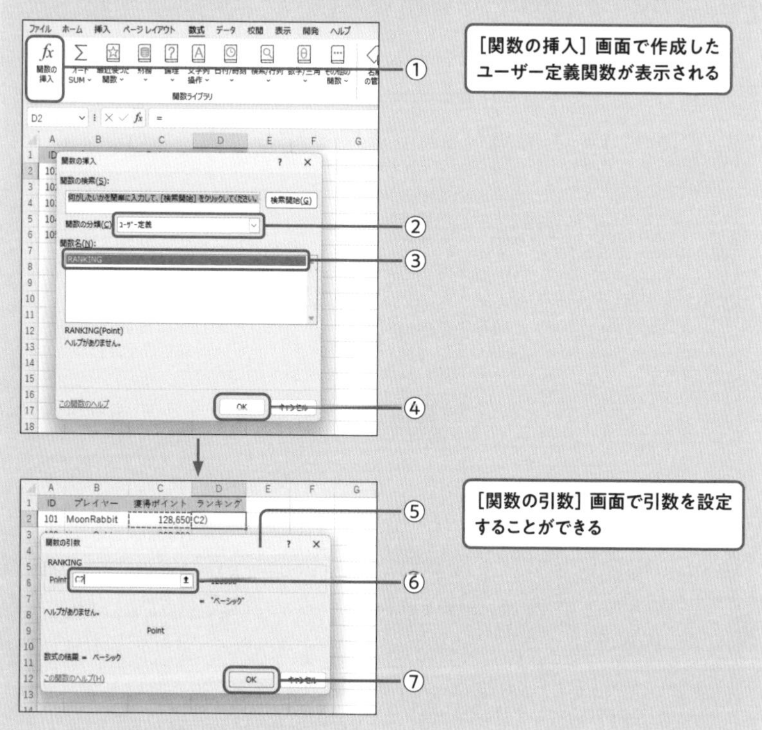

Lesson 91

# エラーが発生した場合の対処方法を覚えておこう

365・2021・2019・2016対応

コードの記述時やマクロ実行中にエラーが発生すると、メッセージが表示されて処理が止まってしまう……。

よくあることですよね。ここでは、このようなエラーが発生した場合の対処の仕方をおさらいします。

## コンパイルエラー

コンパイルエラーは、コードの記述中にVBAの文法が間違っている場合に発生するエラーです。自動構文チェック機能が既定で動作しているため、コード入力中や実行時にコンパイルエラーメッセージが表示されます。

### ●マクロ記述中に発生するコンパイルエラー

コード入力中にコンパイルエラーが発生すると、エラーメッセージが表示され、エラーが発生した箇所が赤色になります。エラーメッセージは自動構文チェック機能がオンのときに表示されます。

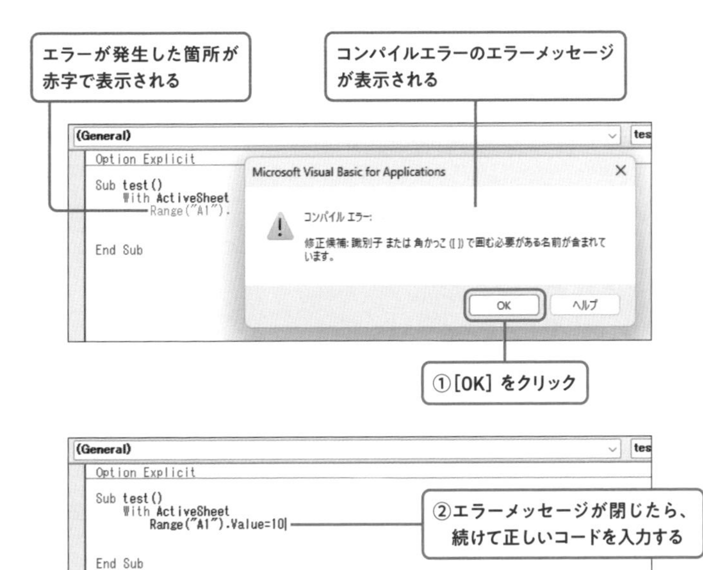

## ●マクロ実行時に発生するコンパイルエラー

マクロを実行するときに構文がチェックされて構文エラーが見つかると処理が中断されコンパイルエラーのエラーメッセージが表示されます。

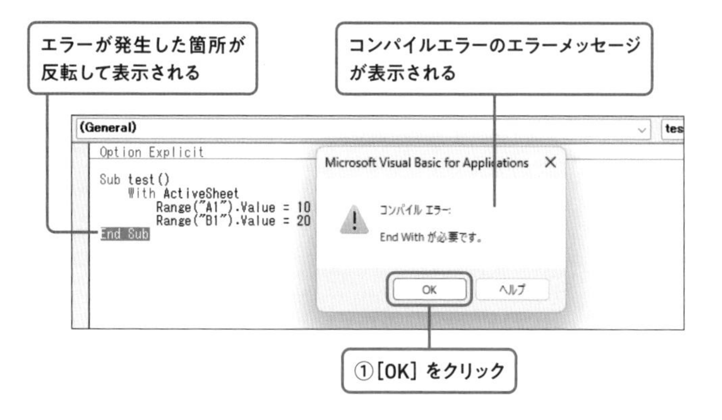


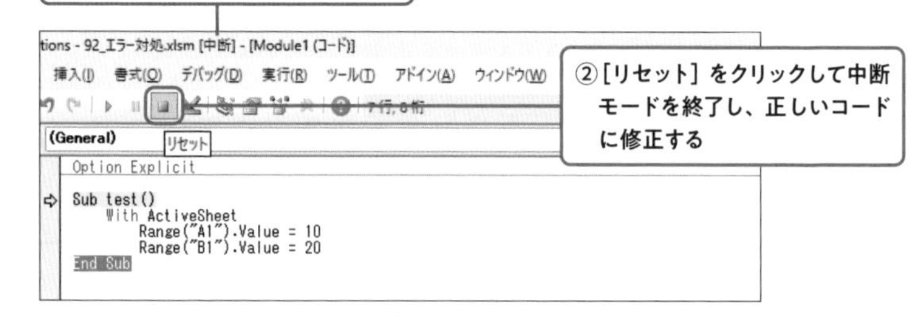


## Tips コンパイルエラーのメッセージを表示したくない

コード入力中に、コンパイルエラーメッセージが頻繁に表示されると煩わしく感じます。エラーメッセージを非表示にするには、次の手順で設定します。なお、エラーメッセージを非表示にしても、文法的にエラーがある箇所は、赤字で表示されます。

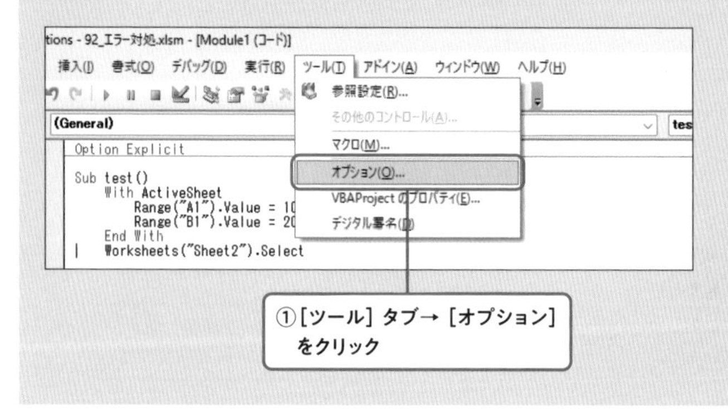

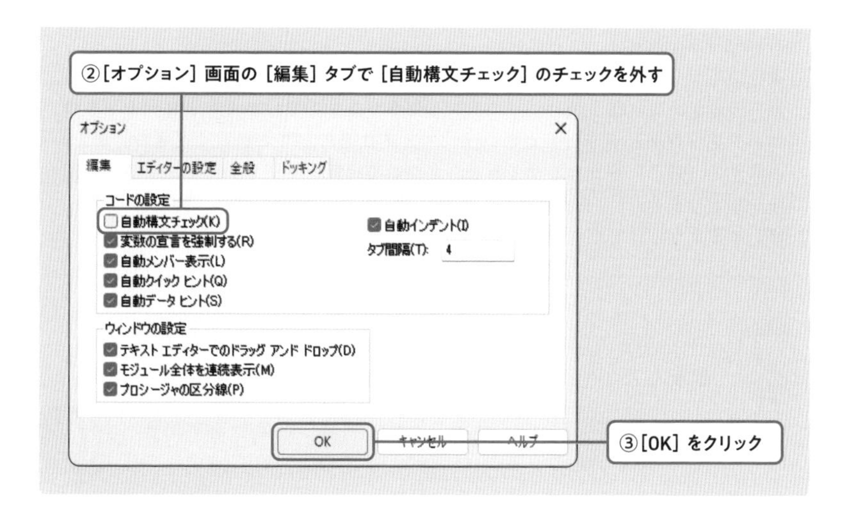


## 実行時エラー

実行時エラーは、マクロ実行中に指定したブックが存在しないなど、正常に処理が進められない場合に発生するエラーです。実行時エラーが発生すると、処理が中断し、実行時エラーのエラーメッセージが表示されます。

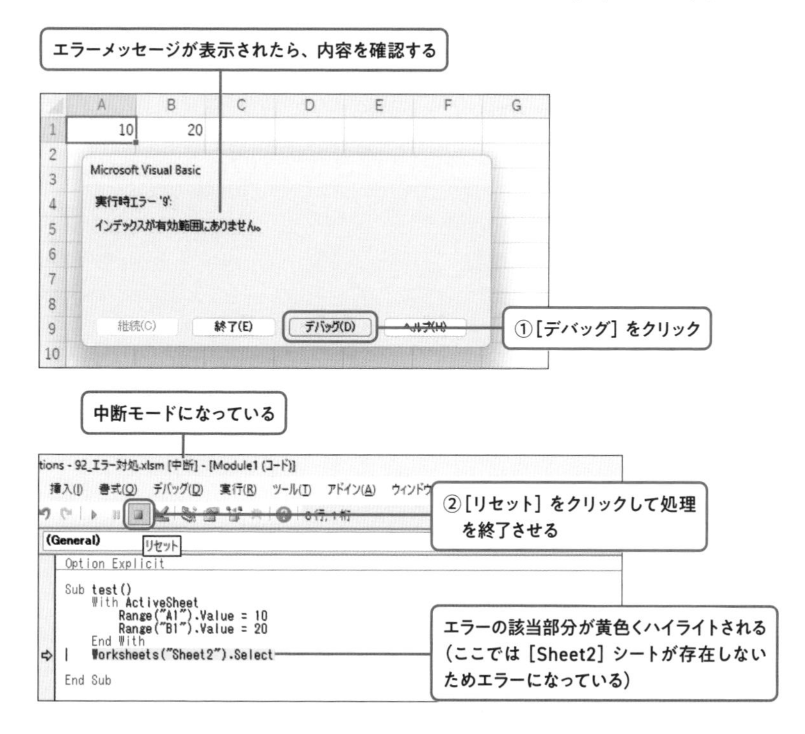

**✓ここがポイント!**

実行時エラーは、エラーが発生する直前の処理までは実行されています。そのため、元のデータが書き換わっていることがありますので、あらかじめ元データのバックアップをとっておくとか、復元できる状態にしておいてください。また、手順①で［終了］をクリックすると、マクロの実行を終了するので、エラーの箇所がわかりません。［デバッグ］をクリックしてVBE画面でエラー箇所を確認し、修正するようにしてください。

**コンパイルエラーと実行時エラーの対処方法が復習できました。**

**マクロ作成中にこのようなエラーは頻繁に起こりますから、スムーズに対処できるようにしたいですね。**

### Tips　論理エラー

コンパイルエラー、実行時エラーのほかに、論理エラーがあります。論理エラーは、エラーによる処理の中断がないものの、意図したとおりの結果が得られないエラーです。どの部分に間違いがあるかを見つけるのが難しく、確認・修正に時間がかかります。このようなエラーに対応するには、VBEに用意されているデバッグ機能を使って1行ずつチェックします。デバッグ機能については、レッスン93を参照してください。

Lesson 92

# エラーで処理が途中で止まらずに終了させる方法

365・2021・2019・2016対応

マクロが完成しても、予期しない箇所や状況で実行時エラーになることがあるのですが、対処法は？

わかりました。実行時エラーに対応したコードの書き方の基本を紹介しますね。

## エラー処理コードを記述する

実行時エラーが発生すると、処理が中断され、エラーメッセージが表示されます。実行時エラーが発生しても、処理を中断することなくプログラムを終了するためには、エラー処理コードを記述しておきます。

### On Error GoToステートメント

On Error GoToステートメントは、エラーが発生したときに行ラベルに処理を移動して、エラーが発生した場合の処理を実行させます。

**構文**

```
Sub プロシージャ名()
    On Error GoTo 行ラベル
    通常実行する処理
    Exit Sub
行ラベル:
    エラーが発生した場合の処理
End Sub
```

**解説**：「On Error GoTo 行ラベル」でこの行以降で、実行時エラーが発生した場合、「行ラベル」で指定した行に処理を移動するという意味（エラートラップを有効にする）。行ラベルは、構文の5行目のように行頭から「行ラベル:」と記述して指定する。行ラベル以降は、「エラーが発生した場合の処理」を記述する。そのため、「行ラベル:」の前行で「Exit Sub」と記述して、通常の処理の場合は、エラー処理に進まずに処理を終了させる。

## ● 使用例：エラーが発生した場合、エラー処理をして処理を終了する

Sample 92_1エラー処理コード.xlsm

```
Sub エラー処理()
    On Error GoTo errHandler ―――――――――――――――――①
    Range("A1:C3").Copy Worksheets("集計").Range("A1") ―②
    Exit Sub ―――――――――――――――――――――――――――――③
errHandler: ―――――――――――――――――――――――――――――④
    MsgBox Err.Number & ":" & Err.Description ―――――――⑤
End Sub
```

**解説**：①実行時エラーが発生したら行ラベルerrHandlerへ処理を移動する。②セル範囲A1～C3をコピーし、［集計］シートのセルA1に貼り付ける。③マクロを終了する。④行ラベル「errHandler」⑤エラー番号とエラー内容をメッセージ表示する。



### ✓ここがポイント！

②のCopyメソッドの貼り付け先を［集計］シートのセルA1を指定していますが、［集計］シートが存在しないため、エラーになります。ここで④の行ラベルerrHandlerに移動し、⑤でエラー処理として、「Err.Number」でエラー番号、「Err.Description」でエラー内容を取得してMsgBox関数でメッセージ表示しています。③の「Exit Sub」の記述を忘れると、正常に処理されても行ラベルerrHanlder以降が実行されてしまうので忘れないように記述してください。

### Tips エラートラップ

マクロ実行中に実行時エラーが発生したとき、実行時エラーが発生した場合に実行する処理に移行させる仕組みのことをエラートラップといいます。

## On Error Resume Nextステートメント

On Error Resum Nextステートメントは、実行時エラーが発生しても、そのエラーを無視して処理を続行します。

### 構文

```
On Error Resume Next
```

解説：このコード以降に実行時エラーが発生してもそのまま処理を終わらせられる場合になどに使うとよい。また、On Error GoTo 0ステートメントと組み合わせてオブジェクト変数のエラー処理でも使う（次項参照）。

### 使用例：エラーが発生した場合、そのまま処理を続行する

Sample 92_2エラー処理コード.xlsm

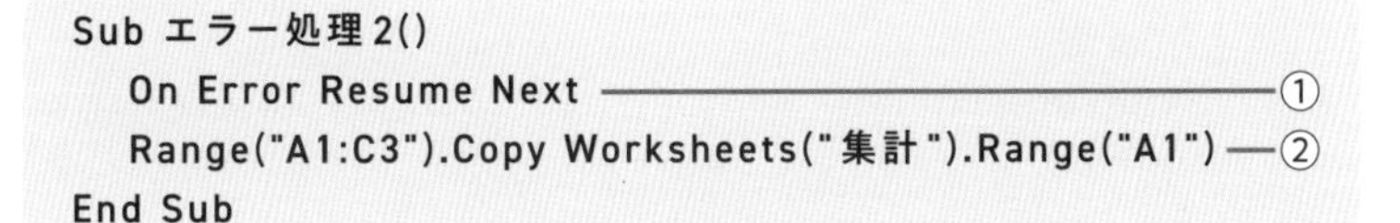

```
Sub エラー処理2()
    On Error Resume Next ──────①
    Range("A1:C3").Copy Worksheets("集計").Range("A1") ──②
End Sub
```

解説：①実行時エラーが発生してもそのまま次の行の処理に進む。②セル範囲A1～C3をコピーし、［集計］シートのセルA1に貼り付ける。

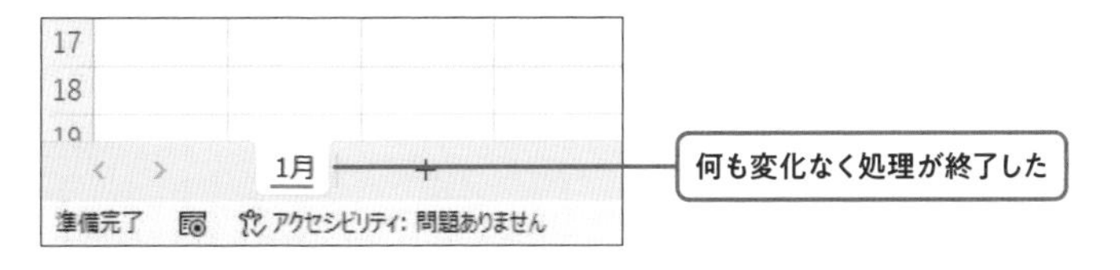


**✓ここがポイント！**

**②のCopyメソッドの貼り付け先として［集計］シートのセルA1を指定していますが、［集計］シートが存在しないため、エラーになります。しかし、①のOn Error Resume Nextステートメントにより、そのまま続行され、処理が終了しています。**

## On Error GoTo 0ステートメント

On Error GoTo 0ステートメントは、エラートラップを無効にするステートメントです。通常、「On Error GoTo 行ラベル」や「On Error Resume Next」によってエラートラップが有効になっている行より後に記述します。

### 構文

```
On Error GoTo 0
```

**解説**：On Error GoTo 0ステートメントが記述された行以降のステートメントで実行時エラーが発生した場合には、エラー処理は行われずに処理が中断され、エラーメッセージが表示されるようになる。

## ● 使用例：エラートラップの有効、無効を利用してエラー処理をする

Sample 92_3エラー処理コード.xlsm

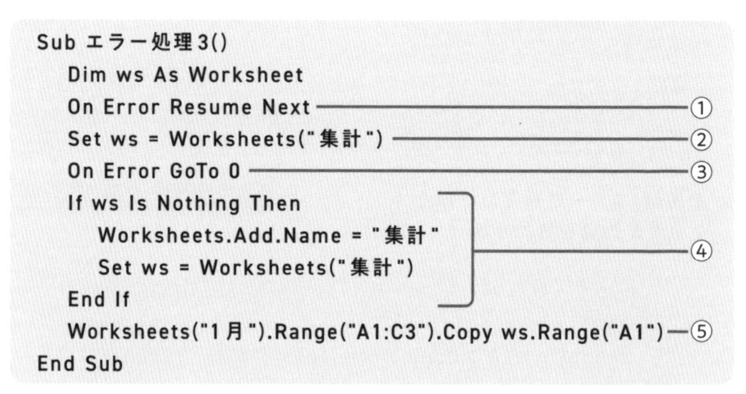

```
Sub エラー処理3()
    Dim ws As Worksheet
    On Error Resume Next ―――――――――――――――――①
    Set ws = Worksheets("集計") ――――――――――――②
    On Error GoTo 0 ――――――――――――――――――――③
    If ws Is Nothing Then
        Worksheets.Add.Name = "集計"            ―④
        Set ws = Worksheets("集計")
    End If
    Worksheets("1月").Range("A1:C3").Copy ws.Range("A1") ―⑤
End Sub
```

**解説**：①実行時エラーが発生してもそのまま次の行の処理に進む。②変数wsに［集計］シートを代入する（［集計］シートが存在しない場合は、実行時エラーになり、変数wsは初期値のNothingのままになる）。③エラートラップを無効にする。④変数wsの値がNothingの場合（［集計］シートが存在しなかった場合）、以下の処理を実行する。ワークシートを追加し、［集計］と名前を付ける。変数wsに［集計］シートを代入する。⑤［1月］シートのセル範囲A1～C3をコピーし、変数ws（［集計］シート）のセルA1に貼り付ける。

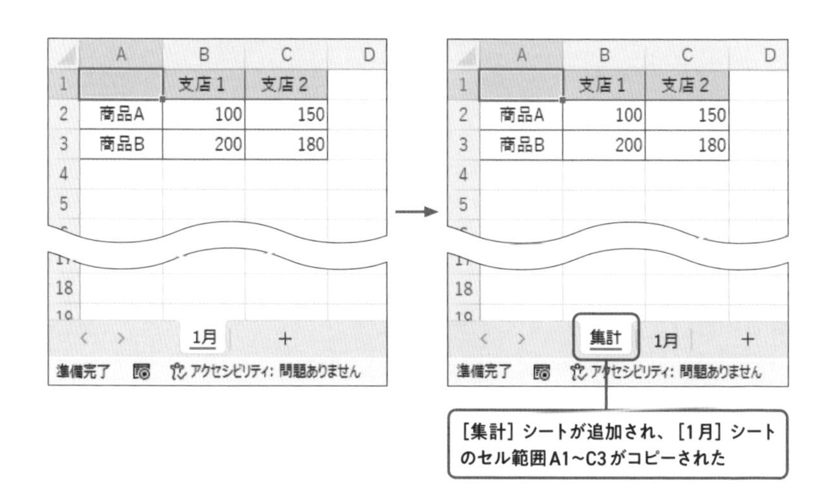

**✓ここがポイント!**

ここでは、オブジェクト変数wsに値が代入されたかどうかを判定するのに、On Error Resume Nextステートメントを利用しています。Setステートメントの前でOn Error Resume Nextステートメントを記述することで、変数wsに代入する［集計］シートがなかった場合は、実行時エラーとなるところ、エラーにならず、次の行に進みます。これにより変数wsの値は既定値のNothingのままになります。そのため④のように、変数wsがNothingかどうかで処理を分岐することができます。この行以降は、On Error GoTo 0ステートメントを記述して、エラートラップを無効にし、通常どおり実行時エラーが発生するように戻しています。On Error Resume NextとOn Error GoTo 0を組み合わせたこのような処理は、ワークシートやピボットテーブルなど、対象となるオブジェクトが存在するかどうかをチェックし、オブジェクトが存在する場合（オブジェクト変数がNothingでない場合）または、存在しない場合（オブジェクト変数がNothingの場合）で適切な処理を記述することができます。

**Tips　Resumeステートメントを使ったエラー処理**

Resumeステートメントを使うと、エラー処理ルーチンを実行してエラー処理を行った後、エラーが発生した行に戻って処理を再開することができます。Resumeステートメントは下表のような種類があります。例えば、Resumeステートメントを使って下図のようなエラー処理を記述することができます。①で［集計］シートがない場合はエラーになるので、行ラベルerrHandlerに進み、②で［集計］シートを追加した後、③でエラーが発生した行に戻り処理を再実行します。そのため、①の行に戻り、処理が再開されるという仕組みのエラー処理になります。

● **Resumeステートメントの種類**

| 種　類 | 内　容 |
|---|---|
| Resume | エラーが発生した行から処理を再実行する |
| Resume Next | エラーが発生した行の次の行から処理を実行する |
| Resume 行ラベル | 指定した行ラベルに戻って処理を再実行する |

```
Sub エラー処理4()
    On Error GoTo errHandler
    Worksheets("1月").Range("A1:C3").Copy _ ――①
        Worksheets("集計").Range("A1")
    Exit Sub
errHandler:
    Worksheets.Add.Name = "集計"――――――――②
    Resume ――――――――――――――――――――③
End Sub
```

Lesson 93

# ステップ実行で1行ずつ動作確認する

365・2021・2019・2016対応

マクロがどのように実行されるかを確かめたいのですが、どうすればいいですか？

デバッグ機能を使うといいですね。VBEに用意されているデバッグ機能を使う方法を確認しましょう。

## 1行ずつ処理を実行する

ステップイン機能を使うと、マクロを1行ずつ実行することができます。Excelの画面を見ながら動作確認し、エラーの原因を調べるのに役立ちます。ExcelとVBEの画面を横に並べて表示しておくと、Excel上での動作が確認できて便利です。ここでは、レッスン92の［エラー処理3］マクロを使って動作確認してみましょう。

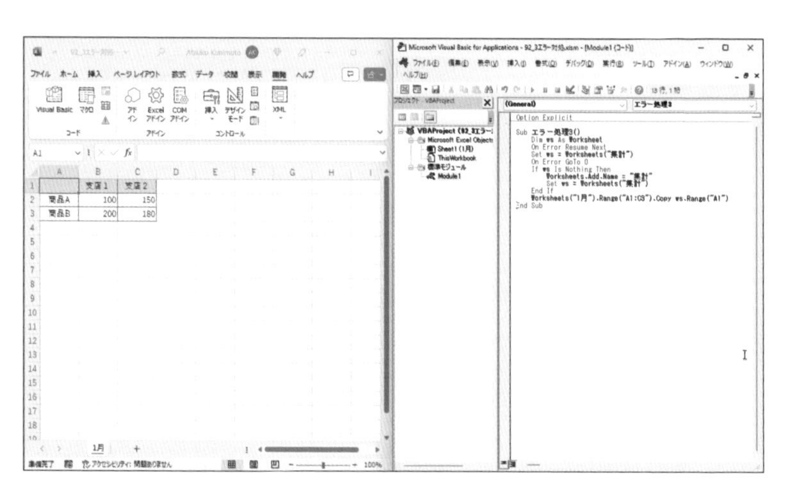

## ステップイン

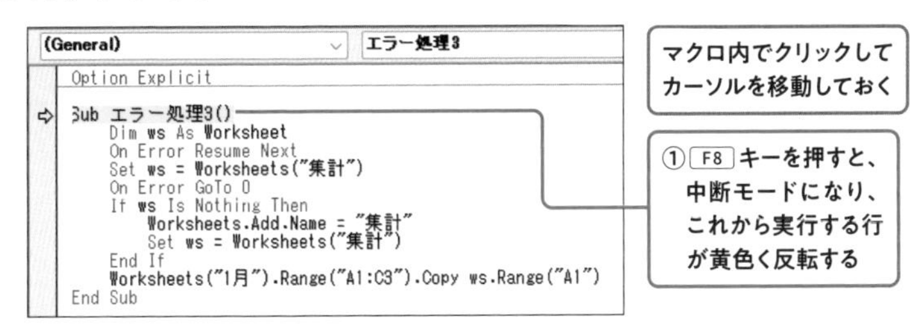
(General)
エラー処理3
Option Explicit
Sub エラー処理3()
Dim ws As Worksheet
On Error Resume Next
Set ws = Worksheets("集計")
On Error GoTo 0
If ws Is Nothing Then
Worksheets.Add.Name = "集計"
Set ws = Worksheets("集計")
End If
Worksheets("1月").Range("A1:C3").Copy ws.Range("A1")
End Sub
マクロ内でクリックしてカーソルを移動しておく
① F8 キーを押すと、中断モードになり、これから実行する行が黄色く反転する

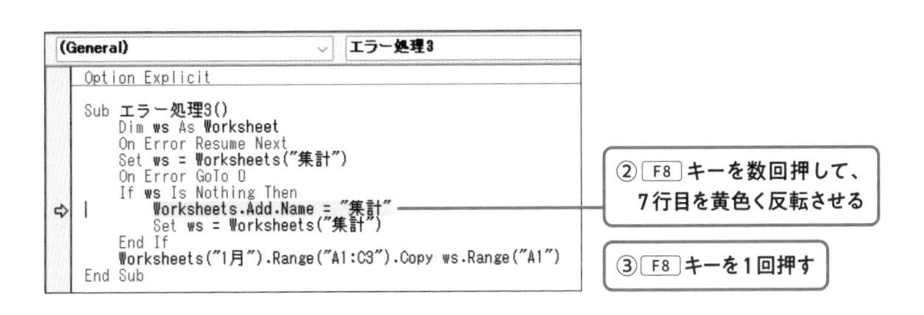
② F8 キーを数回押して、7行目を黄色く反転させる
③ F8 キーを1回押す

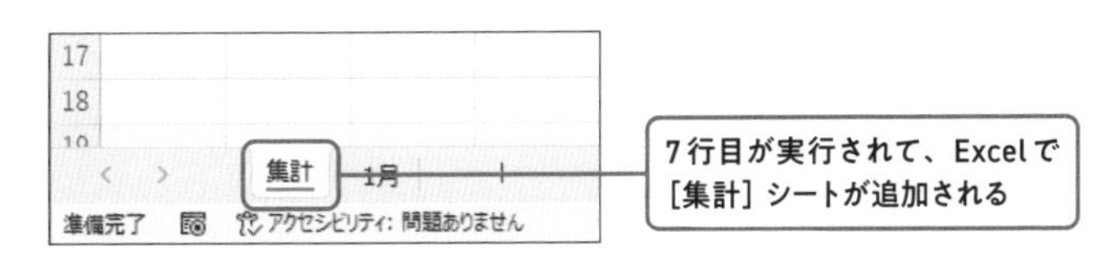
集計
1月
準備完了
アクセシビリティ: 問題ありません
7行目が実行されて、Excelで[集計] シートが追加される

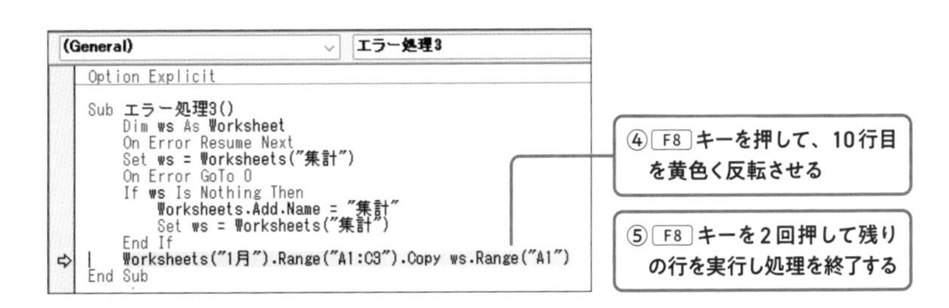
④ F8 キーを押して、10行目を黄色く反転させる
⑤ F8 キーを2回押して残りの行を実行し処理を終了する

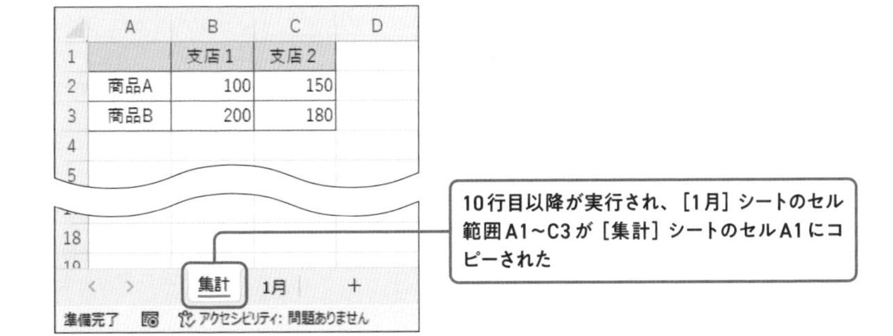
支店1
支店2
商品A
100
150
商品B
200
180
集計
1月
準備完了
アクセシビリティ: 問題ありません
10行目以降が実行され、[1月] シートのセル範囲A1~C3が [集計] シートのセルA1にコピーされた

**✓ここがポイント!**

**マクロ内でクリックしてカーソルを移動してから、F8キーを押すと、そのマクロが中断モードになり、これから実行する行が黄色く反転します。F8キーを押すと、その行が実行され、次の行が黄色く反転します。中断モードのときに、変数にマウスポインターを合わせると下図のように変数の値が確認できます。**

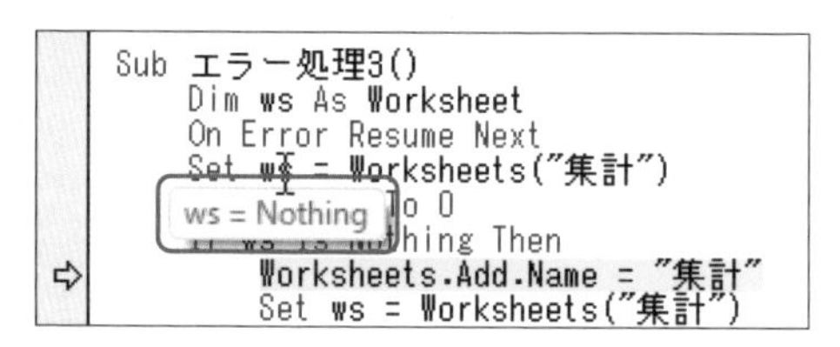


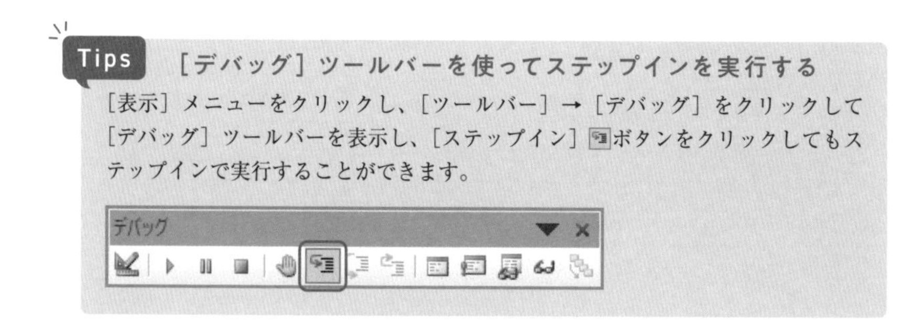

**Tips [デバッグ] ツールバーを使ってステップインを実行する**

[表示] メニューをクリックし、[ツールバー] → [デバッグ] をクリックして [デバッグ] ツールバーを表示し、[ステップイン] ボタンをクリックしてもステップインで実行することができます。



## 処理を中断させる位置を指定する

ブレークポイントを設定すると、マクロの途中で処理を中断することができます。エラー対応で問題のありそうな箇所や調べたい箇所まで一気に処理を進め、その後で1行ずつ実行しながら内容を確認することができます。

### ● ブレークポイント

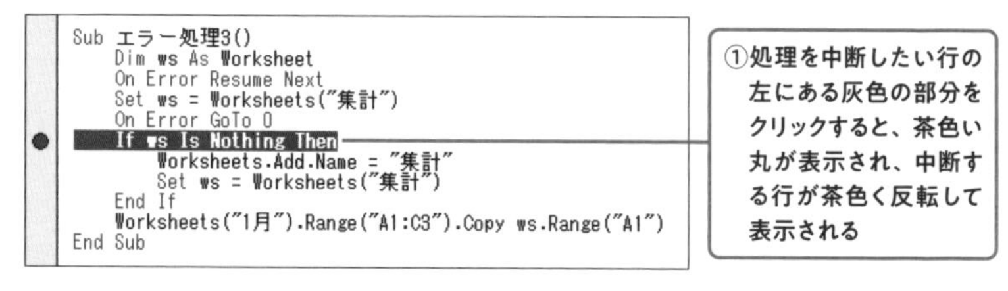


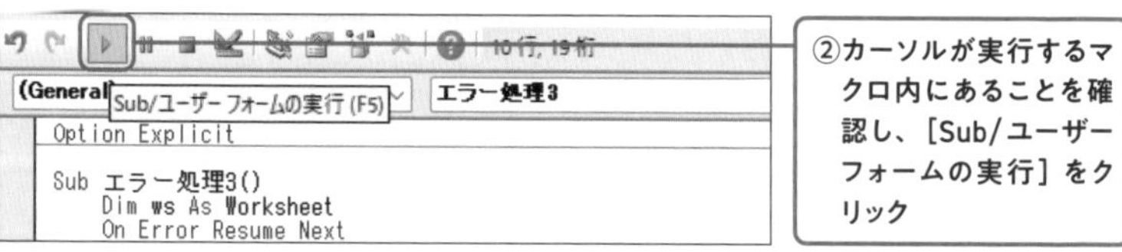

ブレークポイントを設定した行を実行する直前で処理が中断され、中断モードになる

```
Sub エラー処理3()
    Dim ws As Worksheet
    On Error Resume Next
    Set ws = Worksheets("集計")
    On Error GoTo 0
    If ws Is Nothing Then
        Worksheets.Add.Name = "集計"
        Set ws = Worksheets("集計")
    End If
    Worksheets("1月").Range("A1:C3").Copy ws.Range("A1")
End Sub
```

③ F8 キーを押して1行ずつ実行して動作確認する

**1行ずつ実行すれば、どこでどのようにExcelで動作したかがわかりました！ 間違いも探しやすいですね。**

**そうですね。ブレークポイント、ステップインを上手に使ってマクロの作成や編集に役立ててくださいね。**

Lesson 94

# イミディエイトウィンドウを使いこなそう

365•2021•2019•2016対応

マクロの作成時に、繰り返し処理の変数の変化やプロパティの値を確認したいです。

それなら、イミディエイトウィンドウを使うといいですよ。マクロのテスト、エラー発生時の検証に便利です。

## イミディエイトウィンドウを表示する

イミディエイトウィンドウは、マクロ作成時に使用する画面です。変数を書き出したり、プロパティの値を書き出したりと、実行中にどのような値になっているか調べることができます。

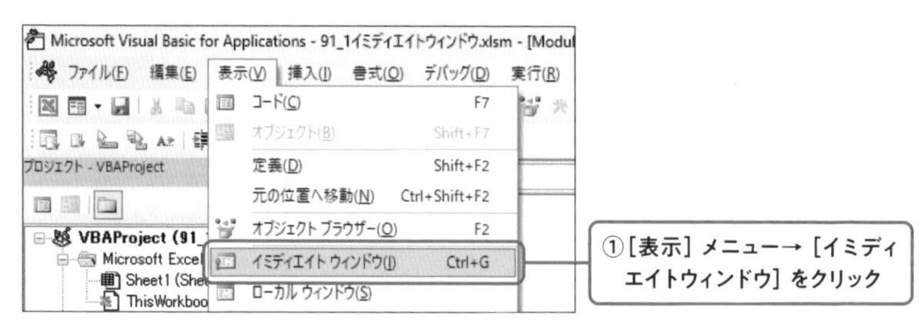


①[表示] メニュー→ [イミディエイトウィンドウ] をクリック

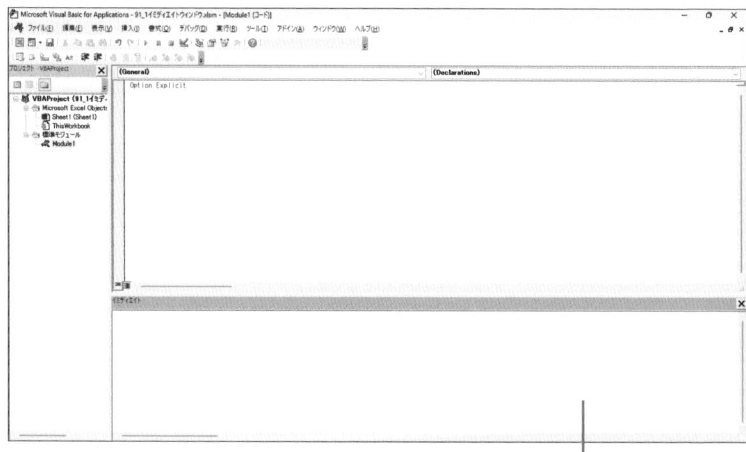


②イミディエイトウィンドウが表示された

## イミディエイトウィンドウに変数の値を書き出す

Debugオブジェクトの Printメソッドを使うと、マクロ実行中に変数やプロパティの値を書き出すことができます。変数の変化を見たり、プロパティの値を確認したりするのに使います。

### Printメソッド

#### 構文

```
Debugオブジェクト.Print 出力内容
```

**解説**：引数「出力内容」には、変数名やプロパティを指定する。

#### 使用例：変数の値をイミディエイトウィンドウに書き出す

Sample 94_1イミディエイトウィンドウ.xlsm

```
Sub 変数テスト()
    Dim rng As Range
    For Each rng In Range("B2:B6") ―――①
        Debug.Print rng.Value ―――②
    Next
End Sub
```

**解説**：①セル範囲B2～B6のセルを順番に変数rngに代入しながら以下の処理を繰り返す。②変数rngの値をイミディエイトウィンドウに書き出す。

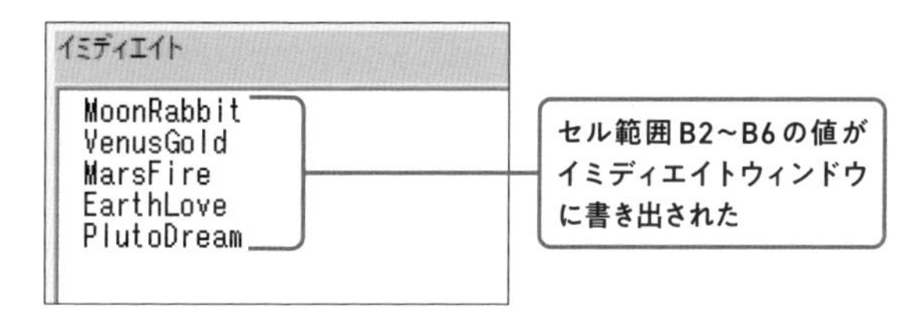


## イミディエイトウィンドウを活用する

イミディエイトウィンドウでは、マクロ実行中に値を書き出すだけでなく、直接入力してプロパティの値を調べたり、計算結果を求めたりできます。また、ステートメントを実行することもできます。

## プロパティの値を調べたり、関数のテストをしたりする

Sample 94_2イミディエイトウィンドウ.xlsm

イミディエイトウィンドウで、半角で「?」または「Print」と入力したのち、プロパティまたは、関数などの数式を入力して Enter キーを押すと、次の行にプロパティの値や計算の結果が表示されます。

### 構文

? 計算式/プロパティ

下図では、レッスン90で作成したユーザー定義関数のテストと、アクティブブックの保存場所を調べています。

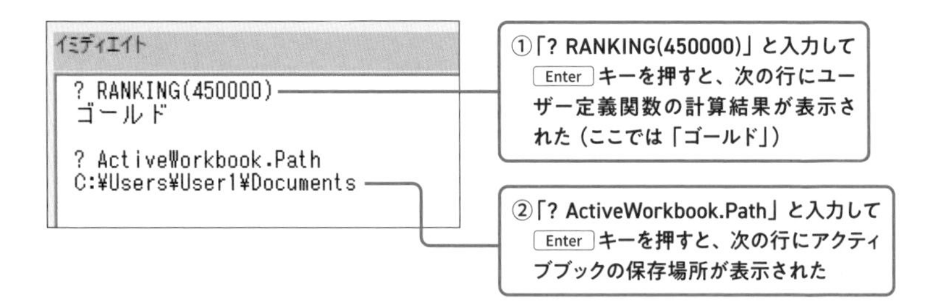


## 1行だけステートメントを実行する

イミディエイトウィンドウに直接ステートメントを記述し、実行することができます。わざわざプロシージャを記述することなく、1行だけ実行して動作確認したいときに便利です。

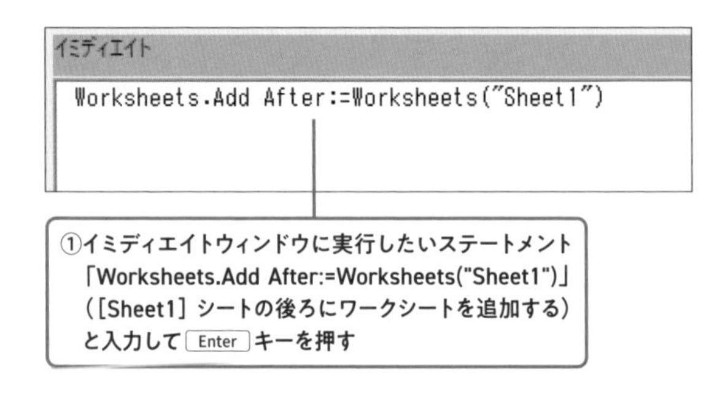


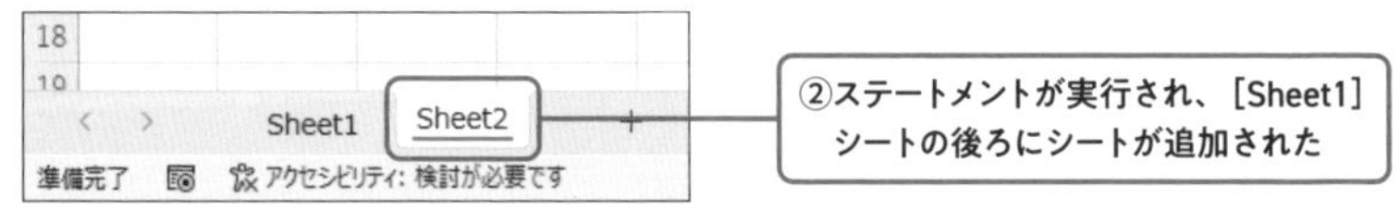

# 中断モードで変数やプロパティの値を確認する

365・2021・2019・2016対応

イミディエイトウィンドウで書き出すのではなく、変数の値やプロパティの値などをまとめて一覧にできませんか？

中断モードのときに、その時点での変数の値やプロパティの値を一覧に表示する機能も用意されています。

## ウォッチウィンドウにウォッチ式を追加する

Sample 95_ウォッチウィンドウ.xlsm

ウォッチウィンドウにウォッチ式を追加すると、中断モードのときにウォッチ式に追加した変数やプロパティ、計算式などの値を確認できます。動作確認やエラーの原因を調べたいときに便利です。

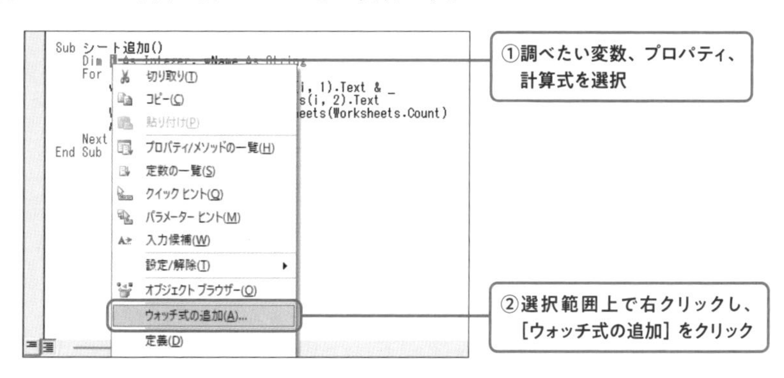


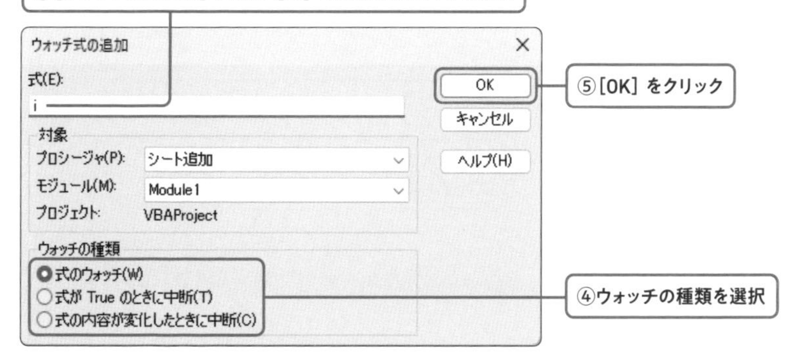

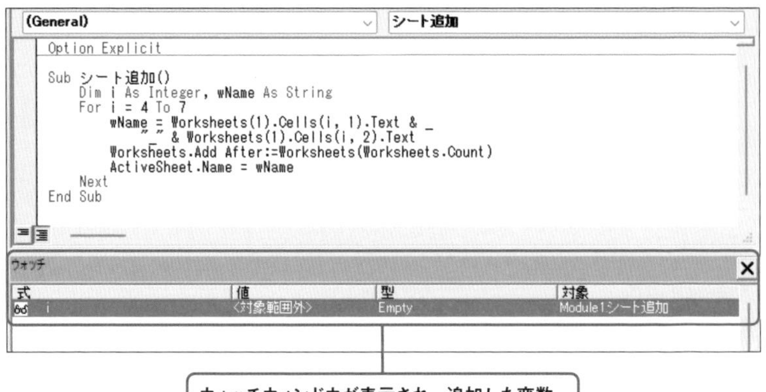


ウォッチウィンドウが表示され、追加した変数、プロパティ、式が表示された

⑥同様に確認したい変数、プロパティ、式を追加

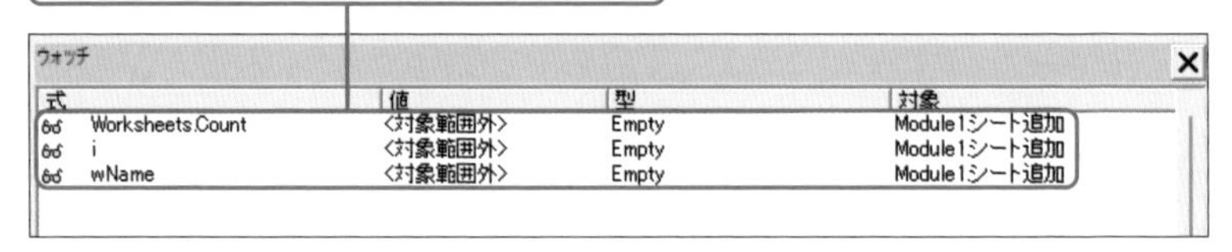


⑦ F8 キーを押してステップインを開始する

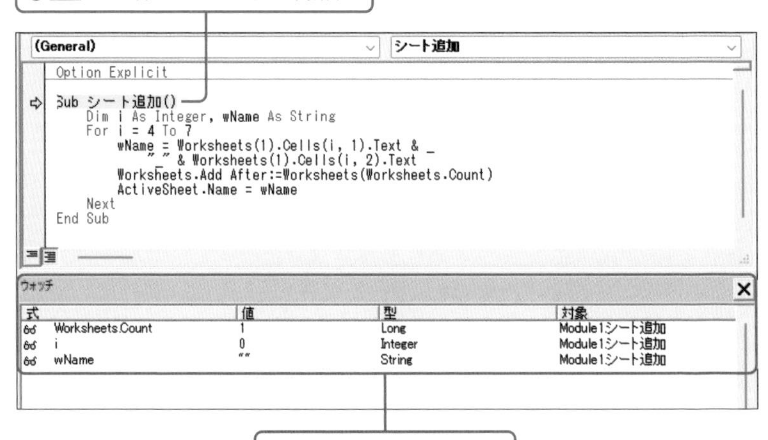


その時点の変数、プロパティ、式の値が表示される

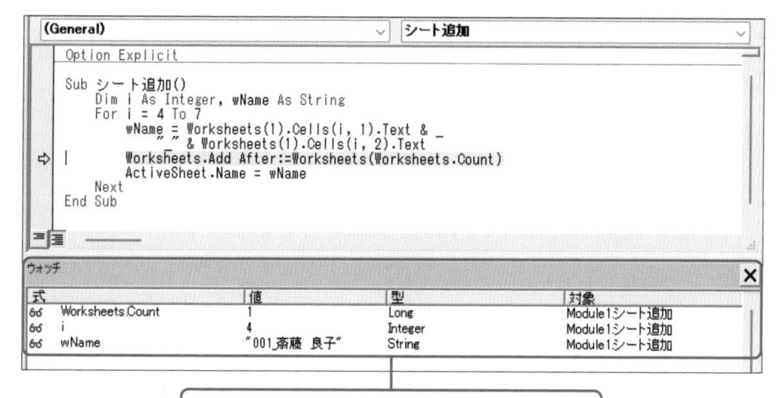


⑧ F8 キーを押して処理を進めると、その時点での変数、プロパティ、式の値が確認できる

**✓ここがポイント!**

調べたい変数やプロパティ、式などをウォッチ式に追加しておけば、中断モードのときに一目で現在の値が確認できます。動作確認して間違いやエラーの原因を調べられます。なお、ウォッチ式に追加した式を削除するには、ウォッチウィンドウ内で式をクリックして選択し、Delete キーを押します。

## Tips ローカルウィンドウを利用する

ウォッチウィンドウでは、自分で追加した変数やプロパティ、計算式などの値を中断モードで確認できますが、ローカルウィンドウには中断モードのときマクロで宣言しているすべての変数の値が表示されます。変数の値だけすべて確認したい場合にわざわざウォッチ式に追加する必要がないため便利です。ローカルウィンドウは、［表示］メニューの［ローカルウィンドウ］で表示できます。

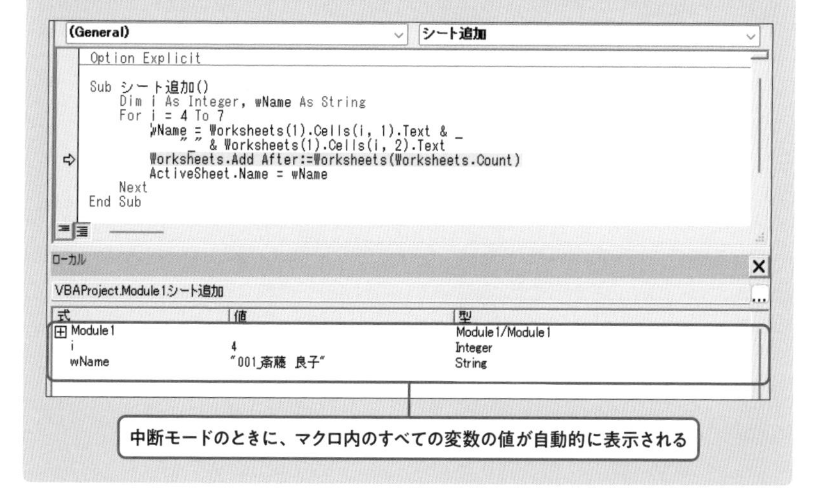


中断モードのときに、マクロ内のすべての変数の値が自動的に表示される

# マクロの記録を利用して作成するマクロのヒントにする

365・2021・
2019・2016
対応

マクロ作成時に、実現したい機能のために、どのオブジェクトやプロパティを使えばいいのか……。

マクロの記録機能を使って作成したマクロの内容をヒントにするといいですよ。記録内容をうまく利用しましょう。

## マクロの記録

Sample 96_マクロの記録の利用.xlsm

Excelに用意されている［マクロの記録］機能は、ユーザーが操作した内容をそのまま記録してマクロを作成します。利用したい機能をマクロの記録でマクロにすれば、自動作成されたマクロのコードを調べて活用できます。

### マクロの記録でグラフの色合いの変更方法を調べる

ここでは、レッスン75で作成した［埋め込みグラフを作成］マクロで、作成する埋め込みグラフの色合いを変更するのに、［グラフのデザイン］タブの［色の変更］で選択した色合いに変更する方法を、マクロの記録を使って調べてみましょう。

①グラフを選択

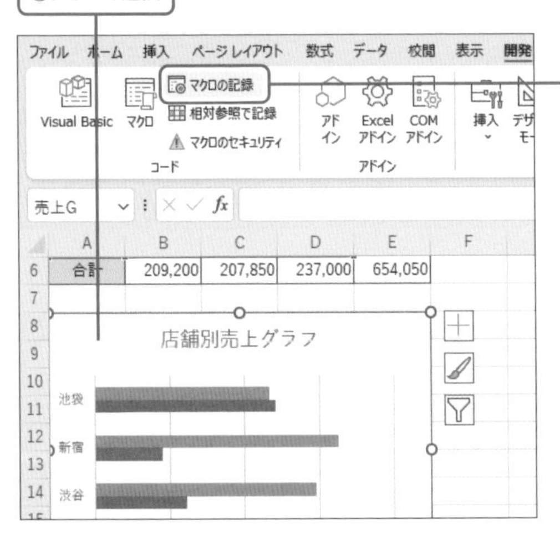


②［開発］タブ→［マクロの記録］をクリック

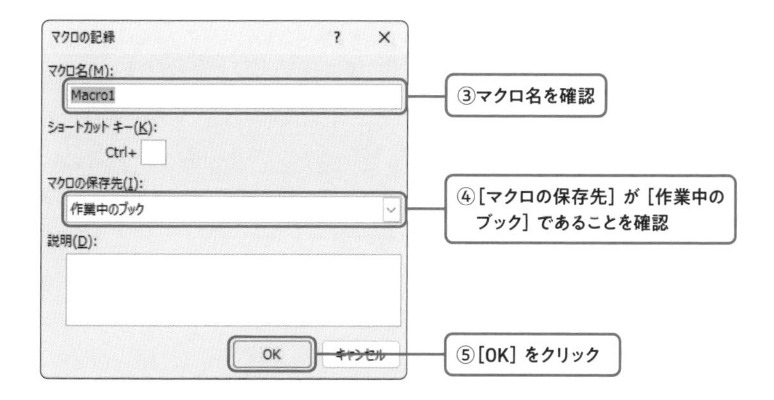


マクロの記録が開始された。これ以降の操作が記録される

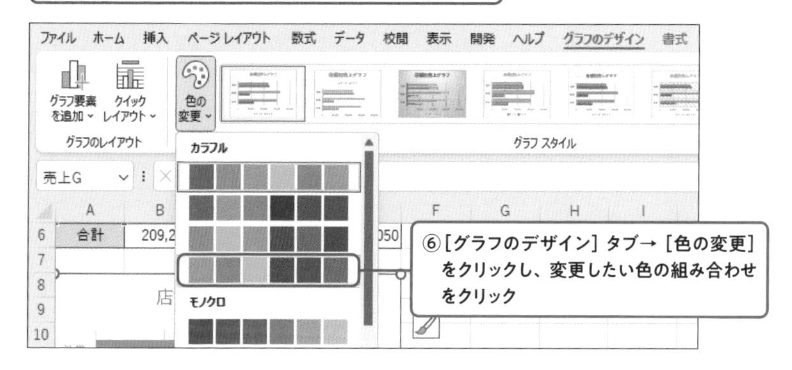


グラフの色合いが変更された

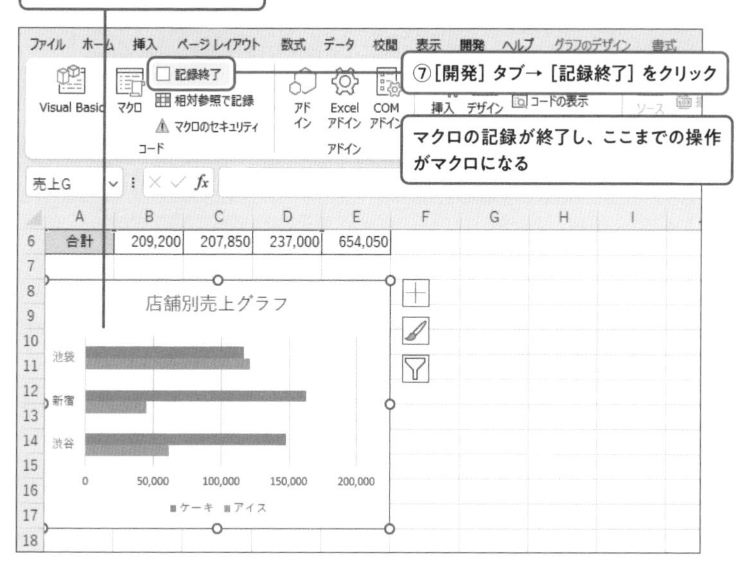

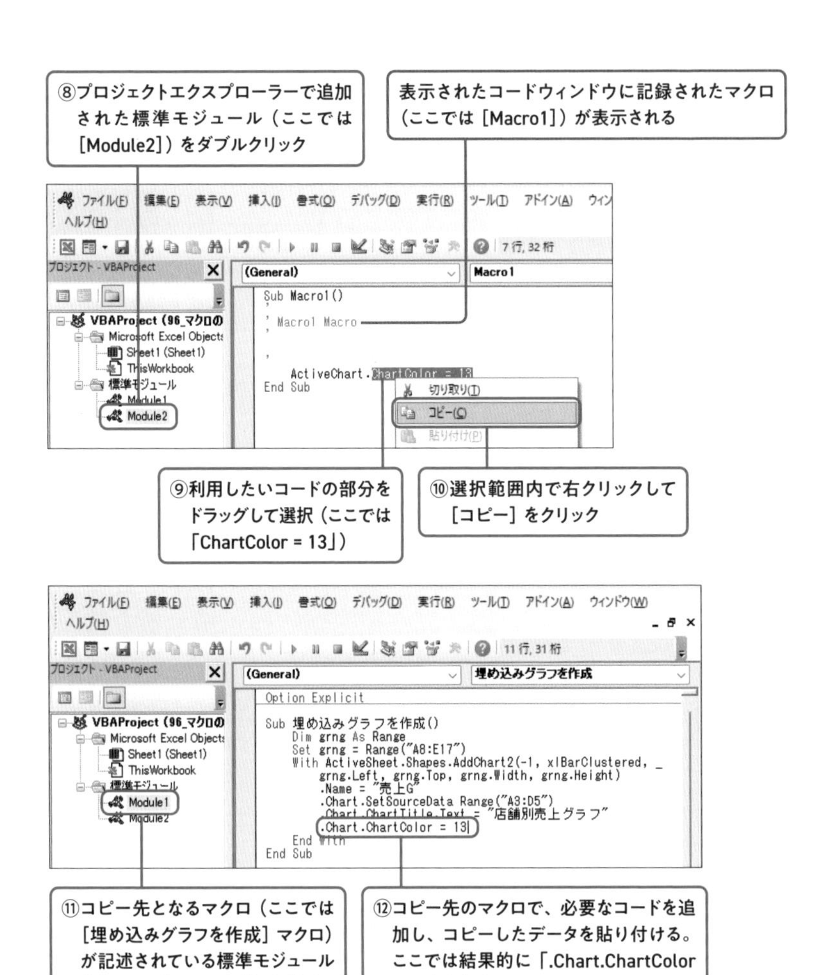
⑧プロジェクトエクスプローラーで追加された標準モジュール（ここでは[Module2]）をダブルクリック
表示されたコードウィンドウに記録されたマクロ（ここでは［Macro1］）が表示される
⑨利用したいコードの部分をドラッグして選択（ここでは「ChartColor = 13」）
⑩選択範囲内で右クリックして［コピー］をクリック
⑪コピー先となるマクロ（ここでは［埋め込みグラフを作成］マクロ）が記述されている標準モジュール（ここでは［Module1］）をダブルクリックして開く
⑫コピー先のマクロで、必要なコードを追加し、コピーしたデータを貼り付ける。ここでは結果的に「.Chart.ChartColor = 13」とする

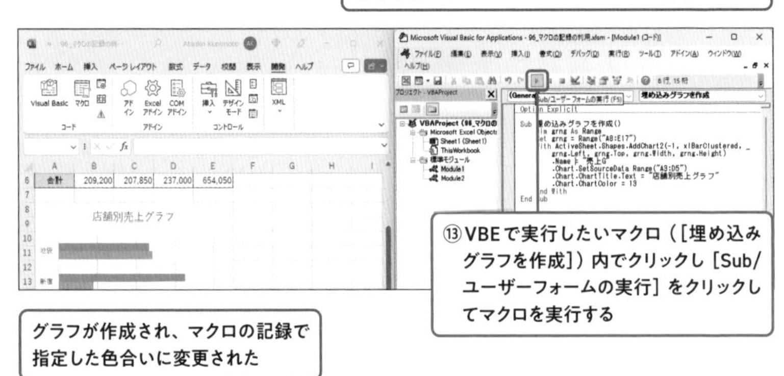
動作確認をするため、Excelでグラフを削除しておく
⑬VBEで実行したいマクロ（［埋め込みグラフを作成］）内でクリックし［Sub/ユーザーフォームの実行］をクリックしてマクロを実行する
グラフが作成され、マクロの記録で指定した色合いに変更された

**✓ここがポイント!**

マクロの記録を開始すると、自動的に標準モジュールが挿入されそこにマクロが書き込まれます。手順⑩でマクロ記録で必要な部分をコピーし、手順⑫で貼り付けた後は、マクロの記録で追加された標準モジュールは不要なので、必要に応じて削除します。削除するには、プロジェクトエクスプローラーで削除したいモジュールを右クリックし、表示されたメニューで［(モジュール名）の解放］をクリックして、エクスポートの確認メッセージが表示されたら［いいえ］をクリックします。

## Tips マクロの記録で作成したマクロの利用方法

ここでは、マクロの記録で選択しているグラフに対して［色の変更］でカラーパターンを選択しました。マクロの記録の結果を見ると、「ActiveChart.ChartColor = 13」と記述され、色合いを変更するプロパティがChartオブジェクトの「Chart Colorプロパティ」であり、選択した色は「13」で指定できることがわかり、この部分を既存のマクロで利用することができました。今回は、シンプルなコードでわかりやすいですが、下図のようにマクロの記録の内容によっては、余分なコードが記述されます。特に文字の配置などの書式設定をする場合は、現在の設定がすべて記録されてしまいます。どの部分が必要なのかわからない場合は、マクロの記録で作成したマクロをレッスン93で紹介したステップインで1行ずつ実行してみてどのタイミングで目的の処理が実行されるかを調べてみてください。また、調べたい語句をクリックしてカーソルを移動し、F1 キーを押してオンラインヘルプで確認するのもいいでしょう。

```
Sub Macro1()
'
' Macro1 Macro
'

'
    Range("A3:B3").Select
    With Selection
        .HorizontalAlignment = xlCenter ―①
        .VerticalAlignment = xlCenter
        .WrapText = False
        .Orientation = 0
        .AddIndent = False
        .IndentLevel = 0
        .ShrinkToFit = False
        .ReadingOrder = xlContext
        .MergeCells = False
    End With
End Sub
```

［Macro1］では、マクロの記録で、セル範囲A3～B3に対して、［ホーム］タブ→［中央揃え］をクリックして中央揃えを記録した。中央揃えは①の部分だけだが、現在の文字配置の設定が自動的に記録されてしまう

COLUMN

# 他人に引き継ぐことを考えたマクロを用意する

## 仕様書を作成する

業務改善や効率化のために作成したマクロを、異動や担当業務が変更になった場合に、他の人に引き継ぐ必要があるかもしれません。そのような場合に備えて、**マクロの仕様書**を作成しておくといいでしょう。仕様書には、マクロの目的、処理内容、処理の流れ図などを記述しておきます。例えば、本書のように、実行前と実行後の画面を付けたり、マクロの内容を解説し、ポイントとなる箇所、注意点なども記載しておきます。

## マクロに必要なコメントを入れておく

作成するマクロは、**処理の切れ目で空白行を入れたり、コメントを入れたりして読みやすく**しておきましょう。変数の使用目的とか、処理の内容、ここでの設定内容などを簡潔にコメントで残しておくと、後任者だけでなく、自分自身が見直す場合でも役立ちます。例えば、レッスン81の［ピボットテーブルの作成］マクロに次のようなコメントを追加しておくと、マクロの概要がよくわかります。

```
Option Explicit

Sub ピボットテーブルの作成()
    Dim pvCache As PivotCache, pvTable As PivotTable
    On Error Resume Next
        Set pvTable = ActiveSheet.PivotTables("pv01")
    On Error GoTo 0
    If Not pvTable Is Nothing Then
        pvTable.PivotCache.Refresh
        Exit Sub
    End If
    Set pvCache = ActiveWorkbook.PivotCaches.Create _
        (SourceType:=xlDatabase, _
        SourceData:=Range("A3").CurrentRegion)

    Set pvTable = pvCache.CreatePivotTable _
        (TableDestination:=Range("I3"), TableName:="pv01")

    With pvTable
        .PivotFields("商品名").Orientation = xlRowField
        .PivotFields("店舗").Orientation = xlColumnField
        With .PivotFields("金額")
            .Orientation = xlDataField
            .Function = xlSum
            .Caption = "合計金額"
            .NumberFormat = "#,##0"
        End With
    End With
End Sub
```

→

```
Option Explicit

Sub ピボットテーブルの作成()
    'pvCache：ピボットテーブルキャッシュ用
    'pvTable：ピボットテーブル用
    Dim pvCache As PivotCache, pvTable As PivotTable

    '------------------------
    '●ピボットテーブルがすでに作成されていた場合の処理
    '更新して終了

    On Error Resume Next
        Set pvTable = ActiveSheet.PivotTables("pv01")
    On Error GoTo 0
    If Not pvTable Is Nothing Then
        pvTable.PivotCache.Refresh
        Exit Sub
    End If

    '------------------------
    '●ピボットテーブルが作成されていなかった場合の処理
    'ピボットテーブルを新規作成
    'データ範囲：セルA3を含む表、作成先：セルI3、名前：pv01
    Set pvCache = ActiveWorkbook.PivotCaches.Create _
        (SourceType:=xlDatabase, _
        SourceData:=Range("A3").CurrentRegion)

    Set pvTable = pvCache.CreatePivotTable _
        (TableDestination:=Range("I3"), TableName:="pv01")
    '列エリア：商品名、行エリア：店舗、データエリア：金額
    With pvTable
        .PivotFields("商品名").Orientation = xlRowField
        .PivotFields("店舗").Orientation = xlColumnField
        'データエリアの設定
        '計算：合計、ラベル：合計金額、表示形式：#,##0
        With .PivotFields("金額")
            .Orientation = xlDataField
            .Function = xlSum
            .Caption = "合計金額"
            .NumberFormat = "#,##0"
        End With
    End With
End Sub
```

### マクロを引き継がない選択もある

作成したマクロがあくまでも自分の作業効率化のためだけであって、後任者に引き継ぐことを考えていない場合や、後任者がまったくのマクロ初心者の場合、完成したマクロを利用することはできても、修正や仕様変更は難しいかもしれません。上司と相談の上、マクロを引き継がないという選択肢もあると思います。

### 他人が作ったマクロを修正するには

他人が作ったマクロを修正するには、まず、そのマクロの内容全体を理解する必要があります。仕様書があれば、それを使用してください。仕様書がない場合は、マクロ全体を読み、ステップインで1行ずつ処理を進めながらどのような処理をしているのか確認するのがいいかもしれません。全体が理解できたら、必要な修正を加えてください。

なお、マクロ初心者の場合、仕様書を読んでも理解が難しいことがあります。そのような場合は、教本などを使用して基本を学習する必要があるでしょう。他人が作成したマクロは、理解するまでにかなり労力を要することがあります。あまりに難しいようでしたら、開発の専門家に任せるか、マクロを使わずに手作業で行うことも検討しましょう。

付 録

# VBA関数とマクロの有効化について

# どのようなVBA関数があるのか確認しよう

## VBA関数

VBA関数には、文字列や日付、数値などいろいろな関数が用意されています。

● 主なVBA関数

| | |
|---|---|
| 日付時刻関数 | Date、DateSerialなど |
| 文字列関数 | InStr、Len、StrConv、Trimなど |
| データ型操作関数 | CDate、IsNumeric、TypeNameなど |
| 配列関数 | Array、Split、Joinなど |
| その他の関数 | MsgBox、InputBox、Rand、Dirなど |

## 日付時刻関数

日付や時刻を扱う主なVBA関数をまとめます。

● 現在の日付や時刻を求める

| | |
|---|---|
| Date | システム日付 |
| Time | システム時刻 |
| Now | システム日付と時刻 |

**解説**：システム日付、システム時刻とは、パソコンの現在の日付と時刻のこと。VBA関数では、引数を持たない場合は関数名の後ろに（）を記述しない。

● 日付から年・月・日を求める

| | |
|---|---|
| Year(日付) | 日付から西暦で年を返す |
| Month(日付) | 日付から月を1～12までの数値で返す |
| Day(日付) | 日付から日を1～31までの数値で返す |

**解説**：引数の日付には、Date関数やNow関数を使う以外に、「#06/15/2023#」のような日付データ、「"2023/6/15"」のような日付と判断できる文字列を指定する。例えば、「Year("令和5年6月15日")」とすると「2023」、「Month("6/15")」とすると「6」が返る。

### ● 時刻から時・分・秒を求める

| | |
|---|---|
| Hour(時刻) | 時刻から時を0～23までの数値で返す |
| Minute(時刻) | 時刻から分を0～59までの数値で返す |
| Second(時刻) | 時刻から秒を0～59までの数値で返す |

**解説**：引数の時刻には、Time関数やNow関数を使う以外に、「#10:45:30 PM#」のような時刻データ、「"22時45分30秒"」のような時刻と判断できる文字列を指定する。例えば「Hour("22時45分30秒")」とすると「22」が返る。

### ● 曜日を求める

| | |
|---|---|
| Weekday(日付) | 日付の曜日を1～7の整数で返す。日曜日が1、月曜日が2、…土曜日が7に対応している |

**解説**：引数の日付には、Today関数やNow関数を使う以外に「#06/15/2023#」のような日付データ、「"2023年6月15日"」のような日付と判断できる文字列を指定する。なお、年を省略した場合は、今年の年とみなされる。例えば、「Weekday("令和5年6月16日")」とすると「6」（金曜日）が返る。

### ● 文字列を日付時刻データに変換する

| | |
|---|---|
| DateValue(日付) | 文字列の日付を計算可能な日付データに変換 |
| TimeValue(時刻) | 文字列の時刻を計算可能な時刻データに変換 |

**解説**：引数の日付や時刻は、「令和5年6月5日」「2023/6/5」や「00:00:10」「7:30AM」「7時30分15秒」「10秒」のような文字列で指定する。

### ● 年・月・日から日付データを求める

| | |
|---|---|
| DateSerial(年,月,日) | 年・月・日に対応する日付データを作成する。年は100～9999、月は1～12の範囲、日は1～31の範囲の数値を指定 |

**解説**：年・月・日に範囲外の数値を指定した場合、調整された日付になる。例えば「DateSerial(2023,13,15)」の場合、12月の次の月とされ「2024/1/15」が返る。「DateSerial(2023,5,0)」の場合、1日の前日となり、前月の末日である「2023/4/30」が返る。

### ● 時・分・秒から時刻データを求める

| | |
|---|---|
| TimeSerial(時,分,秒) | 時・分・秒に対応する時刻データを作成する。時は0～23、分は0～59の範囲、秒は0～59の範囲の数値を指定 |

**解説**：時・分・秒に範囲外の数値を指定した場合、調整された日付になる。例えば「TimeSerial(15,10,65)」の場合、自動的に分が繰り上がり、「15:11:05」が返る。

## 文字列関数

文字列を操作する主なVBA関数をまとめます。

### ● 文字数を数える

| Len(文字列) | 文字列の長さを文字数で取得する |
|---|---|

**解説**：半角、全角に関わらず、空白も含めて1文字を1として数える。例えば「Len("A定食")」の場合「3」が返る。

### ● 文字列の一部を取得する

| Left(文字列,文字数) | 文字列の左から文字数分の文字列を取得する |
|---|---|
| Right(文字列,文字数) | 文字列の右から文字数分の文字列を取得する |
| Mid(文字列,開始位置,文字数) | 文字列の指定した開始位置から、文字数分の文字列を取得する |

**解説**：例えば、「Left("Excel2021マクロ",5)」は「Excel」、「Right("Excel2021マクロ",3)」は「マクロ」、「Mid("Excel2021マクロ",6,4)」は「2021」が返る。

### ● 文字列を大文字、小文字に変換する

| UCase(文字列) | 文字列のアルファベットの小文字を大文字に変換 |
|---|---|
| LCase(文字列) | 文字列のアルファベットの大文字を小文字に変換 |

**解説**：例えば「UCase("Apple Pie")」は「APPLE PIE」、「LCase("Apple Pie")」は「apple pie」が返る。

### ● 文字列を指定した形式に変換する

| StrConv(文字列,変換形式) | 文字列を指定した変換形式で変換 |
|---|---|

**解説**：変換形式は、下表の定数で指定。互いに矛盾しなければ組み合わせて指定することができる。

### ● 引数「変換形式」の設定値

| 定 数 | 内 容 |
|---|---|
| vbUpperCase | アルファベットを大文字に変換 |
| vbLowerCase | アルファベットを小文字に変換 |
| vbWide | 半角文字を全角文字に変換 |
| vbNarrow | 全角文字を半角文字に変換 |
| vbKatakana | ひらがなをカタカナに変換 |
| vbHiragana | カタカナをひらがなに変換 |

### ● 文字列を比較する

| StrComp(文字列1,文字列2,比較モード) | 2つの文字列を比較し、比較モードの基準に従い、比較結果を返す |
| --- | --- |

**解説**：比較モードは下表の定数で指定し、比較結果の戻り値が「0」の場合は一致、そうでない場合は不一致となる。また、比較モードを省略するとバイナリモードとなり、大文字/小文字、全角/半角、ひらがな/カタカナを区別する。例えば、「StrComp("Vba","VBA")」の場合「1」（一致しない）、「StrComp("VBA","VBA")」の場合「0」（一致）が返る。

### ● 引数「比較モード」の設定値

| 定　数 | 内　容 |
| --- | --- |
| vbUseCompareOption | Option Compareステートメントの既定に従う |
| vbBinaryCompare | 既定値。バイナリモードの比較。全角/半角、ひらがな/カタカナ、大文字/小文字を区別する |
| vbTextCompare | テキストモードの比較。全角/半角、ひらがな/カタカナ、大文字/小文字を区別しない |

### ● 比較結果

| 戻り値 | 内　容 |
| --- | --- |
| -1 | 文字列1は文字列2未満 |
| 0 | 文字列1と文字列1は等しい |
| 1 | 文字列1は文字列2を超える |
| Null | 文字列1または文字列2はNull値 |

### ● 文字列の空白を削除する

| Trim(文字列) | 文字列の先頭と末尾の空白を削除する |
| --- | --- |
| LTrim(文字列) | 文字列の先頭の空白を削除する |
| RTrim(文字列) | 文字列の末尾の空白を削除する |

**解説**：文字列内にある空白は削除できない。文字列内の空白を削除する場合はReplace関数を使用する。

### ● 文字列から指定した文字を検索する

| InStr(検索開始位置,文字列,検索文字列,比較モード) | 文字列内から検索文字列があるかどうかを検索し、最初に見つかった検索文字列が検索開始位置から何文字目にあるかを数値で返す |
| --- | --- |

解説：比較モードはStrComp関数の表を参照。比較モードを省略するとバイナリモードとなるので、大文字/小文字、全角/半角、ひらがな/カタカナを区別する。例えば「InStr(1,"AaBbCc","a")」の場合「2」が返る。

### ● 文字列を指定した表示形式に変換する

| Format(データ,"表示形式") | データを指定した表示形式の文字列に変換する |
|---|---|

解説：表示形式は、数値、日付時刻、文字列の表示形式を書式記号を使って指定できる。詳細はP217参照。

### ● 文字を数値に変換する

| Val(文字列) | 文字列の中の数字を数値に変換する |
|---|---|

解説：文字列の途中に数値以外の文字があると、そこまでの数字を数値に変換する。数値とみなされない文字が最初に見つかった場合は0を返す。例えば「Val("1,000円")」は「1」、「Val("¥500")」は「0」が返る。なお、「.」は数字の記号として認識される。

### ● 文字コードに対応する文字を求める

| Chr(文字コード) | 文字コードに対応する文字を返す |
|---|---|

解説：文字コード0〜31は制御文字に対応するコードであるため、文字は表示されない。例えばChr(9)はタブ、Chr(10)はラインフィード、Chr(13)はキャリッジリターンという制御文字に対応する。

## データ型操作関数

VBAでは、データ型を変換する関数や、データ型を調べるための関数が用意されています。処理に必要なデータ型に変更したり、処理の前にデータ型を確認したりするときなどに利用します。ここでは、主なデータ型操作関数をまとめます。

### ● データ型を変換する主な関数

| 関数 | 説明 |
|---|---|
| CBool(値) | 値をブール型に変換し、TrueまたはFalseを返す。値が数値で「0」の場合はFalse、それ以外の数値はTrueとなり、文字列はTrue、False以外はエラーになる |
| CLng(値) | 値を長整数型の数値に変換する。小数点以下の数値は整数に丸められるが、例えば0.5は0に、1.5は2というように、一番近い偶数に丸められる |
| CDbl(値) | 値を倍精度浮動小数点数型に変換する |

| | |
|---|---|
| CDate(値) | 値を日付型に変換する。数値は、シリアル値とみなされる。文字列は「令和5年3月8日」のような日付とみなされる文字列を日付に変換する |
| CStr(値) | 値を文字列型に変換する |

**解説**：変換後の値が変換したデータ型の範囲を超える場合はエラーが発生する。

### ● データの種類を調べる関数

| | |
|---|---|
| IsNumeric(値) | 値が数値かどうかを調べる |
| IsDate(値) | 値が日付かどうかを調べる |
| IsArray(値) | 値が配列かどうかを調べる |
| IsNull(値) | 値がNullかどうかを調べる |
| IsEmpty(値) | 値がEmptyかどうかを調べる |
| IsObject(値) | 値がオブジェクト型の変数かどうかを調べる |
| IsError(値) | 値がエラー値かどうかを調べる |

**解説**：それぞれの関数で、値が指定したデータ型とみなされる場合はTrue、そうでない場合はFalseが返る。また、IsObject関数はバリアント型の変数にNothingが代入されている場合もTrueを返す。

### ● オブジェクトや変数の種類を調べる関数

| | |
|---|---|
| TypeName(値) | 値で指定した変数やオブジェクトの種類を調べる |

**解説**：値を調べた結果を種類を表す文字列で返す（下表参照）。

### ● TypeName関数の主な戻り値

| 戻り値 | 内容 | 戻り値 | 内容 |
|---|---|---|---|
| Long | 長整数型 | Workbook | ブック |
| Double | 倍精度浮動小数点数型 | Worksheet | ワークシート |
| Date | 日付型 | Range | セル |
| String | 文字列型 | Chart | グラフ |
| Bool | ブール型 | Object | オブジェクト |
| Error | エラー値 | Unknown | 種類が不明なオブジェクト |
| Empty | バリアント型の初期値 | Nothing | オブジェクト変数の初期値 |

# 信頼できる場所を追加し、マクロを常に有効化する

## フォルダーを［信頼できる場所］に設定してマクロを常に有効に

本書のサンプルファイルをダウンロードしてブックを開くと、下図のように［セキュリティリスク］メッセージバーが表示され、マクロがブロックされます。マクロを常に有効な状態で開くには、以下の手順でフォルダーを［信頼できる場所］に設定してください。

### ●［セキュリティリスク］メッセージバー

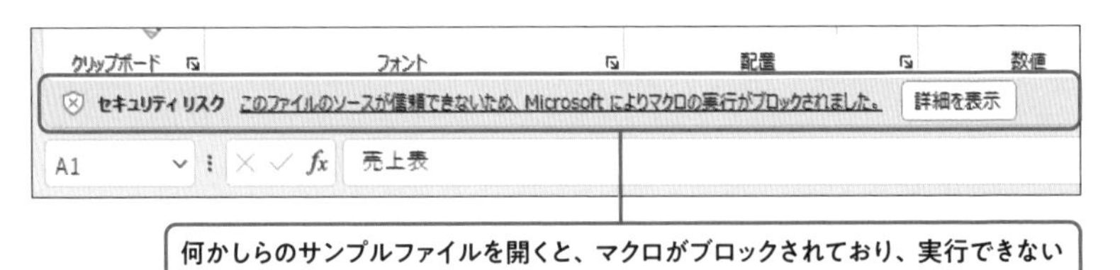


### ●［信頼できる場所］を設定する手順

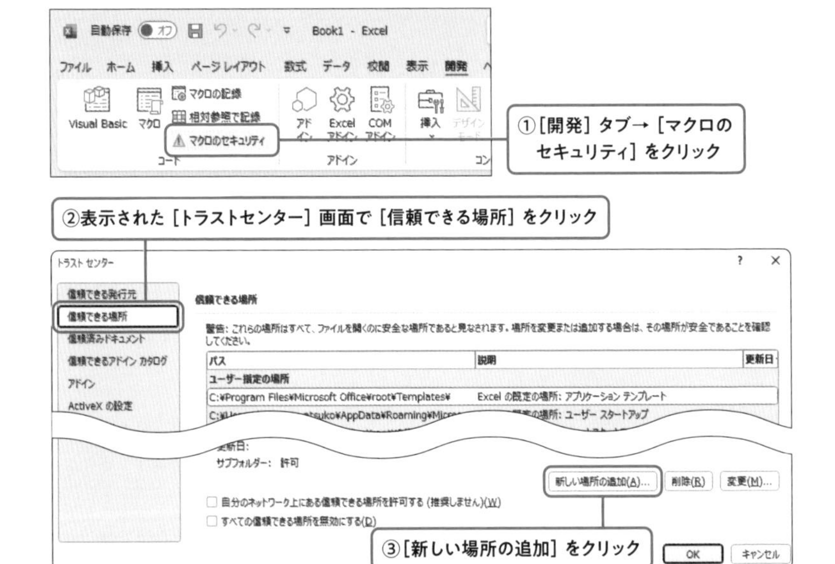

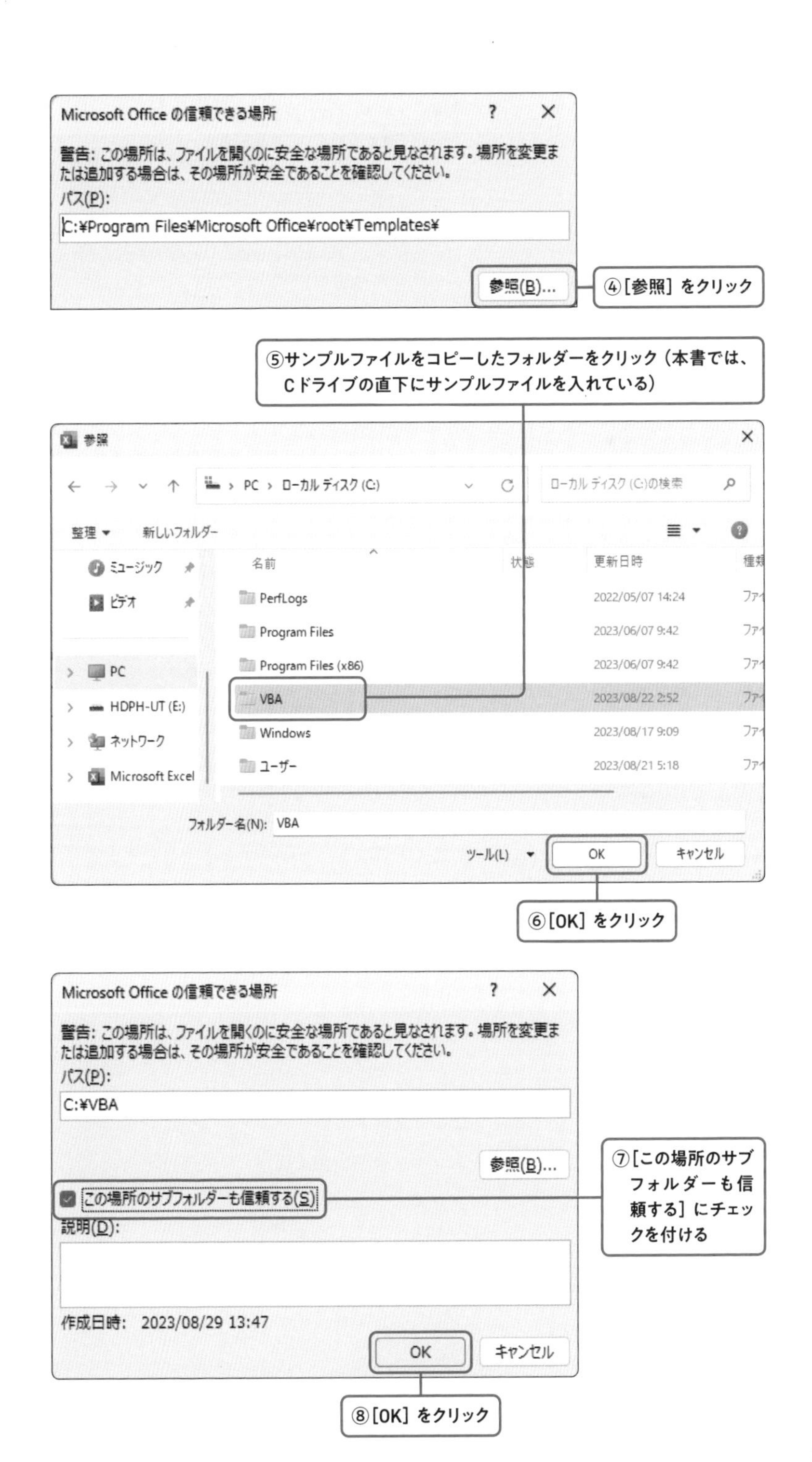
Microsoft Office の信頼できる場所
警告: この場所は、ファイルを開くのに安全な場所であると見なされます。場所を変更または追加する場合は、その場所が安全であることを確認してください。
パス(P):
C:¥Program Files¥Microsoft Office¥root¥Templates¥
参照(B)...
④［参照］をクリック
⑤サンプルファイルをコピーしたフォルダーをクリック（本書では、Cドライブの直下にサンプルファイルを入れている）
参照
PC › ローカル ディスク (C:)
ローカル ディスク (C:)の検索
整理
新しいフォルダー
ミュージック
ビデオ
PC
HDPH-UT (E:)
ネットワーク
Microsoft Excel
名前
状態
更新日時
PerfLogs
2022/05/07 14:24
Program Files
2023/06/07 9:42
Program Files (x86)
2023/06/07 9:42
VBA
2023/08/22 2:52
Windows
2023/08/17 9:09
ユーザー
2023/08/21 5:18
フォルダー名(N):
VBA
ツール(L)
OK
キャンセル
⑥［OK］をクリック
Microsoft Office の信頼できる場所
警告: この場所は、ファイルを開くのに安全な場所であると見なされます。場所を変更または追加する場合は、その場所が安全であることを確認してください。
パス(P):
C:¥VBA
参照(B)...
この場所のサブフォルダーも信頼する(S)
説明(D):
作成日時: 2023/08/29 13:47
OK
キャンセル
⑦［この場所のサブフォルダーも信頼する］にチェックを付ける
⑧［OK］をクリック

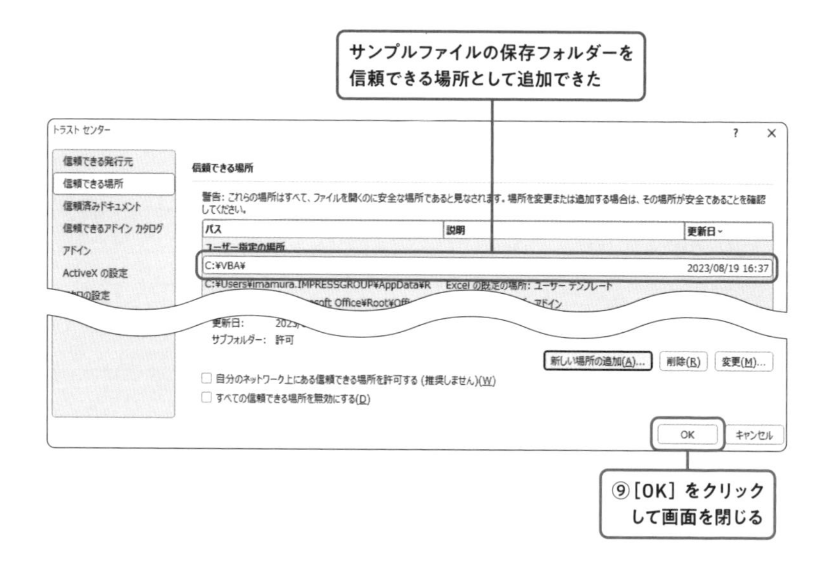


以上の手順で設定を済ませると、指定したフォルダー(サブフォルダーも含む)内のサンプルファイルのマクロが有効になります。

# 索引

## 記号



## A



## B



## C



## D



## E



## F

## G・H



## I



## J・K



## L



## M



## N



## O



## P

## か



## さ



## た



## な



## は



## ま



## ら

## 国本温子（くにもと・あつこ）

テクニカルライター、企業内でワープロ、パソコンなどのOA教育担当後、OfficeやVB、VBAなどのインストラクターや実務経験を経て、フリーのITライターとして書籍の執筆を中心に活動中。主な著書に『できる大事典 Excel VBA 2019/2016/2013 & Microsoft 365対応』『できる逆引き Excel VBAを極める勝ちワザ716 2021/2019/2016 & Microsoft 365対応』『できるExcel マクロ&VBA Office 2021/2019/2016 & Microsoft 365対応』（共著：インプレス）、『Excel マクロ&VBA［実践ビジネス入門講座］［完全版］第2版』（SBクリエイティブ）などがある。



## STAFF

| | |
|---|---|
| ブックデザイン | 山之口正和＋齋藤友貴（OKIKATA） |
| カバー・本文イラスト | くにともゆかり |
| DTP制作 | 井上敬子 |
| 校正 | 株式会社トップスタジオ |
| デザイン制作室 | 今津幸弘 |
| デスク | 今村享嗣 |
| 編集長 | 柳沼俊宏 |

■商品に関する問い合わせ先
このたびは弊社商品をご購入いただきありがとうございます。本書の内容などに関するお問い合わせは、下記のURLまたは二次元バーコードにある問い合わせフォームからお送りください。

**https://book.impress.co.jp/info/**

上記フォームがご利用いただけない場合のメールでの問い合わせ先
info@impress.co.jp
※お問い合わせの際は、書名、ISBN、お名前、お電話番号、メールアドレス に加えて、「該当するページ」と「具体的なご質問内容」「お使いの動作環境」を必ずご明記ください。なお、本書の範囲を超えるご質問にはお答えできないのでご了承ください。

●電話やFAX でのご質問には対応しておりません。また、封書でのお問い合わせは回答までに日数をいただく場合があります。あらかじめご了承ください。
●インプレスブックスの本書情報ページ　https://book.impress.co.jp/books/1122101188では、本書のサポート情報や正誤表・訂正情報などを提供しています。あわせてご確認ください。
●本書の奥付に記載されている初版発行日から3年が経過した場合、もしくは本書で紹介している製品やサービスについて提供会社によるサポートが終了した場合はご質問にお答えできない場合があります。

■落丁・乱丁本などの問い合わせ先
FAX　03-6837-5023
service@impress.co.jp
※古書店で購入された商品はお取り替えできません。

**社会人10年目のビジネス学び直し**
**仕事効率化＆自動化のための**
**Excelマクロ&VBA虎の巻**
2023年10月1日　　初版発行

著　者　国本温子
発行人　高橋隆志
発行所　株式会社インプレス
〒101-0051　東京都千代田区神田神保町一丁目105番地
ホームページ　https://book.impress.co.jp/



印刷所　音羽印刷株式会社

ISBN978-4-295-01782-0 C3055
Printed in Japan